A Guide to Polymer Chemistry

高分子の面白さはどこからくるか

三訂
高分子化学入門

Mikiharu KAMACHI
蒲池 幹治 著
大阪大学名誉教授
福井工業大学元教授

NTS

三訂にあたって

　本書は，高分子とはどのようなものかを基礎から分かりやすく解説し，高分子物質が我々の生活に如何に直結し，それが日頃の生活から最先端の製品まで如何に活用されているかを，初心者にも感じ取ってもらうために書いた高分子入門書である。その趣旨は下記に残した改訂版の「まえがき」に記している。

　本書を出版してはや12年が経過した。その間，多くの読者より，「丁寧に書かれており，分かりやすい」との評価を頂戴した。一方，高分子合成法および測定技術の改善や新展開によって高分子化学は進歩し，精密制御して得られた高分子物質のコンピュータ制御による精密測定を通して，ナノメーターオーダーでの観測・制御も可能になった。その結果，物質としての活用は急速に拡大し，その重要性は自然科学の諸分野でますます高まっている。

　筆者は，2007年に退職した後も，高分子学会が主催する高分子年次大会や高分子討論会に毎年出席し，高分子化学研究の進捗をみてきた。この約10年間で，測定手段が著しく発展し，高分子構造の詳細な解析が進むとともに，高分子構造を精密に制御する新たな合成法が発見され，新たな機能を有する高分子物質の合成が可能となってきた。筆者のように半世紀以上にわたり高分子化学の研究・教育に携わってきた者にとって，最近の高分子化学の進歩は感動以外の何物でもない。

　この進歩さらには感動を本書の中に散りばめ，高分子として，また，高分子物質としての面白さを紹介したいと思い，増刷を機に，改訂することにした。㈱エヌ・ティー・エスの吉田　隆社長の積極的なご支援をいただき，初版の時からお世話になった臼井唯伸氏および森　美晴さん，山本福子さんの協力により，本書が完成した。改訂にあたっては，基礎的なところは高分子物質の理解を深めるのに必要な項目を若干増やすに留め，高分子化学の大きな発展をもたらした精密重合に関しては詳しい解説を加えた。先端材料や先端研究を本文中やコラムに紹介したが，高分子物質の面白さが理解できるように常に配慮した。また，最近，環境問題が深刻化しているが，その対策も今後の高分子化学の発展との関連でその方向性を紹介した。さらに，近年，新たな材料として注目を集めている超分子の解説と注目すべき展開を17章で取り上げた。教科書に使うには，少し長すぎるようになると思ったが，高分子の面白さを読者に伝えることになればと思い，書き加えることにした。その中のシクロデキストリンのホスト−ゲスト相互作用の超分子としての展開は，原田　明大阪大学名誉教授が筆者の研究室での助手時代に発見した現象が大きく開花したものである。その展開に対する祝福とともに，本書の完成に資料を提供いただいた原田　明名誉教授に謝意を表します。

　改訂した原稿は，大阪大学大学院理学研究科高分子専攻の橋爪章仁教授にお読みいただき，有益なご助言を戴いた。ここに感謝の意を表します。

本書の改訂にあたり，吉田　隆社長をはじめ㈱エヌ・ティー・エスの皆様の配慮に深甚の謝意を表したい。

2018年12月

著者しるす

改訂版の出版にあたって（2006年改訂版より）

　われわれの身の周りを見渡すと，ポリバケツから携帯電話に至るまで高分子物質でつくられた製品で満ちている。20世紀を振り返ってみると，数々の発明・発見がなされ，われわれの生活様式や工業技術に大きな変革をもたらしてきたが，なかでも，コンピュータや原子力の活用と共に特記すべきことは，高分子化合物の実証とそれを契機に登場したさまざまな合成高分子の出現である。合成繊維，合成ゴム，合成樹脂の製造に端を発した高分子合成は，その進歩により，次々と新たな高分子物質を生み出し，その物性は，金属やセラミックスにはない特有のものであるため，その代替え品に止まらず，さまざまな新しい材料開発を促した。現在，耐衝撃性，耐熱性などでは天然物を凌駕する高性能の構造材料が出現している。コンピュータの発明は，20世紀後半の人間の生活様式を一新したが，その発展に大きく貢献したのは高分子材料の活用であり，情報・通信の発展の牽引的役割を果たしたといっても過言ではない。

　機能材料という面からも，イオン交換樹脂や膜としての活用は古くから知られていたが，電子・光・情報・医用材料への展開はハイテクの時代の契機を作った。たとえば，絶縁体であると考えられていた合成高分子に電気伝導性を導入してノーベル賞を受賞された白川英樹博士の研究は，新たな機能材料を産み出し，IT産業への道を開いた。また，カテーテルや人工臓器のような生医学材料への展開は，人間の平均寿命を著しく延ばす大きな要因ともなっている。このように合成高分子は，機能面でも大きな進歩を遂げてきたが，現在利用されている機能は，生体高分子の示す精緻な高機能発現と比べると，まだまだ格差は大きく，高機能を有する高分子材料の設計は，今世紀の夢多き研究課題でもある。高分子物質の活用は，専門家のみならず異分野の技術者にもますます広がることになるであろう。しかし，生活が豊かになり，消費の伸びに伴っ

て，資源・エネルギーの枯渇，地球環境，廃棄物処理等の問題も避けられなくなっている。このような，人類の存亡に関わる事態の解決のためには，リサイクルも考慮した高機能高分子の設計が強く望まれている。

このような時代背景を考慮すると，いろいろな分野で，高分子物質の基本的な概念の正しい認識教育が必要である。高分子化学や高分子科学の教科書に注目すると，優れた教科書が多数出版されている。一方，とくに材料という立場でも，豊富なイラストを入れて分かり易い解説書も，書店の書棚に並んでいる。その点では，今さら教科書を世に出す必要はないようにも思えるが，筆者が実際，教壇に立って痛感したことは，高分子の本質を基礎から分かりやすく解説した本の必要性であった。また，いろいろな方から，学問としての体系を崩さず，分かりやすく解説した入門書を待望している声を聴く機会も多く，3年前に本書を出版するにいたった。しかし，実際に講義で使ってみると，熱心な学生達の反応や理解力等からあちこちに改訂したい個所がみつかり，改訂版としての再版を願っていた。幸い㈱エヌ・ティー・エスのご厚意により，この度，改訂版を出版することになった。

今回も，入門書であるから，あえて専門家との共著にせず，分かり易さを念頭に，一人で書くことを決心した。改訂にあたっては，初版での不備な点を改善してより分り易くすると共に，高分子化学が，ますます夢のある研究分野であることを初心者に感じ取ってもらうために，高分子物質の精密制御に基づく最近の研究を「ナノテクノロジーと高分子」として16章に付け加えた。また，コラムを充実させ，基礎的な知識がどのように活用されているかの一端を紹介した。一方，高分子と高分子物質とを使い分け，分子と物質との概念を理解してもらうような点にも配慮した。

初版の出版後，一人で書くことの危険性を痛切に感じたので，今回は，長年の朋友である伊藤浩一豊橋技術科学大学名誉教授と大阪大学大学院理学研究科橋爪章仁博士に査読をお願いした。両先生の献身的なご協力とご助言のお陰で本書を出版することができた。両先生には筆舌に尽くし難い感謝の気持ちで一杯である。

また，大阪大学理学部高分子学科，大学院理学研究科高分子学専攻で同僚であった足立桂一郎教授，佐藤尚弘教授，則末尚志教授，原田　明教授，金子文俊助教授，四方俊幸助教授，浦川　理博士，山口浩靖博士，豊田工業大学 田代孝二教授，奈良教育大学 梶原　篤助教授には，ご多忙ななか，それぞれご専門の処をお読み戴き，問題点の指摘を含めて多くのご助言を戴いた。お陰様で，"さらに，わかりやすい" 教科書になったのではないかと思っている。しかし，初版でしみじみ感じたことであったが，一旦

出来上がってみると，さらに改善したい処も散見されるのが常である。内容などについても，読者からのご指摘，ご叱正をいただければ幸いである。

なお，改訂にあたり，巻末に理解度をはかる上で，やさしくも，重要な問題を追加した。今回も，それぞれの問題には解答のヒントだけを与え，あえて解答は付けなかった。近年，問題とその解答が書かれた教科書を目にするが，教育的な面では理解に苦しむ。各問題にはヒントを付け，分からない場合には，ヒントに示した節を読めば，その答が自然に出てくるようになっている。読者は理解を深めるために問題を解いていただきたい。とくに，輪読などに使っていただき，各人が解答を持ち寄り議論すれば，さらに高分子や高分子物質への理解が深まるのではなかろうか。いずれにせよ，学生のみならず高分子材料を利用されている異分野の方々に，本書を基礎がきっちり書かれた分かり易い入門的教科書として愛用していただけることを祈っている。

最後に，本書の執筆にあたり数多くの書籍・論文を参考にさせて戴いた。これらについては，巻末に纏め，心より感謝の意を表する。また，より分かり易い内容を目指すあまり，㈱エヌ・ティー・エスには，度重なる校正や図表の差替えなど，多大のご迷惑をかけてしまった。本書の出版は，吉田　隆社長，松風まさみ部長，臼井唯伸副部長はじめ㈱エヌ・ティー・エスの皆様のご尽力によるものであり，深甚の謝意を表したい。

2006年6月

著者しるす

■ 著者プロフィール

蒲池　幹治　　*Mikiharu　Kamachi*

大阪大学　名誉教授
福井工業大学　工学部応用理化学科　元教授

1961年大阪大学大学院理学研究科無機・物理化学専攻博士前期課程修了後，東洋レーヨン(株)［現在：東レ(株)］入社。中央研究所，基礎研究所を経て，大阪大学理学部助手を務め，1969年に理学博士取得。アイオワ大学留学後，大阪大学理学部助教授，教授，1998年大阪大学退官，名誉教授。1998〜2009年 福井工業大学教授。高分子合成化学講座を担当した。ハーンマイトナー研究所（西独），北京大学客員教授，高分子学会会長（1995〜1997年），高分子学会名誉会員。専門は高分子合成化学：C=N結合を利用した高分子合成，ラジカル重合の基礎研究，電子スピン共鳴法による成長活性種の研究，ラジカル・イオン変換重合，光・磁気機能高分子構築，超分子合成。著書は『ラジカル重合ハンドブック』(監修)，『高分子化学』『Polymer Handbook』『基礎物質科学』(分担執筆)，『基本化学熱力学』など。1983年高分子学会賞受賞。2001年高分子科学功績賞受賞。

目 次

第1章 高分子と日常生活 …………………………………………………… 1

1. 高分子とは ……………………………………………………………………… 2
2. 高分子と人間の生活 …………………………………………………………… 3
3. 高分子の実証 …………………………………………………………………… 5
4. 高分子の発展と豊かな物質社会 ……………………………………………… 7

第2章 高分子物質の特徴 …………………………………………………… 11

1. 高分子物質の構成 ……………………………………………………………… 12
2. 高分子物質のおもしろさ ……………………………………………………… 16
3. 高分子物質の分類 ……………………………………………………………… 18
4. 高分子物質の特徴 ……………………………………………………………… 20
   4.1 熱的性質 …………………………………………………………………… 20
   4.2 溶解と膨潤 ………………………………………………………………… 22
   4.3 力学的性質 ………………………………………………………………… 23
   4.4 光学的性質 ………………………………………………………………… 24
   4.5 電気的性質 ………………………………………………………………… 25
   4.6 膜形成 ……………………………………………………………………… 26

第3章 高分子の構造 ………………………………………………………… 29

1. はじめに ………………………………………………………………………… 30
2. 分子間力 ………………………………………………………………………… 30

3．一次構造 ·· 30
　　3.1 単独重合体 ·· 31
　　3.2 共重合体 ·· 32
　4．二次構造 ·· 34
　5．三次構造（高次構造） ·· 37

第4章　高分子の分子量測定 ·· 41

　1．はじめに ·· 42
　2．分子量の測定 ·· 42
　3．凝固点降下法および沸点上昇法 ·· 44
　4．浸透圧法 ·· 46
　5．光散乱法 ·· 48
　6．超遠心法 ·· 49
　7．粘度法 ·· 50
　8．ゲルパーミエーションクロマトグラフィー（GPC） ···························· 52
　9．質量分析法 ·· 54
　10．末端定量法 ·· 56

第5章　高分子の形 ·· 59

　1．はじめに ·· 60
　2．高分子鎖の広がりとそれを規制する因子 ······································ 60
　3．高分子鎖の広がりの見積もり ·· 62
　　3.1 両末端間距離，二乗回転半径 ·· 62
　　3.2 高分子鎖の広がりに対する諸効果 ·· 66
　4．持続長 ·· 68
　5．高分子電解質 ·· 69
　6．高分子の溶解性 ·· 72
　　6.1 高分子の溶解 ·· 72
　　6.2 溶媒探索 ·· 72

第6章　高分子物質の熱的性質 ……………………………………………………… 75

1. 物質の3態と分子間相互作用 ……………………………………………………… 76
2. 高分子物質の状態変化 ……………………………………………………………… 78
3. ガラス転移点と高分子構造 ………………………………………………………… 80
4. 耐熱性高分子 ………………………………………………………………………… 82
5. 熱硬化性樹脂 ………………………………………………………………………… 83
6. 高分子物質の熱伝導 ………………………………………………………………… 84

第7章　高分子物質の力学的性質 …………………………………………………… 87

1. はじめに ……………………………………………………………………………… 88
2. 外力と変形 …………………………………………………………………………… 89
3. 高分子物質の力学特性——粘弾性の評価 ………………………………………… 92
    3.1 応力・ひずみ曲線 ……………………………………………………………… 92
    3.2 動的粘弾性 ……………………………………………………………………… 93
4. 分子レベルでみた力学特性 ………………………………………………………… 96
5. 高強度・高弾性率高分子 …………………………………………………………… 99
    5.1 繊維 ……………………………………………………………………………… 99
    5.2 プラスチック …………………………………………………………………… 101
6. 液晶性高分子 ………………………………………………………………………… 102
7. 高分子鎖のからみあい ……………………………………………………………… 105

第8章　ゴム弾性 ……………………………………………………………………… 107

1. はじめに ……………………………………………………………………………… 108
2. ゴムの特性 …………………………………………………………………………… 108
3. 結晶弾性とゴム弾性 ………………………………………………………………… 111
4. ゴムの種類と化学構造 ……………………………………………………………… 112
5. 熱力学的背景 ………………………………………………………………………… 114

第9章　高分子物質の結晶と非晶 ……… 117

    1．はじめに ……… 118
    2．固体と結晶 ……… 118
    3．結晶領域における高分子の立体構造 ……… 120
    4．化学構造と結晶性 ……… 124
        4.1　ポリオレフィン ……… 124
        4.2　ポリスチレン ……… 126
        4.3　脂肪族ポリアミドとポリエステル ……… 126
    5．結晶化度 ……… 128
        5.1　密度 ……… 128
        5.2　X線回折 ……… 129
        5.3　核磁気共鳴法（NMR） ……… 130
    6．非　晶 ……… 130

第10章　化学反応と高分子合成 ……… 133

    1．はじめに ……… 134
    2．高分子合成に利用される化学反応 ……… 134
        2.1　不飽和結合の付加反応 ……… 134
        2.2　錯体生成と重合反応 ……… 137
        2.3　ヘテロ原子を含む多重結合への付加反応 ……… 138
    3．環状化合物の開裂 ……… 138
    4．二つの官能基の反応 ……… 139
        4.1　縮合反応 ……… 139
        4.2　重縮合 ……… 140
        4.3　重付加 ……… 141
        4.4　付加縮合 ……… 142
    5．高分子合成の特徴 ……… 143

第11章 連鎖重合 147

1. はじめに 148
2. ラジカル重合 148
   2.1 ラジカルの化学反応性とラジカル重合 148
   2.2 ラジカルの実証とラジカル重合の分類 150
   　　2.2.1 ラジカル重合活性種 150
   　　2.2.2 ラジカル重合の分類 152
3. ラジカル共重合 153
   3.1 共重合体とその意義 153
   3.2 組成の制御 155
4. イオン重合 156
   4.1 イオン重合の特徴 156
   4.2 カチオン重合 158
   　　4.2.1 開始剤と重合反応 158
   　　4.2.2 リビングカチオン重合 159
   4.3 アニオン重合 161
   　　4.3.1 開始剤とモノマー 161
   　　4.3.2 リビングアニオン重合 163
   　　4.3.3 立体規則性 163
5. 配位重合 165
6. グループ移動重合 168
   6.1 シリル基移動重合 168
   6.2 リビングラジカル重合 169
   6.3 可逆的付加開裂型連鎖移動重合（リビングラジカル重合） 171
   　　6.3.1 RAFT 171
   　　6.3.2 TERP（Organotellurium-mediated radical polymerization） 173
   6.4 原子移動重合（Atom Transfer Radical Polymerization） 174
7. 開環重合 176
   7.1 イオン開環重合 177
   7.2 配位開環重合（メタセシス重合） 178
   7.3 ラジカル開環重合 180

第12章　非連鎖重合 ... 181

1．はじめに ... 182
2．非連鎖重合の特性 ... 182
   2.1　反応度と平均分子量 ... 182
   2.2　分子量分布 ... 184
   2.3　分子量制御 ... 185
3．重縮合法とその改良 ... 186
   3.1　溶融重縮合 ... 186
   3.2　固相重縮合 ... 187
   3.3　溶液重縮合 ... 188
   3.4　界面重縮合 ... 188
   3.5　相間移動触媒重縮合 ... 189
   3.6　活性化エステル法 ... 190
   3.7　酸化カップリング重合 ... 191
   3.8　遷移金属触媒重合 ... 191
      3.8.1　クロスカップリング重合 ... 191
      3.8.2　直接アリール化重合 ... 192
4．構造制御 ... 193
   4.1　配列規制 ... 193
   4.2　連鎖的重縮合 ... 194
   4.3　デンドリマー（樹状高分子） ... 195
   4.4　酵素触媒重合 ... 198

第13章　生体高分子 ... 203

1．はじめに ... 204
2．タンパク質 ... 204
   2.1　タンパク質の化学構造 ... 204
   2.2　タンパク質の立体構造と機能 ... 209
   2.3　タンパク質の合成 ... 210
   2.4　固相合成法 ... 211

- 3．核酸（ポリヌクレオチドおよびポリデオキシヌクレオチド） ……………… 212
  - 3.1 核酸の成分 …………………………………………………………… 212
  - 3.2 核酸の化学構造 ……………………………………………………… 213
- 4．糖鎖高分子 ………………………………………………………………… 216
  - 4.1 セルロース …………………………………………………………… 217
  - 4.2 デンプン ……………………………………………………………… 218
  - 4.3 キチンとキトサン …………………………………………………… 219

第14章　高分子物質の電気的性質 …………………………………… 221

- 1．はじめに …………………………………………………………………… 222
- 2．高分子物質の誘電性 ……………………………………………………… 223
  - 2.1 誘電性 ………………………………………………………………… 223
  - 2.2 強誘電性 ……………………………………………………………… 225
- 3．導電性高分子 ……………………………………………………………… 227
  - 3.1 導電性高分子 ………………………………………………………… 227
  - 3.2 高分子EL …………………………………………………………… 232
  - 3.3 イオン伝導性高分子 ………………………………………………… 234

第15章　生活環境と高分子 …………………………………………… 239

- 1．はじめに …………………………………………………………………… 240
- 2．生分解性高分子 …………………………………………………………… 240
  - 2.1 生分解性高分子と化学構造 ………………………………………… 240
  - 2.2 化学合成 ……………………………………………………………… 242
  - 2.3 天然高分子の活用 …………………………………………………… 243
  - 2.4 微生物を使った高分子合成 ………………………………………… 244
    - 2.4.1 糖鎖高分子 ……………………………………………………… 244
    - 2.4.2 ポリエステル …………………………………………………… 245
    - 2.4.3 植物由来原料によるポリカーボネート ……………………… 247
- 3．高吸水性樹脂と砂漠の緑化への期待 …………………………………… 248

    3.1 ゲル ……………………………………………………………………………… 248
    3.2 高吸水性ポリマーの利用—紙おむつから砂漠の緑化まで ……………… 249
  4．分離膜 ………………………………………………………………………………… 250
    4.1 気体の浄化 ………………………………………………………………………… 251
    4.2 水の浄化 …………………………………………………………………………… 253
  5．二酸化炭素から作られる高分子 …………………………………………………… 254
    5.1 モノマーとしての二酸化炭素 …………………………………………………… 254
    5.2 二酸化炭素から作ったエンジニアリングプラスチック ……………………… 255
  6．高分子物質の転移と刺激応答性 …………………………………………………… 256

第16章　ナノテクノロジーと高分子 ……………………………………………… 261

  1．ナノテクノロジーとは何か ………………………………………………………… 262
  2．ナノテクノロジーの可能性を開いたすすの研究—フラーレンの発見 ………… 264
  3．ナノチューブ ………………………………………………………………………… 265
    3.1 カーボンナノチューブ …………………………………………………………… 265
    3.2 チューブ状高分子 ………………………………………………………………… 266
  4．高分子ナノ粒子 ……………………………………………………………………… 267
    4.1 マクロモノマーの利用 …………………………………………………………… 268
    4.2 デンドリマーによるナノ粒子 …………………………………………………… 270
  5．ナノ界面 ……………………………………………………………………………… 271
    5.1 相分離 ……………………………………………………………………………… 271
    5.2 高分子ブラシ ……………………………………………………………………… 273

第17章　超分子とその展開 ………………………………………………………… 277

  1．超分子とは …………………………………………………………………………… 278
  2．ロタキサンとカテナン ……………………………………………………………… 280
    2.1 ロタキサン ………………………………………………………………………… 280
    2.2 カテナン …………………………………………………………………………… 281
  3．超分子創成による高分子ゲルの展開 ……………………………………………… 283

 3.1 環動ゲル ……………………………………………………………… 283
 3.2 アクチュエーター ……………………………………………………… 284
4．自己修復性高分子 …………………………………………………………… 287
 4.1 修復性高分子に求められる条件 ………………………………………… 288
 4.2 ホスト−ゲスト相互作用 ………………………………………………… 289

コラム COLUMN

自動車に使われているプラスチック	9
ドーム球場	9
明石海峡大橋の模式図	10
医用高分子の最先端	10
金色の光沢を示す高分子	28
らせん高分子	40
動的光散乱	57
分子量分布	58
水膨潤性オモチャ	74
ガムと米	86
ゴムのおもしろい性質	116
地震に安全なビル	116
ビニールハウス	132
増えつづける廃棄物	132
リビング重合の発見	145
触媒開発のもたらした夢の実現	146
自己組織化と超分子ポリマー	200
π共役型高分子の展開 1	201
π共役型高分子の展開 2	202
燃料電池を支える高分子	237
リチウムイオン二次電池の普及に貢献したポリエチレン	238
新素材としてのDNA	259
高分子が水を固める	260
高分子微粒子の展開	276

巻末付録

- 演習問題と解答のヒント ………………………………………………………… 付- 1
- 参考書籍一覧 ……………………………………………………………………… 付-24
- 高分子科学に関連する内容でノーベル賞を受けた人たち ………………… 付-30
- プラスチックの種類，特徴，用途 ……………………………………………… 付-32
- 市販の繊維 ………………………………………………………………………… 付-37
- 高分子命名法 ……………………………………………………………………… 付-40
- 基本的な定数・SI基本単位と位どり接頭語・特別な名称と記号をもつSI誘導単位 … 付-42
- 単位変換表 ………………………………………………………………………… 付-43
- 元素の周期表 ……………………………………………………………………… 付-44

索　引

※本書に記載されている会社名，製品名，サービス名は各社の登録商標または商標です。なお，必ずしも商標表示（®，TM）を付記していません。

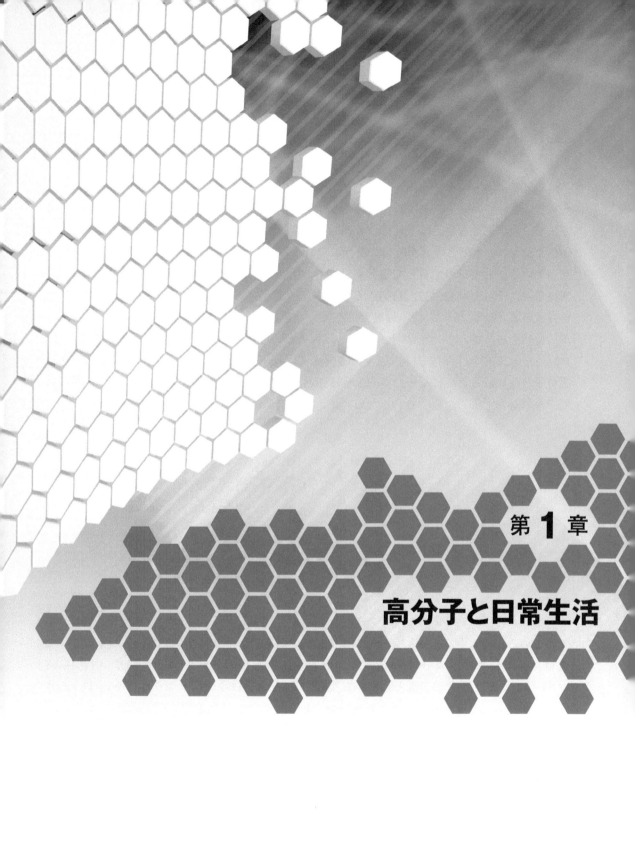

第 1 章

高分子と日常生活

1 高分子とは

　地球上にはいろいろな物体が存在する。それらの物体は物質からなり，物質は特有の分子から構成されている。例えばわれわれをとりまく空気の主成分は，窒素，酸素，および炭酸ガスで，化学記号を使えばそれぞれN_2，O_2，およびCO_2で表される。生活に欠かせない水はH_2Oと表され，水素と酸素が結合した分子である。いずれも分子量が50以下の分子から成り立っている。お菓子の原料となる砂糖は図1-1のような化学構造の分子で，炭素，水素，酸素原子が，それぞれ12，22，11個からなる，分子量が342の化合物である。衣類の製造に用いられる綿（セルロース）は，砂糖と同じような組成からできているが，まったく違った物理的性質を有している。実は，セルロースは何万という原子からなる**巨大分子**なのである（図1-7（c））。このように何千，何万という原子からなる巨大分子は高分子量の分子であるから**高分子**と呼ばれるようになった。高分子は通常，分子量が1万以上の化合物であり，多数の原子が結合して生じた分子であるため，長い鎖状の形をしている。

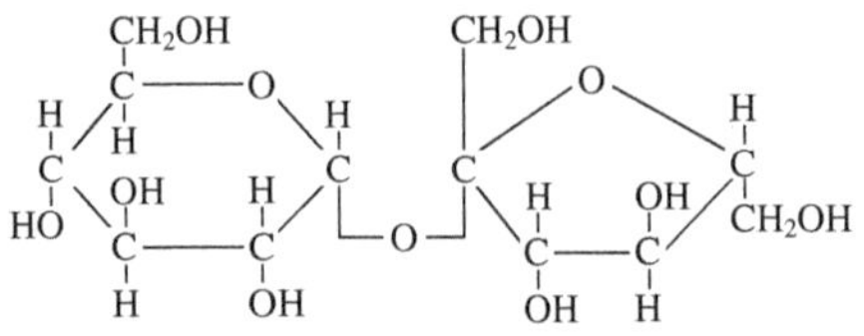

図1-1　砂糖の構造式

　身の周りには，いろいろなプラスチック製品が存在する。それらはすべて高分子物質からできている。その中でもっとも単純な構造をしているのがポリエチレンである。その化学組成は，都市ガスの主成分であるメタン（CH_4）や自動車の燃料であるガソリン（C_nH_{2n+2}，$n；5〜12$）と同じように炭素と水素からなっているが，図1-2に示すように，700個以上の炭素原子が結合した巨大分子すなわち高分子である。

$CH_3(CH_2)_{3〜10}CH_3$
ガソリンの成分
(a)

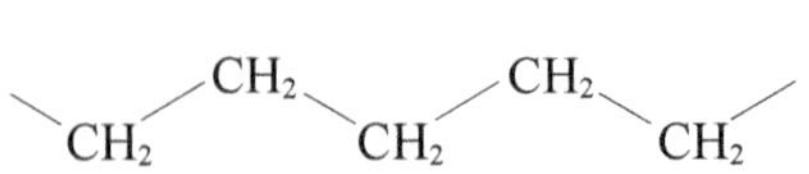

ポリエチレン（炭素数は数百〜数十万）
(b)

図1-2　高分子の分子量比較

高分子とはどのような分子かを概念的に認識してもらうため，分子量が1万のポリエチレンに注目しよう。このポリエチレンをできるだけ引き伸ばしたときの長さは約$0.10\mu m$（$10^{-7}m$），分子の幅は約0.3nm（1億分の3cm）と計算されるから，分子の幅を1mmとすると，分子の長さは30cmになる。家庭用のゴミ袋やポリバケツ，包装紙などでおなじみのポリエチレンの製品は，通常，分子量が約100,000のポリエチレンで作られているから，その長さは3mの糸にたとえられる。ポリエチレンはこのように細長い糸のような分子であるから，図1-3（a）のように蛇行した状態で存在する。したがって，ごく薄い溶液になっている場合を除いては，高分子鎖は独立に存在することは困難である。図1-3（b）に示すように，多くの鎖が互いにからまりあったり，配列したりして，強い分子間力を発揮する。

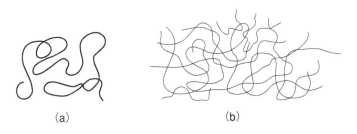

図1-3　ポリエチレンの一本鎖（a）と，高分子鎖がからみあった高分子物質（b）

　このような長い高分子鎖にいろいろな機能をもつ置換基を導入すると，さらに多種多様の特性が加わり，さまざまな機能を有する高分子が設計できるようになった。こうした高分子からなる物質の活用が原動力となり，未曾有の豊かな物質社会が出現したといっても過言ではない。
　生命活動の根幹をなす細胞内には，タンパク質，多糖類，核酸などの高分子物質が存在し，生命現象において重要な役割を果たしている。

2　高分子と人間の生活

　人類は古代から衣食住に木の葉，木の実，樹木，獣皮，肉を利用してきた。その成分は高分子からなる化合物で，古代の人は高分子なる概念も知らず，その特性を実生活にとりいれていた。最近，あちこちで古代遺跡が発掘されている。遺跡からは石器や土器に混じって漆器が発見され，古代人が高分子物質を活用していたことが明らかになっている。つまり漆という天然の高分子物質を表面処理に使っていたのである。また新石器時代の出土品の中に紡錘車が発見されており，紀元前4000年以上前に人類は紡績技術（糸を紡ぐ技術）をもっていたことも明らかになっている。人類は高分子からなる物質を巧みに活用し，今日まで発展し

てきたといっても過言ではない。例えばカイコの分泌物である絹から豪華な織物（図1-4）をつくりだし，東西交易に大きな役割を果たしてきた。その絹もタンパク質という高分子物質である。高分子物質を求めた東西交流がシルクロードをつくったともいえよう。

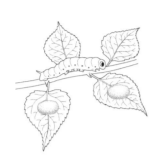 

図1-4　カイコの繭と絹織物

19世紀に入ると化学合成が盛んになり，いろいろな化学物質が合成されるようになった。スチレンやメタクリル酸メチルなど，現在プラスチックとして利用されている高分子物質の原料も，19世紀の中頃には合成されていた。だが，その合成の際に副生する樹脂状物質には当時あまり注目されなかった。むしろ，木材やゴムなど身近に存在する物質の化学処理による改質が注目された。セルロースからの人造絹糸（レーヨン）やセルロイドの製造，ゴムの加硫による改質などによって新たな工業が誕生した。その生産は，その後のフェノールとホルムアルデヒドから得られる樹脂状物質（ベークライト）の実用化とともに，生活の改善に有益な材料として利用されるようになった。このように人類は高分子物質を巧みに利用して，生活を豊かにしてきたのだが，それが高分子からなる化合物であるという観点で議論されることはなかった。

つまり石器時代，青銅器時代，鉄器時代と人類は発展してきたが，いずれの時代においても高分子の加工，改質が衣，食，住を支えていたのであったが，高分子物質と認識されることもなく利用されていたのである。さらに紙の製造とその利用，フィルムの開発とその利用なども，人類の知的な面の発展に大きく貢献してきたが，それが高分子物質の活用であることは明らかでなかった。

高分子なるものの実在が明らかになったのは，いまから約100年前である。1920年代にドイツの有機化学者シュタウディンガー（H. Staudinger）（図1-5）により，次節に示すような方法で高分子からなる化合物の存在が実証された。

図1-5　Staudinger教授

3 高分子の実証

　前節で述べたように，19世紀末には人造絹糸の製造やゴム加工などの新たな工業が産み出された。しかし，そのもととなるセルロースやゴムの高分子性は議論されることもなかった。セルロースやゴムが共有結合でつながった分子量のきわめて大きい巨大分子ではなかろうかと，最初に目をつけ実証したのは，Staudingerで，1920～1930年にかけてのことである。

　Staudingerが提案する以前に，すでにスチレンから透明な固体が生じることや，ゴムがイソプレン単位からなることは分かっていた。しかし，共有結合で生じた高分子化合物が存在するという概念はなく，二重結合が関与した二次的な力（副原子価）で低分子が会合して，コロイド状になっていると考えられていた。スチレン樹脂は環状数量体，ゴムは図1-6(a)のようなイソプレンの環状二量体が，二重結合によって引き起こされる分子間引力により，コロイドを形成するものと考えられていた。衣類の製作に用いられたセルロースも図1-6(b)のような環状化合物が二次的な力で集合したコロイドと理解されていた。要するに化学結合で高分子が生じるという考えはなかったのである。

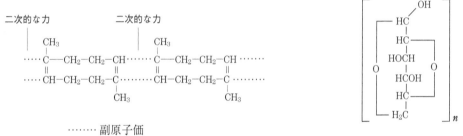

(a) ゴム（イソプレンの環状二量体）　　　(b) セルロース（グルコースの環化物の集合体）

図1-6　ゴムやセルロースに対し提案されていた構造式

　Staudingerは分子量と粘度との関係を精密に調べ，分子量が大きくなると粘度（η）も大きくなることを明らかにした。粘度から高分子の分子量が見積もられることに注目したStaudingerは，スチレンから生じた樹脂（分子量5,000）やゴムが二重結合によってコロイドを形成しているならば，二重結合に水素添加すると，対応する低分子（エチルベンゼンや1,5ジメチルシクロオクタン）に変化するから粘度は低下するはずであると考えた。ところが，二重結合に水素添加した前後に粘度の変化はなく，その重合度（高分子を構成している基本単位の数）に変化がないことを明らかにした。この結果は上記の樹脂やゴムが，低分子の集合したコロイドでなく，共有結合で生じた巨大分子であることを強く示唆するものであった（図1-7(a)，(b)）。

　セルロースやデンプンも，その構成単位がグルコースであることが分かっていた。そして，

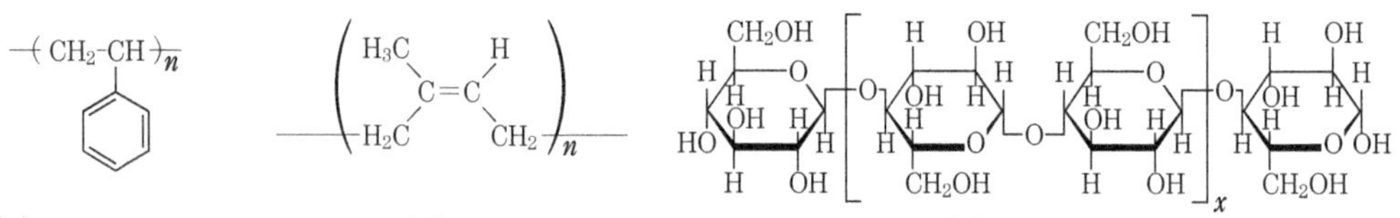

|(a)スチレン樹脂|(b)ゴム|(c)セルロース|

図1-7　スチレン樹脂，ゴムおよびセルロースの構造式

そのグルコースが副原子価によって多数個集合したものと考えられていたが，Staudingerはデンプンやセルロースを化学変化させた前後の変化に注目した。そこでデンプンを式(1)のように，化学反応により三酢酸デンプンに変え，その重合度を比較した。

デンプン　⟶　三酢酸デンプン　⟶　デンプン（アミロペクチン）　　　　　　(1)

表1-1　デンプン（アミロペクチン）の等重合度反応　（Staudingerによる）

溶剤	ホルムアミド		アセトン		クロロホルム		ホルムアミド	
デンプンおよびその誘導体	デンプン	⟶	三酢酸デンプン	⟶	三酢酸デンプン	⟶	再生デンプン	
	$\overline{M}$	$\overline{P}$	$\overline{M}$	$\overline{P}$	$\overline{M}$	$\overline{P}$	$\overline{M}$	$\overline{P}$
	30,000	185	54,000	190	53,000	190	30,000	185
	62,000	380	112,000	390	110,000	390	—	—
	91,000	560	155,000	540	155,000	540	93,000	570
	153,000	940	275,000	940	275,000	940	140,000	870

$\overline{M}$ = 平均分子量(浸透圧法)　$\overline{P}$ = 平均重合度

表1-2　セルロースの等重合度反応　（Kramerによる）

溶剤	アセトン	銅アンモニア液	アセトン	銅アンモニア液
セルロース誘導体	三酢酸セルロース ⟶	セルロース ⟶	三酢酸セルロース ⟶	セルロース
$\overline{P}$	400	470	380	430

$\overline{P}$ = 平均重合度(超遠心法)

さらに測定溶媒も変えて比較したが，表1-1のように，反応前後や溶媒変化で重合度の変化は認められなかった（等重合度反応）。このように化学的に処理したり，測定溶媒を変えても重合度に変化はなく，デンプンもグルコース単位が共有結合で結合した巨大分子であると推論した。同様なことがセルロースにも成り立ち（表1-2），セルロースもグルコース単位が共有結合で結合した巨大分子であると結論した図1-7(c)。

Staudingerの考えは，米国の有機化学者カローザス（W. H. Carothers）（図1-8）による合成ゴム，ポリエステル，ポリアミド（ナ

図1-8　Carothers

イロンなど)の合成により，実証された。

4　高分子の発展と豊かな物質社会

　高分子からなる化合物の存在が実証されると，次々と新たな高分子が合成され，さまざまな合成繊維，合成ゴム，合成樹脂が製造されるようになった。合成繊維，合成ゴム，合成樹脂（プラスチック）に端を発した**高分子工業**は，それを原料面で支えた石油化学工業の大きな発展を促し，両者は車の両輪となって飛躍的発展を遂げた。このような化学の発展は次々と新たな高分子を産み出し，その物性は金属やセラミックスにはない特有の物性を有するため，さまざまな材料開発を促した。その結果，天然繊維よりもはるかに引っ張り強度が大きい合成繊維がつくられた（図1-9）。他の分野でも，高温の油にも強い合成ゴムや透明なプラスチックなど天然物の欠点を除いた特徴ある合成高分子が，大量に，しかも安く生産されるようになった。現在，耐衝撃性，耐熱性などでは天然物を凌駕する高性能の構造材料も出現している。コンピュータの発明は20世紀後半の人間の生活様式を一新したが，その発展を大きく支えたのは高分子材料の活用であり，高分子の持つ特質がIT産業（情報通信に関連する事業）の革新，すなわちIT革命の牽引的役割を果たしたといっても過言でない。

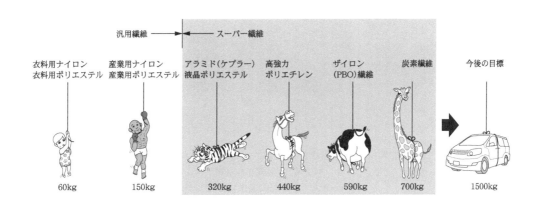

図1-9　合成繊維の強度比較（1mm²の断面積の糸でどこまで支えられるか）

　機能材料という面からも，異分野との交流を通し，高分子の特性を利用したさまざまな機能を有する製品が登場し，日常生活に豊かさをもたらしている。イオン交換樹脂や膜としての活用は古くから知られていたが，電子・光・情報・医用材料への展開は高分子が単なる構造材料でなく機能材料として種々の応用を可能にした。絶縁体であると考えられていた合成高分子に電気伝導性が導入されて，その展開により，新たな電池が作られ，電気製品の小型

化のみならず，IT産業の発展に貢献している。また，カテーテル，人工臓器，人工皮膚のような生医学材料への展開は，高分子医薬と共に，人間の平均寿命を著しく延ばす大きな要因ともなっている。

現在，高分子製品は，衣食住のいたるところで用いられている。その例を表1-3に示す。

表1-3 高分子製品の例

衣	食	住
布・糸（木綿・麻・絹・羊毛・合成繊維・新合繊），皮革	食料（肉・米・パン，デンプン，タンパク質），食器（木・プラスチック，その上に漆またはウレタン塗料），容器（紙箱・木箱・牛乳パック・ペットボトル），包装材料（紙・セロハン・プラスチックフィルム・ラップ・フィルム・トレー）	木材（木造家屋・壁板・床板・扉・家具），紙（壁紙・障子・襖），布織物（壁布・カーテン・敷物），プラスチック板（波板・タイル・テーブルトップ），畳，浴槽，塗料，接着剤，断熱材

第1章 高分子と日常生活

コラム COLUMN

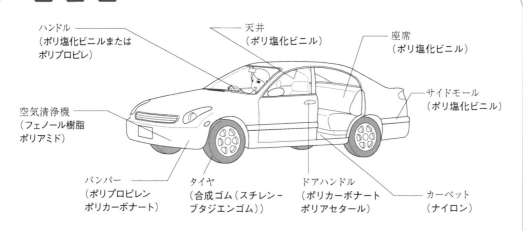

自動車に使われているプラスチック：いたるところにプラスチックが使われ軽量化がはかられている。

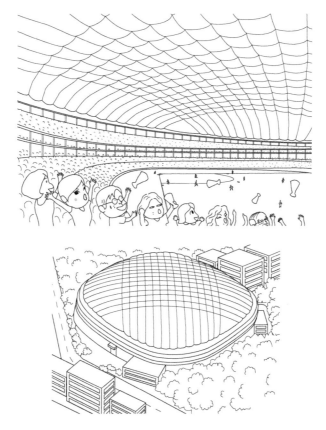

ドーム球場：ドームの天井は、ガラス繊維の織物に太陽光にも長期間耐える不燃性のフッ素樹脂を含浸したテント幕が使用されている。

コラム COLUMN

明石海峡大橋の模式図

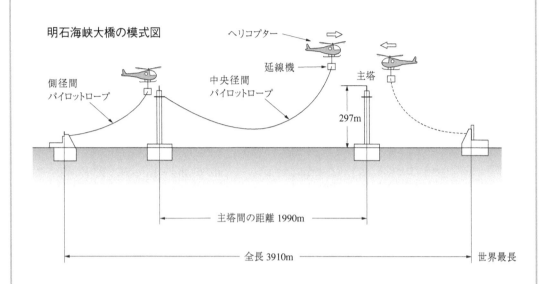

より軽く，より強い材料として，ここでも高分子のパイロットロープが活躍している。
（第46回東レ科学振興会科学講演会における西 敏夫氏の講演資料を基に作製）

医用高分子の最先端

生体の機能に近い人工臓器にもプラスチックが使用されている。

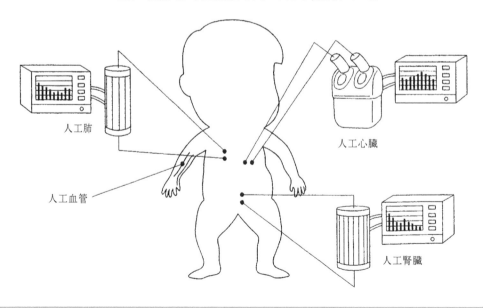

第2章

高分子物質の特徴

1 高分子物質の構成

　高分子は数千，数万の原子からなる巨大分子である。高分子（macromolecule）の化学構造に注目すると，式（1）および式（2）で示したポリエチレンやポリスチレンのように同じ化学構造の繰り返し単位が多数つらなって構成されているもの（polymer molecule）から，タンパク質のように多数の違った構造単位が配列したもの（式（4））まで，さまざまな高分子が存在する。その中でポリエチレンやポリスチレンのように，基本的な構造単位が繰り返された高分子からなる物質は**重合体**あるいは**ポリマー**（polymer），そのもとになる低分子化合物は**単量体**あるいは**モノマー**（monomer）と呼ばれている。**表2-1**にその具体例を示す。

　モノマーが結合してポリマーができる反応を**重合反応**といい，ポリマーすなわち高分子物質を構成する基本単位の数を**重合度**という。重合反応には下記の例のような二つのパターンがある。一つはエチレンやスチレンのような化合物の不飽和結合が連続的に付加反応を繰り返す**付加重合**である。もう一つは２種のモノマーから水のような簡単な分子がとれて結合する縮合を繰り返しながら，ポリマーを生成する**縮合重合**である。重合体は最小構成単位をカッコでくくり，右下に繰り返しの回数すなわち重合度をつけて表す。重合度にはしばしば n という記号が用いられる。

付加重合の例：

$$n\,CH_2=CH_2 \longrightarrow -(CH_2-CH_2)_n- \tag{1}$$

エチレン　　　　　　ポリエチレン
（単量体）　　　　　（ポリマー）

$$n\,CH_2=CH(C_6H_5) \longrightarrow -(CH_2-CH(C_6H_5))_n- \tag{2}$$

スチレン　　　　　　　　　　　ポリスチレン
（単量体）　　　　　　　　　　（ポリマー）

縮合重合の例：

$$n\,H_2N(CH_2)_6NH_2 + n\,HOOC(CH_2)_4COOH \xrightarrow{-H_2O} -[N(CH_2)_6N-C(CH_2)_4C]_n- \tag{3}$$
$$\qquad\qquad\qquad\qquad\qquad\qquad\qquad\qquad\qquad\qquad\quad H\quad\;\; H\;\;\; O\quad\;\; O$$

ヘキサメチレンジアミン　　　アジピン酸　　　　　　　　ポリヘキサメチレンアジパミド
　　　　　　　　　　　　　　　　　　　　　　　　　　　　（ナイロン6,6）

　代表的なポリマーの名称，モノマーの形，および繰り返し単位（**基本単位**という）の構造を**表2-1**に示す。基本単位がつらなった高分子は，ちょうど基本単位を鎖でつないだ構造であるから，鎖の部分を**主鎖**，それに結合している水素以外の置換基を便宜上，**側鎖**という。

第2章 高分子物質の特徴

表2-1 代表的なポリマーの基本単位

ポリマーの名称	モノマーの形	基本単位とその構造
ポリエチレン	$CH_2=CH_2$	$-(CH_2-CH_2)_n-$
ポリプロピレン	$CH_2=CH-CH_3$	$-(CH_2-CH(CH_3))_n-$
ポリ塩化ビニル	$CH_2=CHCl$	$-(CH_2-CHCl)_n-$
ポリ酢酸ビニル	$CH_2=CHOCOCH_3$	$-(CH_2-CH(OCOCH_3))_n-$
ポリアクリロニトリル	$CH_2=CHCN$	$-(CH_2-CHCN)_n-$
ポリメタクリル酸メチル	$CH_2=C(CH_3)CO_2CH_3$	$-(CH_2-C(CH_3)(COOCH_3))_n-$
ポリテトラフルオロエチレン	$CF_2=CF_2$	$-(CF_2-CF_2)_n-$
ポリスチレン	$CH_2=CH-C_6H_5$	$-(CH_2-CH(C_6H_5))_n-$
ポリヘキサメチレンアジパミド (ナイロン6,6)	$NH_2CH_2CH_2CH_2CH_2CH_2CH_2NH_2$ + $HOOCCH_2CH_2CH_2CH_2COOH$	$-(NH(CH_2)_6NHCO(CH_2)_4CO)_n-$
ポリエチレンテレフタラート	$HOCH_2CH_2OH$ + $HOOC-C_6H_4-COOH$	$-(CO-C_6H_4-CO-OCH_2CH_2O)_n-$

タンパク質は**表2-2**に示す20種類のα-アミノ酸($NH_2CHCOOH$、Rは側鎖)の脱水縮合により得られた高分子物質である。主鎖は下記のように，

$$NH_2-\underset{R_1}{CH}-CO-NH-\underset{R_2}{CH}-CO-NH-\underset{R_3}{CH}-CO\cdots\cdots NH-\underset{R_n}{CH}-COOH \quad (4)$$

アミド結合（これを**ペプチド結合**という）の繰り返しからなる化学構造である。しかし，その置換基であるRは20種類が可能であるうえ，その配列も単純ではないので，ポリスチレンやポリエチレンテレフタラートのように単純な構造単位で表すことはできない（図2-1）。

表2-2 タンパク質にみられる20種のアミノ酸

名称	略号	分子量	構造式 $R-CH(NH_2)-COOH$
(1) グリシン (glycine)	Gly	75	$H-CH(NH_2)-COOH$
(2) アラニン (alanine)	Ala	89	$CH_3-CH(NH_2)-COOH$
(3) バリン (valine)	Val	117	$(CH_3)_2CH-CH(NH_2)-COOH$
(4) ロイシン (leucine)	Leu	131	$(CH_3)_2CH-CH_2-CH(NH_2)-COOH$
(5) イソロイシン (isoleucine)	Ile	131	$CH_3-CH_2-CH(CH_3)-CH(NH_2)-COOH$
(6) セリン (serine)	Ser	105	$HOCH_2-CH(NH_2)-COOH$
(7) トレオニン (threonine)	Thr	119	$CH_3-CH(OH)-CH(NH_2)-COOH$
(8) システイン (cysteine)	Cys	121	$HS-CH_2-CH(NH_2)-COOH$
(9) グルタミン (Glutamine)	Gln	146	$H_2NOCCH_2CH_2-CH(NH_2)-COOH$
(10) メチオニン (methionine)	Met	149	$CH_3-S-CH_2-CH_2-CH(NH_2)-COOH$
(11) プロリン (proline)	Pro	115	$\underset{CH_2-CH_2}{CH_2-CH(NH)-COOH}$（環状）
(12) アスパラギン (asparagine)	Asn	132	$H_2NOCCH_2-CH(NH_2)COOH$

(13) フェニルアラニン (phenylalanine)	Phe	165	⌬-CH$_2$-CH(NH$_2$)-COOH
(14) チロシン (tyrosine)	Tyr	181	HO-⌬-CH$_2$-CH(NH$_2$)-COOH
(15) トリプトファン (tryptophane)	Trp	204	(indole)-CH$_2$-CH(NH$_2$)-COOH
(16) アスパラギン酸 (aspartic acid)	Asp	133	**HOOC**-CH$_2$-CH(NH$_2$)-COOH
(17) グルタミン酸 (glutamic acid)	Glu	147	**HOOC**-CH$_2$-CH$_2$-CH(NH$_2$)-COOH
(18) リジン (lysine)	Lys	146	H$_2$N-CH$_2$-CH$_2$-CH$_2$-CH$_2$-CH(NH$_2$)-COOH
(19) アルギニン (arginine)	Arg	174	H$_2$N-C(=NH)-NH-CH$_2$-CH$_2$-CH$_2$-CH(NH$_2$)-COOH
(20) ヒスチジン (histidine)	His	155	(imidazole)-CH$_2$-CH(NH$_2$)-COOH

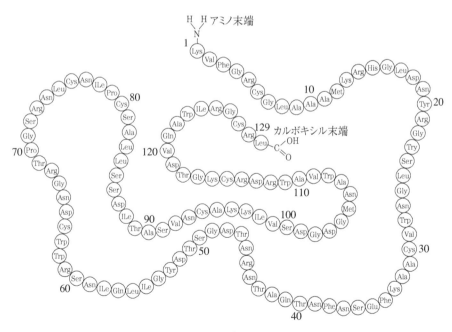

図2-1　タンパク質（リゾチーム）のアミノ酸配列
　　　（○中の略号は表2-2参照）

— 15 —

主鎖は同じペプチド結合でできた高分子でも，側鎖の配列や組成が異なると，**図2-2**のように球状になったり繊維状になったりして，さまざまな機能を発現する。

　ミオグロビンとコラーゲンのアミノ酸の組成を**図2-3**に示す。いずれもアミノ酸の縮合によって得られる高分子であるが，その組成によってその性質は著しく異なっている。ミオグロビンは筋肉に存在する**球状タンパク質**，コラーゲンは軟骨や腱などを構成する**繊維状タンパク質**である。

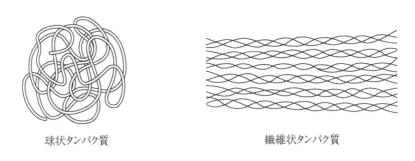

図2-2　球状タンパク質と繊維状タンパク質の概念図

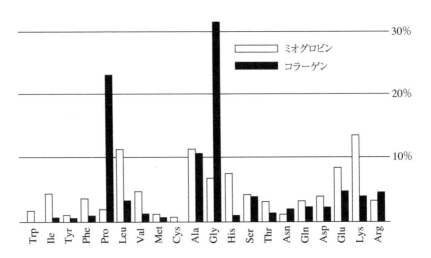

図2-3　ミオグロビンとコラーゲンのポリペプチド鎖中の20種のアミノ酸の相対量
　　　（H.B.グレイら，井上祥平訳：「化学」，p.222 図8-5）

2　高分子物質のおもしろさ

　前章に示したように，高分子化合物を用いて多種多様の製品がつくられ，この50年の間に物質面での人の生活は著しく改善された。高分子のどんな性質がその原動力になったのだろうか？

多くの高分子はその主鎖中に単結合を含んでいる。単結合は結合のまわりの回転，すなわち分子内回転が可能である。先に述べたように，高分子は長いヒモのようなものであるから，分子内回転などにより，高分子物質の内部は分子間で相互にからみあったり，配列したりする。うまく配列したところは結晶領域を形成し，硬さと強さをもたらす。一方，他の部分は結晶化しておらず，比較的柔らかい領域（非晶領域）を形成する（図2-4）。そのためその割合に応じて，同じ高分子でもいろいろな性質が表れ，弾性体から塑性体にまで変化できる。この特徴が低分子ではつくることのできない製品をうみだしている。

また同じ組成からなる高分子でも，結合の仕方で性質がまったく異なるのも，高分子物質ならではの特徴である。例えばセルロースとデンプン（アミロース）は，図2-5に示すように，いずれもD-グルコース（正しくはD-グルコピラノース）からなる高分子であるが，β-D-グル

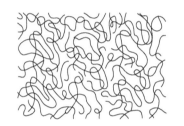

(a) 非晶性高分子物質　　(b) 10%の結晶領域を有する高分子物質　(c) 50%の結晶領域を有する高分子物質

図2-4　線状高分子の凝集状態

(a) セルロース（1,4-β-グルコシド結合）

(b) デンプン（アミロース（1,4-α-グルコシド結合））

図2-5　セルロースとデンプン（アミロース）の組成

コース単位からなるセルロースは衣服や木材の主成分であるのに対し，α-D-グルコース単位からなるデンプンは米やパンの主成分である。

一般に工業製品などの材料として利用されているのは，金属，セラミックス，およびポリマー（高分子物質）である。金属やセラミックスは無機材料であるが，高分子材料は通常は有機化合物からなる。**高分子材料の大きな特徴は加工しやすいことであると思われていた。**一方で，高分子物質は一般に高熱に弱く，電気を通しにくいという特徴を備える。しかし今では，これらの点も改善されて，その用途は大きく拡がっている。たとえば，消防服に使われる耐熱性高分子（表6-2）や，白川英樹のノーベル化学賞（2000年）で知られる導電性高分子（表14-2）など多くの高性能・高機能高分子が開発されている。

3 高分子物質の分類

身の周りを見まわすと，いたるところで高分子物質が利用されている。衣服だけをみても，天然に存在する木綿，麻，絹，羊毛（ウール）でできた製品の他に，石油を原料にして人工的に合成したポリエステル，ナイロンなどでできたものが数多く存在する。

高分子物質には膨大な数と種類があるが，産出方法によって**天然高分子物質，合成高分子物質**，および天然高分子物質を化学処理して改良した**半合成高分子物質**に大別される（表2-3）。

天然高分子物質としては羊毛，絹などのタンパク質，デンプンやセルロースなどの多糖類，植物の分泌物から生じるゴムやロジン（松やに）のような天然樹脂がある。また生体内に存在し，タンパク質の合成に関与する核酸も天然高分子物質である。一方，合成高分子物質は化学反応を活用して人工的に合成した高分子物質である。ポリエチレン，ポリスチレンのように骨格が炭素原子だけでできているものから，ナイロンやポリエステルのように炭素以外の原子を含むものまで，多種多様の高分子物質が合成されている。

表2-3 高分子物質の種類

天然高分子物質	無機：石綿，雲母，グラファイト，ダイヤモンドなど 有機：セルロース，デンプン，タンパク質，ゴム，核酸など
半合成高分子物質 （天然高分子物質より化学的に誘導されたもの）	無機：ガラス，セラミックスなど 有機：酢酸セルロース，硝酸セルロース，セルロイドなど
合成高分子物質	無機：ポリホスホニトリルクロリド（無機性ゴム），シリコーン，合成雲母など 有機：熱可塑性樹脂；ナイロン，ポリエステルなど 　　　熱硬化性樹脂；フェノール樹脂，メラミン樹脂など

天然高分子物質を化学反応で改質した高分子物質は**半合成高分子物質**といわれている。木材の主成分であるセルロースをアルカリ，二硫化炭素で処理して得られるセルロースキサントゲン酸ナトリウムで作った**レーヨン**やパルプと無水酢酸の反応で生じる酢酸セルロースはその典型的な例である。木綿を銅，アンモニアで溶解し，それを紡糸して得られる**キュプラ法レーヨン**は，天然高分子物質の中で最も高価な絹を目指して人工的に作った半合成高分子物質である。

高分子物質は有機化合物だけでなく，雲母やダイヤモンドなど，天然に無機高分子物質として存在する。その他，炭素の代わりに珪素—酸素結合を主鎖にもつポリシロキサンや，リン—窒素結合からなるポリホスファゼンが合成されている。とくにグラファイトからなる炭素繊維やシロキサン系高分子物質はいろいろな特徴があり，ハイテク産業で重要な役割を果たしている。

分子の形状から高分子を分類すると，線状高分子，分岐高分子，板状高分子，および網目状高分子に分けられる。ポリエチレン，ポリスチレン，ナイロンやポリエステルのような高分子は，長い主鎖に小さい置換基がついた線状高分子である。ベンゼン環が結合したポリフェニレンやカプトンと呼ばれるポリイミドも，長い側鎖がないから線状高分子である（図2-6）。分岐ポリエチレンのように主鎖に長い側鎖のあるものや，モチ米の成分であるアミロペクチンは分岐高分子である。近年注目されている樹状高分子（デンドリマー）は分岐高分子の極限のポリマーである（図2-7）。グラファイトは結合が二次元に広がっており，板状高分子で

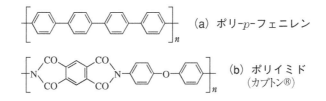

図2-6　線状高分子の例

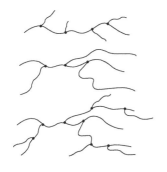
(a) 分岐高分子

(b) 樹状高分子（デンドリマー）

図2-7　分岐高分子と樹状高分子

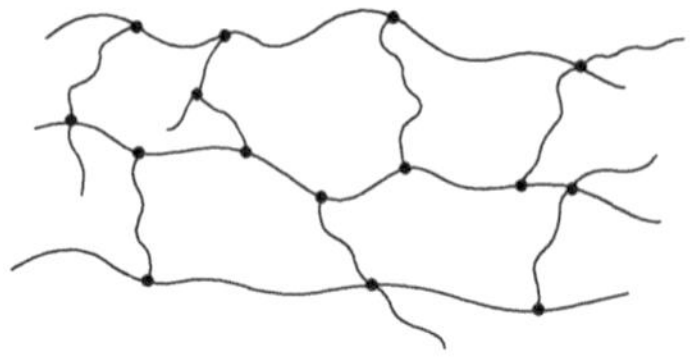

(a) 概念図 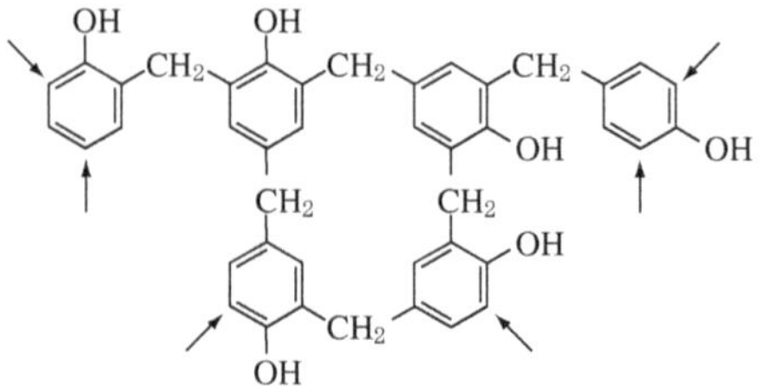　　　　　　　(b) フェノール・ホルムアルデヒド樹脂
　　　　　　　　　　　　　　　（矢印はさらに結合する部位）

図2-8　網目状高分子

ある。雲母，滑石などもこの構造に該当する。ベークライト，メラミン樹脂，加硫したゴムなどは，三次元に共有結合で結ばれた構造をもつため，網目状高分子と呼ばれる（図2-8）。

　加熱により三次元に結合が進むような場合には，生成ポリマーは不溶，不融に変化するので，**熱硬化性樹脂**と呼ばれている。それに対し熱によって柔らかくなる高分子は**熱可塑性高分子**といわれ，その温度は主鎖や側鎖の化学構造に依存する。

4　高分子物質の特徴

　高分子物質では長い鎖の一部がからみあったり，配向して結晶領域をつくったりするので，同じ高分子からなる物質の中に，結晶領域と結晶をつくってない非晶領域が存在する（図2-4）。これは低分子にはない特性で，結晶領域と非晶領域の割合を制御すれば，原理的には無数の物性を発現させることができる。この制御によって同じ高分子物質から多岐の用途をもつ有機材料がつくられている。

4.1　熱的性質

　一般に物質は，気体，液体，および固体からなる。水に注目すると，1気圧下で100℃以上では水蒸気となって気体である。その温度領域では水の分子はばらばらに存在するが，温度を下げていくと，100℃以下で離ればなれの分子が集合して液化する。さらに温度を下げていくと，0℃で固化して氷になる。このような温度による状態変化は分子間に働く引力，すなわち分子間相互作用と分子に供給される熱エネルギーとの大小によって引き起こされる現象である。このような温度と状態変化の関係はメタンやエタンにもいえることである。沸点はそれぞれ−162℃および−89℃，融点は−182.5℃および−183.6℃となり，状態変化をもたらす温度（融点と沸点）は物質によって異なる。パラフィン系の炭化水素に注目すると，**表2-4**に示すように，構成する分子の長さが長くなるほど沸点や融点が上昇し，分子が長くなるにつれて分子間相互作用が大きくなることを示している。この延長であるポリエチレンは

相互作用はさらに大きくなり，フィルム形成などの高分子の特性が現れるようになる。このポリエチレンはプラスチックやフィルムとして実生活に利用されている。また分子量が1千万のポリエチレンを配向して得た糸はスチールよりも大きな引張り強度を有している。2本のポリエチレンの糸でバーベルを吊りさげた図2-9で，その強度が想像できる。

　高分子物質は液体窒素（－196℃）の温度では，ガラスのように硬くてもろい状態である。温度を上げていくと，非晶領域の高分子鎖が動きだすようになる。低分子ではこの状態になると分子が動きまわるので液体になるのだが，高分子物質では分子運動がはじまると，高分子鎖の形態変化の運動，すなわちミクロブラウン運動は起こるが，分子鎖が配列している結晶領域の存在や長い分子鎖がからみあっていて，流動性のない固体状態の外観を保つ温度領

表2-4　パラフィン系炭化水素の重合度と状態変化

繰り返し単位の数 n^*	分子量	融点（℃）	沸点（℃）	常温での外観
1	30	－183.6	－89	気体
2	58	－135	－0.5	気体
3	86	－95	69	液体
4	114	－57	126	液体
5	142	－30	174	液体
10	282	36	343	ろう状
15	422	66	235／1mmHg	ろう状
20	562	81	241／0.3mmHg	ろう状
30	842	99	分解	ろう状
60	1682	104	分解	ろう状固体
100	2802	106	分解	もろい固体
1000	28002	110	分解	硬い固体

* H$-$(CH$_2$$-CH_2$)$_n$$-$H

図2-9　スチールより強いポリエチレンの糸　（写真：東洋紡　安田 浩氏提供）

域が存在する。この温度領域では外力によって変形する。こうした高分子物質の熱的特性が，その成形，加工を容易にし，金属やセラミックスにない特徴となっている。このような温度領域は高分子の分子量や化学構造に依存している。化学構造や分子量の差を利用していろいろな製品がつくられている。物質の性状と分子量の関係を図2-10に示す。

　高分子の間を共有結合でつなぐと橋架け構造をもつ**網目状高分子**となる。このような高分子は結合の切断がおこらないかぎりばらけることができないので，温度を上げても分子鎖が独立して動きまわることはない。したがって三次元に結合がひろがった網目状高分子には低分子物質における融解という現象はない。表2-3に示した熱硬化性樹脂は，この橋架け構造をもつ高分子物質の特性を利用したもので熱に強くなるので表面加工に使われている。

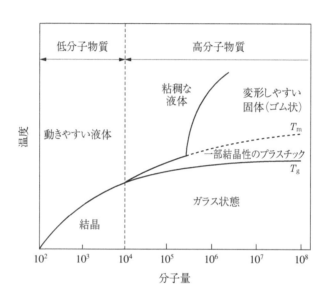

図2-10　物質の性質と分子量ならびに温度の関係の概念図
------は結晶領域が存在する際の融点

4.2　溶解と膨潤

　角砂糖をコップの水の中に入れると，溶解して透明な液体になる。これは水分子が砂糖の分子の間に入りこみ，集合していた砂糖分子がばらばらになるからである。すなわち溶解とは，溶質分子が溶媒によってとりかこまれ，ばらばらになる現象である。一方，角砂糖をベンゼンの入ったコップに入れても変化はない。これは砂糖分子どうしの相互作用が，砂糖とベンゼンとの相互作用よりも大きいため，ベンゼンは砂糖分子をばらばらにできなかったことによるものである。砂糖も水も水酸基をもっており"似たものは似たものを溶かす"という溶解に関する法則が成立する。

　側鎖にベンゼン環を有するポリスチレンの塊を多量のベンゼンに入れると，透明なベンゼン溶液となる。これはポリスチレンの塊が分子としてベンゼン中に分散されたことによるも

のである。この場合も"似たものは似たものを溶かす"という溶解に関する法則が成立しているが，高分子化合物では時々，この法則が成立しない場合がある。それは高分子の特性によるものである。一例をあげると，ブドウ糖（グルコース）は水に容易に溶解するが，その重合体であるセルロースは水に不溶である。ところが，セルロースの水酸基をより水に馴染みにくいメトキシ基にかえたメチルセルロースは水に溶解する。この事実は低分子では考えられないことで，高分子間に働く相互作用から引き起こされた**高分子の特性**である。

　溶解とは，溶質分子間の相互作用が溶媒との相互作用に置きかわり，溶質分子がばらばらになる現象である。高分子鎖の間を共有結合によってつないだ**架橋高分子**は分子自身がばらばらになることはないから，溶解という現象はない。したがって**溶媒に不溶**となる。このような高分子の分子鎖に親和性の高い溶媒を用いると，高分子鎖が溶媒を呼び込み，**膨潤**という現象が起こる（図2-11）。物によっては5,000倍に膨潤することがある（74頁 コラム）。この場合には流動性は示さないが，ゼリー状の固体物質，すなわち**ゲル**（39頁）を形成している。

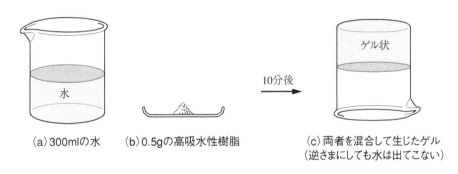

(a) 300mlの水　　(b) 0.5gの高吸水性樹脂　　(c) 両者を混合して生じたゲル
　　　　　　　　　　　　　　　　　　　　　　（逆さまにしても水は出てこない）

図2-11　膨潤する高分子

4.3　力学的性質

　高分子は長い鎖を有するため，低分子のように活発に運動することは困難となり，高分子物質は通常は固体である。図2-4に示したように，鎖の分子の一部がからみあったり，配列して結晶領域をつくったりするので，低分子物質の固体ではつくりえない特性が見いだされている。一般に固体に外力を加えると変形するが，外力を除いた場合に元の形に戻るときは**弾性変形**と呼ばれる（図2-12(a)）。変形が残るような場合には**塑性変形**，あるいは**塑性流動**と呼ばれる（図2-12(b)）。高分子物質に外力

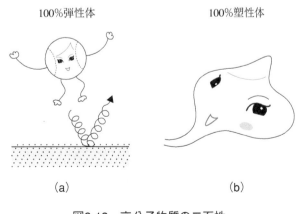

図2-12　高分子物質の二面性

を加えると，結晶領域は外力に抗して強度発現に関与し，非晶領域が変形の役割を担う。高分子では構成単位の化学的性質および配列の仕方により，弾性と塑性の度合いを調節できる。そのため原理的には無数の力学物性を発現させることができ，高分子物質は多岐の用途をもつ有機材料として利用されている。

4.4 光学的性質

高分子物質は結晶領域に富むものと非晶領域の多いものがある（図2-4）。光学的にみると結晶領域の存在は光に対し異方性を示すので好ましくない。完全に非晶性の高分子物質は等方的であり，有機ガラスとして利用できる。事実，プラスチックの中で透明な高分子物質として，ポリメタクリル酸メチルが知られている。このような透明なプラスチックは無機のガラスよりも軽量であるうえ，加工が容易であることを利用して，光学用材料への展開がなされている。プラスチックを用いた軽い眼鏡，屈折率の差を利用した光ファイバー，さらには人工角膜などがその例で，非晶性高分子物質の特性を利用したものである。特記すべきことは，光ファイバーをコアにし，その外面を屈折率の低い高分子物質で被うと，光が外面を被ったチューブで反射されるので，光は遠方まで伝達される。この現象を利用して光通信用や胃カメラなどが開発され，無機高分子物質であるガラスファイバーとともに広く活用されている（図2-13）。

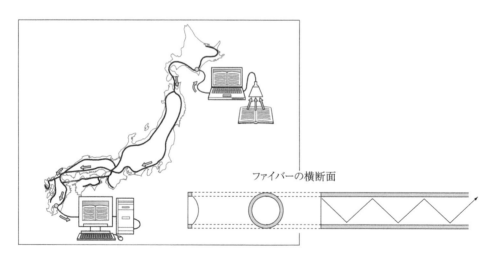

ポリメタクリル酸メチルは非晶の状態で存在するので，ガラスに匹敵する透明度を有しているうえ，成形加工が容易である。したがってファイバーにしたものを屈折率の低い高分子物質で被って，光伝送システム（とくにローカルエリアネットワーク（LAN））を中心に広く利用されている。

図2-13　光ファイバーと通信網

光機能の利用に感光性樹脂がある。光照射によって高分子の溶解性が変化する性質を利用したものである。そのような感光性樹脂をフォトレジストあるいはレジストと呼び、露光によって**溶けやすくなるものをポジ型**，**溶けなくなるものをネガ型**という。レジストをマスクして感光することによりプリント回路や半導体集積回路の作製に利用されている。その原理の概略を図2-14に示す。

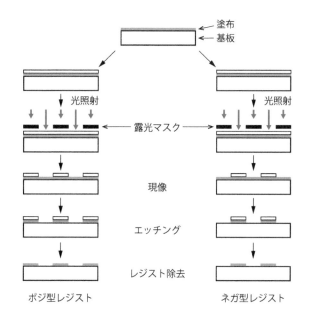

図2-14 レジストの原理

4.5 電気的性質

身の周りに存在する高分子化合物（ポリエチレン，ナイロン，ポリエステル）は一般に電気を通さない絶縁体である。しかし，絶縁体でも電場の中におくと、構成分子中の電子に偏りが生じるのでその絶縁体中に電気分極が生じる。フッ素のように分極しやすい原子を有する高分子は大きな誘電性を示すので，**強誘電ポリマー**といわれ，その焦電性や圧電性がマイクロフォン，スピーカー，超音波診断に利用されている。

π電子が共役しながら二次元に広がったグラファイトは電気を通すことが知られているから、広い範囲で共役π電子が存在すると考えられるポリアセチレンの電気伝導性は1960代から注目されていた。当初は黒色の不溶な高分子で概念的に描いたような電気伝導性は得られなかったが、ポリアセチレンと電荷移動錯体を生じる物質（ドーパントという）を導入すると伝導度が$10^7 \sim 10^8 Sm^{-1}$に達する上、金属光沢をもつフィルムもできることが分った。それを契機にいろいろな導電性高分子が創成され，それを用いた電池やタッチパネルなどの表示材料が開発されている。

図2-15に駅の券売機に使われているタッチパネルを示す。

図2-15　タッチパネル

4.6　膜形成

高分子物質の特徴として，フィルムやシートに加工ができる点が挙げられる。身近なところではスーパーで包装に使われているレジ袋，飲み物が入ったペットボトルがある。これらはいずれも高分子からなり，レジ袋はポリエチレン，ペットボトルはポリエチレンテレフタラートからできている。フィルムは均一に見えるが，それを電子顕微鏡で見ると図2-16に示すような細孔があり，その大きさは物質によって異なる。同じ物質であっても温度などの成膜条件で異なる細孔に調節できる。その細孔の存在は，いろいろな高分子膜の利用が高分子物質の特性を産み出している。

高分子のもつ細孔は物質分離に活用されている。たとえば，多孔質膜であるセロハン膜(再生セルロースからなる薄膜)を用いてタンパク質溶液の中からイオンや低分子を除く方法は古くから知られていた。再生セルロースやその誘導体である酢酸セルロースは人工透析膜(図2-17)に利用され，多くの人命を救っている。

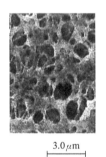

図2-16　電子顕微鏡で見た高分子膜
高分子学会編，高分子膜を用いた環境技術，共立出版 (2012)

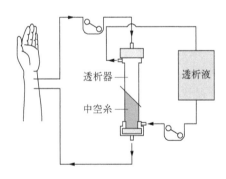

図2-17　人工透析

高分子膜は，その素材の細孔の大きさの相違や素材に対する気体の溶解性の違いを利用して，気体の分離に利用されている。たとえば，大きな課題となっている地球温暖化対策としてのCO_2の削減に役目を果たしているのが高分子膜である。CO_2の分子サイズはN_2やO_2より

大きいが，ポリイミドに対する凝縮性が大きいので，それを利用した高分子膜による分離が進められている（**図2-18**）。

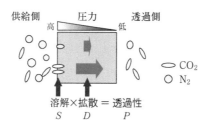

図2-18　高分子膜によるCO$_2$の分離
高分子学会編, 高分子膜を用いた環境技術, 共立出版 (2012)

　液体状態での分離にも高分子膜が活用されている。その例は海水の淡水化である。水は通すが，溶質の塩は通さない高分子膜で仕切ると，膜で隔てられた塩水溶液は純水側よりも高い圧力（浸透圧）をもっているから，塩水溶液から膜を通して水を取り出すには，水側に，浸透圧を圧倒する圧力を加え，浸透による水の流れを逆にし，高分子膜に酢酸セルロース膜を用いることで実現し，現在はより効率の高い架橋芳香族ポリアミド膜が作られ，塩排除率が99％以上，海水100Lから40Lの真水が得られるようになり，高分子膜が大きな社会貢献をしている。高分子膜を通しての液体分離は，蒸発のように相変化を伴わないので，省エネルギープロセスとしても意義ある技術に発展している。

　上述の高分子膜はいずれも無電荷であるが，固定電荷をもつ膜もある。これらはイオン交換膜として働く。たとえば，ジビニルベンゼンで架橋したポリスチレンなどの高分子にスルホン基を導入した陽イオン交換膜や四級アンモニウム塩を導入した陰イオン交換膜があり，電気透析や電界の隔膜に利用されている。塩化ナトリウム水溶液の電解用隔膜に陽イオン交換膜が使われ，水酸化ナトリウムと塩素の製造に利用されている。その原理を**図2-19**に示す。

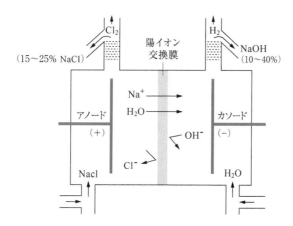

図2-19　陽イオン交換膜による食塩水の電解
妹尾学ら, 基礎高分子科学, 共立出版 (2005)

コラム COLUMN

金色の光沢を示す高分子

　白川英樹（筑波大学名誉教授）らによってポリアセチレンから銀白色に輝く高分子膜が生じることが見出されて以来，多くの注目が集まり，当時，ペンシルベニア大学の教授であったマクダーミッド（A. G. MacDarmid）とヒーガー（Alan J. Heeger）の協力により，1977年に導電性高分子に発展した。この研究により3名には2000年にノーベル化学賞が贈られている。

　その後，ポリピロールやポリアニリンなどさまざまな導電性高分子が合成され，リチウム2次電池や太陽電池に使われるようになり，高分子材料の大きな発展を促している。現在では，その材料が外部電場によって伸び縮みすることが注目され，人工筋肉などへの展開も検討されている。

　銀白色の金属光沢を示すポリアセチレンが報じられた以前（1973年）に，窒素と硫黄からなるチアジルの重合によって得られる高分子は，下図に示すような構造で，電導度が高く，金属的性質を示すことが見出されていた。

$$\begin{matrix} S=N-S \\ \| \quad \| \\ N \quad N \\ \| \quad \| \\ S-N=S \end{matrix} \xrightarrow{Ag_2S} (S_2N_2) \longrightarrow \left[\!\!\begin{array}{c} N \\ S^{\diagup} \diagdown S^{\diagup} N \end{array}\!\!\right]_n$$

　2年後，0.26Kまで下げると，その高分子物質には超伝導性を示すことも分かり，その電気物性と応用が注目されたが，大気中で不安定であったことからポリアセチレンのような展開には至らなかった。

図1　金色に輝くポリチアジル
金藤敬一氏（大阪工業大学教授）提供

　高分子物質に電導性を付与できることを最初に示した物質であり，その超伝導機構の解明と共に，物質科学の展開で示唆に富むと思いコラムとして紹介した。詳しくは金藤敬一，高分子，42, 582（1993）に書かれているので，参照されたい。

第3章

高分子の構造

1 はじめに

　前章で示したように，**高分子物質の特性や機能**は，高分子類を構成する基本構造すなわちモノマー単位の化学構造，重合度すなわち分子量，モノマーの結合様式や配列順序，枝分かれの有無などによって著しく異なる。高分子は長い鎖のようなものであるから，分子間はいうまでもなく，分子内にもいろいろな力が働き，高分子の構造に影響する。以下，高分子の構造とその成立の要因に注目する。

2 分子間力

　アルカンに注目すると，メタン，エタン，プロパンと分子量が大きくなるにつれて沸点や融点が上昇する。これは分子が大きくなれば，分子が接する面積も大きく，分子間に働く力も大きくなることを示している。アルカンの分子間に働く引力は**ファンデルワールス力**といわれる力であるが，アルカンを構成するC−C結合とC−H結合には電子の偏りがないので，分子同士を引き付ける力は弱い。水やアセトンについて沸点や融点を調べてみると，ファンデルワールス力だけならば，分子量18の水はエタン以下，アセトンはイソブタン程度の沸点や融点になるはずである。だが，水の沸点は100℃，融点は0℃であり，アセトンの沸点は56.3℃，融点−94.8℃である。それぞれエタン（沸点−89℃，融点−183℃）やイソブタン（沸点−12℃，融点−160℃）よりはるかに高い。水分子やアセトン分子の場合，それを構成するO−H結合やC＝O結合には電子の偏りがあり，結合の内部の＋電荷と−電荷が誘起される。その結果，双極子モーメントが生じる。水やアセトン分子にはこのように＋と−が引き合う永久双極子モーメントがあるので，水やアセトンには**双極子−双極子相互作用**が働き，分子間により大きな引力が加わる。したがって分子間力は大きくなり，同程度の分子量と大きさを持つ無極性分子よりも高い沸点や融点となる。アセトンと水を比べてみると，アセトンの分子量は水の分子量の3倍であるが，沸点，融点ともに低い。水の場合には水素原子を仲立ちにして**水素結合**が加わるので，さらに分子間力は強くなり，高い沸点や融点を示すことになる。

　このように分子間にはさまざまな力が働き，なるべく安定な構造になろうとする。これが以下のような高分子構造を生じる。

3 一次構造

　高分子に注目すると表2-1に示すように，同一のモノマー単位が繰り返しつらなった構造の

ものから，リゾチーム（図2-1）や図3-1のα-キモトリプシンのように異種のモノマー単位が不規則に共有結合でつらなった構造のものまでさまざまな分子が存在する。このように化学結合によって示される高分子の構造を**一次構造**という。

Cys-Gly-Val-Pro-Ala-Ile-Gln-Pro-Val-Leu-Ser-Gly-Leu-Ser-Arg-Leu-Val-Gly-Asp-Glu-
Glu-Ala-Val-Pro-Gly-Ser-Trp-Pro-Trp-Gln-Val-Ser-Leu-Gly-Asp-Lys-Thr-Gly-Phe-His-
Phe-Cys-Gly-Gly-Cer-Leu-Ile-Asp-Glu-Asp-Trp-Val-Val-Thr-Ala-Ala-His-Cys-Gly-Val-
Thr-Thr-Ser-Asp-Val-Val-Val-Ala-Gly-Glu-Phe-Asp-Gln-Gly-Ser-Ser-Ser-Glu-Cys-Ile-
Gln-Lys-Leu-Lys-Ile-Ala-Lys-Val-Phe-Lys-Asp-Ser-Lys-Tsr-Asn-Ser-Leu-Thr-Ile-Asn-
Asn-Asn-Ile-Thr-Leu-Leu-Lys-Leu-Ser-Thr-Ala-Ala-Ser-Phe-Ser-Gln-Thr-Val-Ser-Ala-
Val-Cys-Leu-Pro-Ser-Ala-Ser-Asp-Asp-Phe-Ala-Ala-Gly-Thr-Thr-Cys-Val-Thr-Thr-Gly-
Trp-Gly-Leu-Thr-Arg-Tyr-Thr-Asn-Ala-Asn-Thr-Pro-Asp-Arg-Leu-Gln-Gln-Ala-Ser-Leu-
Pro-Leu-Leu-Ser-Asn-Thr-Asn-Cys-Lys-Lys-Tyr-Tyr-Gly-Thr-Lys-Ile-Lys-Asp-Ala-Met-
Lie-Cys-Ala-Gly-Ala-Ser-Gly-Val-Ser-Ser-Cys-Met-Gly-Asp-Ser-Gly-Gly-Pro-Leu-Val-
Cys-Lys-Lys-Asn-Gly-Ala-Trp-Thr-Leu-Val-Gly-Ile-Val-Ser-Ser-Trp-Gly-Ser-Ser-Thr-
Cys-Ser-Thr-Ser-Thr-Pro-Gly-Val-Thr-Val-Arg-Val-Thr-Ala-Leu-Val-Asn-Trp-Val-Gln-
Gln-Thr-Leu-Ala-Ala-Asn

図3-1 α-キモトリプシンのアミノ酸配列
（245のペプチド結合で246個のアミノ酸が結合している。）
（アミノ酸単位の略号は表2-2参照）

3.1 単独重合体

$CH_2=CHR$（Rはフェニル基などの置換基）が重合して高分子が生成する場合には，高分子鎖は同一の繰り返し単位よりなる。Rにどのような置換基が付くかによって，高分子の性質は著しく異なる。R＝Hの場合を除くと，この種のモノマーは対称ではないので，次のような二つの結合様式が可能である。置換基の付いていない炭素原子を頭とすると，生じた高分子の構造は下記のように**頭—頭結合**と**頭—尾結合**が可能であるが，通常の重合では主に頭—尾結合からなることが明らかにされている。特殊な合成法で**頭—頭結合**，**尾—尾結合**も作られているが，その物性は異なっている。

頭—頭 …… $RCH-CH_2-CH_2-CHR$ ……   尾—尾 …… $CH_2-CHR-CHR-CH_2$ ……
頭—尾 …… $CH_2-CHR-CH_2-CHR$ ……

すべて頭—尾結合でできている場合でも，構造単位ごとに存在する置換基の空間的な配置（立体配置あるいはコンフィギュレーションという）の違いによって，異なる物性を有する高分子になる。主鎖の炭素がトランス配置をとるような場合には次頁の図3-2のように，平面ジグザグ状に引き伸ばしたようにかける。その際，置換基Rがすべて同一方向の立体配置をとるように結合している場合は**イソタクチックポリマー**，交互に配列している場合は**シンジオタクチックポリマー**と呼ばれている。Rの方向に規則性がないものは**アタクチックポリマー**という。一般に，置換基の位置に規則性のないアタクチックポリマーは結晶化せず非晶状態であるが，イソタクチッ

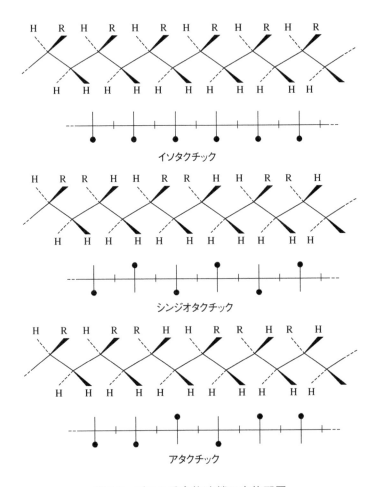

図3-2 ビニル重合体連鎖の立体配置

クやシンジオタクチックポリマーは結晶性高分子となる。このように同じモノマーから2種の結晶性ポリマーが生じるが，その融点は異なり，化学式はまったく同じでも，分子鎖の連鎖形式によって物性がいかに異なるかを示す良い例である。低分子では光学異性体がその例にあたる。

ブタジエンやイソプレンに代表されるジエン化合物が重合する場合には，図3-3に示すように，1,2-および1,4-付加重合が可能である。イソプレンのように対称でない場合には，1,2-付加重合と3,4-付加重合では違った構造単位をもつポリマーとなる。1,4-付加重合で生じる二重結合はシスとトランスがあるから，図3-3に示すように，ブタジエンでは3通り，イソプレンでは4通りの結合様式が可能である。

同じ1,4-結合からできているポリイソプレンでも，シスとトランスで物性が異なり，室温でゴムの性質を示すのはシス-1,4-結合からなるポリイソプレンである。

3.2 共重合体

2種以上のモノマーが同一反応系で重合すると，1本の高分子鎖中にそれらのモノマー単

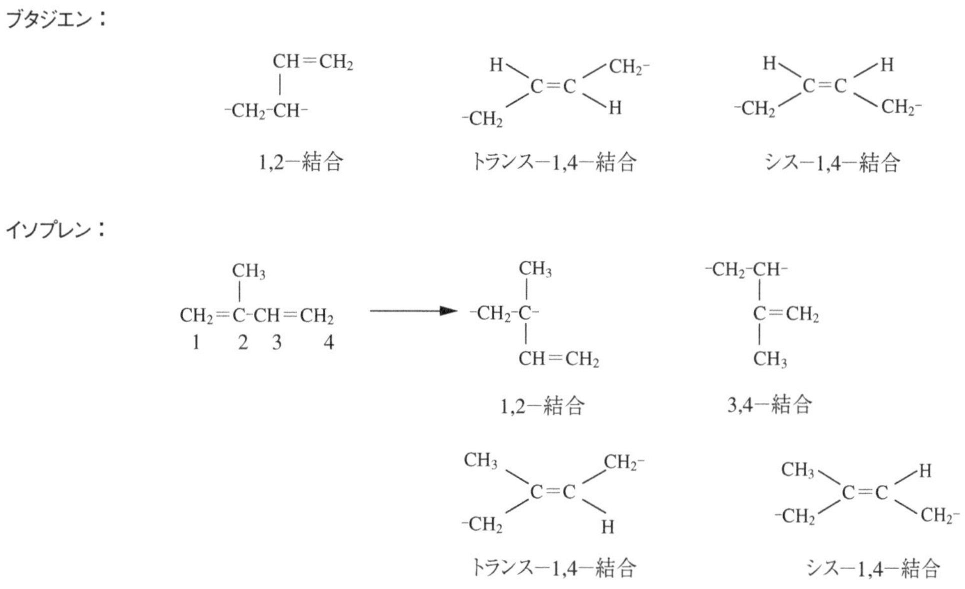

ブタジエン：

　　　CH=CH₂　　　　　　H　　　CH₂-　　　　　H　　　　H
　　　 |　　　　　　　　　＼　／　　　　　　　 ＼　／
　-CH₂-CH-　　　　　　　C=C　　　　　　　　C=C
　　　　　　　　　　　 ／　　＼　　　　　　　／　　＼
　　　　　　　　　-CH₂　　　H　　　　　-CH₂　　　CH₂-

　　1,2-結合　　　　　　トランス-1,4-結合　　　　シス-1,4-結合

イソプレン：

　　　　　CH₃　　　　　　　　　CH₃　　　　　　-CH₂-CH-
　　　　　 |　　　　　　　　　　 |　　　　　　　　 |
　CH₂=C-CH=CH₂　　→　-CH₂-C-　　　　　　　　C=CH₂
　 1　 2　3　 4　　　　　　　　 |　　　　　　　　 |
　　　　　　　　　　　　　　　CH=CH₂　　　　　　CH₃

　　　　　　　　　　　　　1,2-結合　　　　　　　3,4-結合

　　　　　　　　　CH₃　　　CH₂-　　　　　CH₃　　　H
　　　　　　　　　 ＼　／　　　　　　　　 ＼　／
　　　　　　　　　　C=C　　　　　　　　　　C=C
　　　　　　　　 ／　　＼　　　　　　　　／　　＼
　　　　　　 -CH₂　　　H　　　　　　-CH₂　　　CH₂-

　　　　　　　　トランス-1,4-結合　　　　シス-1,4-結合

図3-3　ジエン化合物の可能な構造単位

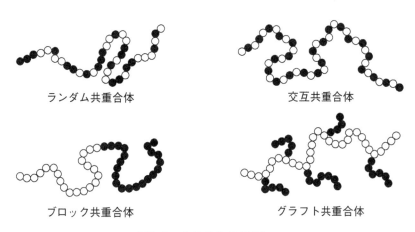

図3-4　共重合体の種類

位を含む高分子が生成する。2種のモノマー単位からなる高分子物質は**共重合体**と呼ばれ、図3-4のような配列がある。その配列の仕方によって、**ランダム共重合体**、**交互共重合体**、**ブロック共重合体**および**グラフト共重合体**に分類され、それぞれ独特な性質を示す。

一般に共重合体は、その各成分のみから得られる高分子物質とは性質が異なるので、新たな用途を目指して多くの共重合体が合成されている。例えばエチレンとプロピレンとのランダム共重合により、ポリエチレンやポリプロピレンのみでは得られないゴム弾性を有する高分子物質が生じる。また天然高分子であるデンプンに合成高分子をグラフト共重合させると、

親水性のデンプンに合成高分子の特徴を加味した高吸水性樹脂が生じ，実用に供されている。

4 二次構造

多くの高分子はその主鎖中に単結合を含んでいる。単結合はエタンCH_3-CH_3で明らかなように，C–C結合のまわりの回転が可能である（**図3-5(a)**）。別の炭素に付いた水素の相対位置が変るので，回転の結果，いろいろな形が可能となる。そのように，内部回転により分子の形が異なる構造になったものは回転異性体といわれ，分子内回転によって生じる各原子や原子団の相対的空間配置を**コンフォメーション（立体配座）**＊という。回転の結果，無数のコンフォメーションが可能であるが，通常，分子は回転ポテンシャルエネルギーが極小になるコンフォメーションをとる。エタンのおのおのの炭素に結合した水素をメチル基で置換した，ブタンCH_3-

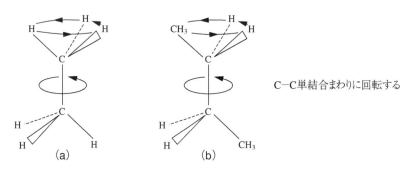

図3-5 エタンおよびブタンの単結合による回転

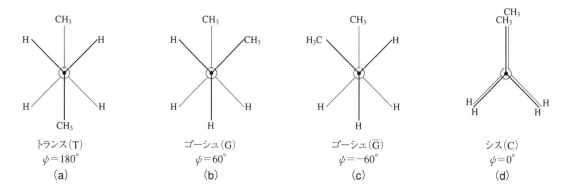

図3-6 トランスおよびゴーシュの回転異性体

＊ コンフォメーションは単結合の内部回転で変換できるが，一次構造を形成する立体配置（コンフィギュレーション）は単結合の内部回転だけでは相互変換できない原子の配列となっている。

$CH_2-CH_2-CH_3$ の CH_2-CH_2 結合のまわりの回転について考えてみる（図3-5(b)）。

図3-6はブタンの CH_2-CH_2 軸を紙面に垂直にした投影図である。その図において，図3-5(b)を上から見た場合，手前の炭素原子に結合している CH_3 と二つのH原子を円の前方に，もう一つの炭素に結合したメチル基と二つの水素原子を円の後方に示す。結合の回転によって，いろいろな分子形態をとるが，二つのメチル基が重なった状態（**シス型**）を内部回転角（ψ）0°にすると，メチル基が最も離れた分子形態すなわち ψ が180°のときに最も安定で，**トランス型**といわれている（図3-6(a)）。この状態の回転ポテンシャルエネルギーを0として，回転によるエネルギー変化を求めると，回転にともない炭素についた原子の重なりあいのために高いエネルギー状態になる。だが，図3-7に示すように，**時計方向**や**反時計方向**に120°回転した状態にトランスについで安定な状態があり，**ゴーシュ型**と呼ばれている（図3-6(b)と(c)）。ゴーシュには2種類あり，後方のメチル基が時計方向のものをG，反時計方向のものを$\overline{G}$と表す。炭素数が4のブタンではTとGまたは$\overline{G}$のいずれかをとることができるが，C-C結合が一つ増えたペンタンになるとTT, TG, T$\overline{G}$, GT, GG, $\overline{GG}$, G$\overline{G}$の七つの回転異性体が可能である。炭素数が増えるにつれ可能な回転異性体は著しく増大する。

多くの高分子はその主鎖中に多数の単結合を含んでいるので，いろいろな回転異性体が可能である。

例えばポリエチレンは無数の可能な異性体が可能であるが，図3-8に示すようにトランスをとった構造が最も安定である。ポリエチレンはそのような分子鎖があつまって結晶領域を

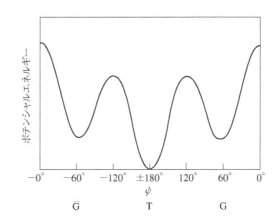

図3-7　ブタンの内部回転角ψと回転ポテンシャルエネルギー

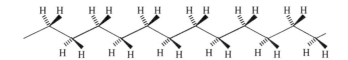

図3-8　ポリエチレンの最も安定な二次構造

形成している。ポリエチレンの-CH₂-が一つおきに-O-に変わった構造単位からなるポリオキシメチレンの一次構造もファンデルワールス相互作用を考える限り，図3-9のように，主鎖を形成する−C−O−結合はトランスをとるように感じられるが，そのような構造をとると，矢印で示したように同じ方向の双極子が生じるので，双極子—双極子相互作用によってトランス結合はかえって不安定になる。実際はその反発を打消すようにGGGからなるヘリックス構造（図3-10）をとってより安定な構造になっている。

他の高分子の場合も，分子鎖内にファンデルワールス相互作用，双極子—双極子相互作用，

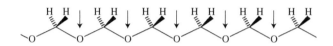

図3-9　ポリオキシメチレンのトランス構造
矢印は双極子の方向を示す

図3-10　ポリオキシメチレン鎖の安定な形態

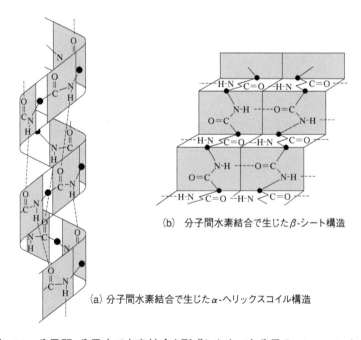

(b) 分子間水素結合で生じたβ-シート構造

(a) 分子間水素結合で生じたα-ヘリックスコイル構造

図3-11　分子間・分子内で水素結合を形成しやすい高分子のコンフォメーション

静電相互作用，水素結合が原因となって安定な構造を形成する。このように，分子鎖の内部回転によって生じる高分子鎖の構造を**二次構造**という。

　水素結合が関与する二次構造の例はタンパク質で，その一次構造はポリペプチドからなるが，側鎖についた置換基により，あるものはシート状（β-シート構造）に，あるものはヘリックス構造をもつことが知られている。α-ヘリックス構造はC＝O基とN−H基の間の分子内水素結合によって生じた二次構造である（図3-11(a)）。β-シート構造は分子間水素結合によって生じる構造である（図3-11(b)）。

5　三次構造（高次構造）

　二次構造を形成している分子鎖が集合してつくる立体構造を**三次構造**，あるいは**高次構造**という。一般に固体状態における高分子は，分子鎖が配向した**結晶領域**と分子鎖が無秩序に配列している**非晶領域**からなる。その割合は二次構造の形成に影響され，立体規則性の高いものほど結晶領域の割合が高い。

　高次構造の代表的な例を図3-12に示す。図から推測されるように，高分子鎖は鎖間の相互作用の大小に応じてさまざまな高次構造をとることができる。高次構造の発現は高分子の特徴で，その精密制御は高分子物質の材料開発できわめて重要である。

　タンパク質は先に述べたようにα-ヘリックス構造，β-シート構造，および何の規制もうけていないランダム構造の部分からなり，異なった二次構造の部分が寄り集まって，特有な立体構造（三次構造）を形成している（次頁図3-13）。このような三次構造を形成する駆動力は，側鎖間の相互作用によると考えられている。多くのタンパク質分子の外側，すなわち水と接触する部分には極性をもった側鎖，例えばアミノ基，カルボキシル基，水酸基がついており，非極性の側鎖はタンパク質の内部に埋もれている。タンパク質の成分であるアミ

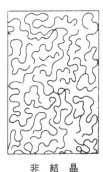
非結晶
（ゴム）

方向性のない結晶
（プラスチック）

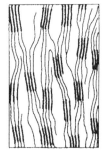
方向性のある結晶
（繊維）

図3-12　高次構造と材料

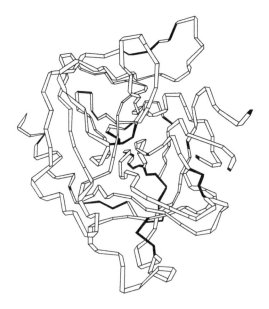

図3-13 α-キモトリプシンの三次構造（一次構造は図3-1参照）
(The Enzymes 3rd ed., vol. 3. p.362　Academic Press (1991))

ノ酸は水に溶けないものが多いのに，タンパク質が水に溶解し，特有な生体機能を発揮しているのは三次構造のおかげなのである。三次構造をつくっているタンパク質は，さらに分子間で会合してより高次の構造（四次構造とも呼ばれる）をつくり，生命現象に重要な役割を果たしているものもある。その例はヘモグロビンである（13章図13-8参照）。

　タンパク質の機能発現に，高次構造の大切さを示す身近な良い例がある。ゼリーなどに使われているゼラチンで，それは骨や軟骨にあるコラーゲンから取り出したタンパク質である。

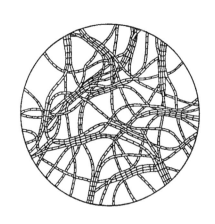

図3-14 ゼラチンの構造

これは高温の水には溶解し，流動性のある溶液となるが，室温にすると高分子鎖が部分的に寄り集まって高次構造をつくり（**図3-14**），全体としては流動性を失った半固体状になる。これがゼリーである。このように，溶液状態にあった高分子鎖が集まり固体状になったものを**ゲル**といい，流動性をもった状態は**ゾル**といわれている。ゆで卵，豆腐，寒天はゲルの例である。

　タンパク質に限らず天然高分子の中には特異な高次構造をとるものがある。例えば海草から得られるκ-カラギーナンは**図3-15**のような構造単位からなる糖鎖高分子で，矢印のように自由な回転が許されるので，60℃ではランダム構造をとって溶解している。しかし，温度を下げていくと高分子間相互作用が優先し，分子鎖間の会合が起こるようになる。その結果，熱力学的に安定ならせん構造となり，さらに低温にすると，それが凝集してゲルとなる（**図3-16**）。これは可逆的であり，おのおのの温度に特有な機能が発現し，デザートゼリー，練り歯磨き，シャンプコンディショナーなどに利用されている。

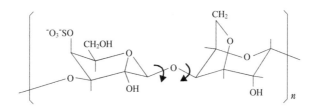

図3-15　κ-カラギーナンの分子構造

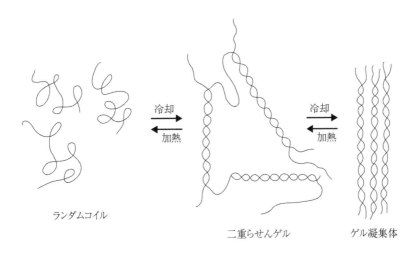

図3-16　温度変化によるらせん構造の形成とその変化

コラム COLUMN

らせん高分子

　自然界を見渡してみると，アサガオのつるや巻貝など「らせん」状になったものが存在する。肉眼では見ることのできない分子の世界でも，生命活動をつかさどるタンパク質や遺伝情報を担う核酸は，一方向巻きのらせんを形成し，生命維持に不可欠な高度の機能を発現している。らせん構造の駆動力に注目すると，タンパク質の場合は分子内水素結合，核酸の場合は分子間の水素結合である。らせんには，右巻と左巻が可能であるが，タンパク質の成分であるアミノ酸や核酸の成分であるヌクレオチドを作っている糖は光学活性であるから，その影響を受けて，すべて右巻のらせん構造をとっている。

　合成高分子でも，古くから，一方向巻きのらせんをもつ高分子が追求され，現在では，側鎖にかさ高いエステル基をもつポリメタクリル酸エステル，ポリイソシアナート，ポリイソシアニド，ポリクロラール，ポリシラン，ポリシクロヘキセンカーボナート，ポリ(2,3-キノキサリン)で，一方向巻きのらせん高分子が合成されている（本書でも，らせん高分子合成の例が示されている）。ポリメタクリル酸エステル，ポリイソシアニド，ポリクロラール，ポリ(2,3-キノキサリン)のらせん構造は，溶液にしても光学活性が保持される。しかし，ポリイソシアナート，ポリアセチレン誘導体，およびポリシランは，一方向巻きのらせん高分子からなるが，溶液にすると光学活性を示さなくなる。

図a　一方向巻きらせん高分子合成のイメージ

　ポリイソシアナートやポリアセチレン誘導体は，らせん構造をとっているが，溶液中では光学活性を示さない。これは，溶液中で左巻きと右巻きらせんの反転がきわめて速く起こっているからであることが明らかになった。このように，速やかならせん反転を起こす高分子は「動的らせん高分子」と呼ばれている。動的らせん高分子は，光学活性なモノマーをごく少量共重合させるとか，光学活性の側鎖を導入することにより，完全な一方向巻きの高分子にすることができる。たとえば，光学活性体と相互作用するような官能基をもつポリフェニルアセチレンは相互作用する物質の光学活性に応じて，右巻きか左巻きの何れかに誘起できる。逆に，適当な光学不活性物質を添加して，光学活性物質の影響を除くと，動的反転が速やかに起こり，光学活性は消失することが明らかになっている。

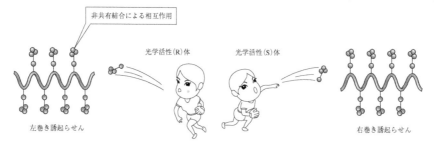

図b　望みの向きのらせん誘起イメージ

　一方向巻きらせん構造を有する高分子は，光学分割カラムとして活用され，医薬品を含むさまざまな光学異性体の分離に広く利用されている。（参考：高分子，特集"らせん高分子"，53, No.12(2004)）

第**4**章

高分子の分子量測定

1 はじめに

　高分子とは分子量が1万を超すような大きな分子で，合成高分子には通常，分子量分布が存在する。この章では，高分子の分子量はどのように測定され，求められた分子量がどのようなものであるかを解説する。

2 分子量の測定

　高分子物質は通常は固体である。質量分析法以外は，その固体を適当な溶媒に溶解し，高分子物質やその溶液の示す特性を利用して分子量を測定する。分子量の測定法には次のような方法が採用されている。① 沸点上昇法，② 凝固点降下法，③ 浸透圧法，④ 光散乱法，⑤ 超遠心法（沈降平衡），⑥ 粘度法，⑦ ゲルパーミエーションクロマトグラフィー（GPC），⑧ 質量分析法，⑨ 末端基定量法，である。

　分子量の測定には二つのケースがある。一つは沸点上昇，凝固点降下，浸透圧のように，溶解している溶質の性質には測定値は無関係で，単位体積中の溶質の数（モル数）のみで決まるような場合である。もう一つは光散乱，超遠心，粘度法のように，測定により得られた観測量の中に，溶質のモル数の他に，その分子の大きさや重さなどの重合度を反映する要因が含まれる場合である。沸点，凝固点，浸透圧のように，測定値が溶解している溶質の単位体積中の数だけで決まる場合（これを束一的性質という）には，得られる分子量は**数平均分子量**である。だが，光散乱，超遠心，粘度法の場合のように，溶質のモル濃度だけでない場合には，得られる分子量は数平均分子量とは異なる値となる。つまり光散乱や超遠心法のような場合には，観測値は分子量に比例するから，それから誘導される分子量は**重量平均分子量**となる。粘度の場合には得られる測定データの分子量依存性は少し複雑で，得られる分子量は**粘度平均分子量**と呼ばれ，理論的考察により数平均分子量と重量平均分子量の間になることが明らかにされている。

　単位体積中の溶質成分iの数（モル数）をN_i，分子量をM_iとすると，各種の平均分子量は次式で表される。

　　数平均分子量：$\overline{M}_n = \Sigma N_i M_i / \Sigma N_i = \Sigma w_i / \Sigma N_i$
　　粘度平均分子量：$\overline{M}_\eta = \Sigma w_i M_i^a / \Sigma w_i = \Sigma N_i M_i^{a+1} / \Sigma N_i M_i$
　　重量平均分子量：$\overline{M}_w = \Sigma w_i M_i / \Sigma w_i = \Sigma N_i M_i^2 / \Sigma N_i M_i$

ここでw_iは溶質成分の重量を，またaは粘度指数（5章の式(10)参照）を表す。

　分子量に分布がない場合には，どの方法で測定しても同じ分子量を示すが，特殊な生体高分子を除くと，高分子には分子量分布があるので，平均分子量として測定される。したがって観測データに重合度が反映されるような場合と，そうでないものとでは得られる分子量は異なる。

第4章 高分子の分子量測定

　分子量が1万の高分子と10万の高分子とが，おのおの10個ずつからなる高分子の分子量に注目すると，数平均分子量は$10 \times (10^4 + 10^5)/20 = 55{,}000$であるが，重量平均分子量は$(10 \times (10^4)^2 + 10 \times (10^5)^2)/(10 \times 10^4 + 10 \times 10^5) = 92{,}000$となり，明らかに異なっている。

　このように重量平均で得られる分子量は，分子量の高いところが大きく反映されるので，得られる分子量は，重量平均＞粘度平均＞数平均の順に減少する（**図4-1**）。

　分子量測定には得られる観測値の精度を考慮すると，いずれの方法にも得られる分子量に測定限界がある。次の**表4-1**に分子量測定法と測定可能な分子量範囲を示す。

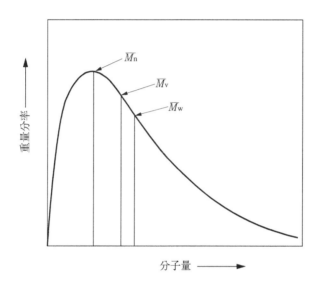

図4-1　分子量分布と平均分子量

表4-1　分子量測定法と測定可能な分子量範囲

測定法	平均の種類	分子量範囲
末端基定量（NMR）	数平均	$10^3 \sim 10^5$
凝固点降下	数平均	$<3{,}000$
沸点上昇	数平均	$<3{,}000$
浸透圧	数平均	$10^4 \sim 10^6$
質量分析	数平均	$<10^5$
光散乱	重量平均	$10^4 \sim 10^7$
超遠心－沈降平衡	重量平均	$10^4 \sim 10^7$
粘度	粘度平均	広い範囲
ゲルパーミエーションクロマトグラフィー	数平均，重量平均	広い範囲

3 凝固点降下法および沸点上昇法

　溶液を作る際は，物質を液体に溶かして調製する。その際，溶かした物質を溶質，溶かすために用いた純粋な液体を**溶媒**という。その溶媒には，固有の**沸点**と**凝固点**（**融点**ともいう）が存在する（**表4-2および4-3**）。しかし，溶液の融点や沸点は，溶解した溶質の濃度に応じて変化し，溶質の種類に無関係である。不揮発性の物質を溶かした溶液の沸点は，溶媒の沸点より高く，凝固点は溶媒の凝固点より低くなる。すなわち溶質の存在では**沸点上昇**や**凝固点降下**が起こる。その大きさは溶媒によって異なるが，溶質が不揮発性で非電解質の場合には**質量モル濃度**（溶媒1kgあたりの溶質のモル濃度で，**重量モル濃度**ともいわれている）に比例する。

　沸点上昇すなわち溶液と溶媒の沸点の差を$\triangle T_b$，溶質の質量モル濃度をmとすると，下記の関係が成立する。

$$\triangle T_b = K_b m \tag{1}$$

ここで，K_bは比例定数である。

　凝固点降下すなわち溶液と溶媒の融点の差を$\triangle T_f$とすると，下記の関係が成立する。

$$\triangle T_f = K_f m \tag{2}$$

ここで，K_fは比例定数である。

　K_bやK_fは1mol／kg（$m=1$）の時の温度変化にあたるから，おのおのモル沸点上昇，モル凝固点降下といわれている。この値が分かっている溶媒を使えば，その溶液から下記のように分子量が決定できる。例えば溶媒w_1g中に分子量Mの溶質w_2gを溶かした溶液の質量モル濃度mは，

$$m = (w_2/M) \times (1000/w_1) \tag{3}$$

となるから，これを式(1)または式(2)に代入すると，分子量Mは下式より容易に算出できる。

$$M = (K \cdot w_2 \cdot 1000)/(\triangle T \cdot w_1) \tag{4}$$

ここで，KはK_bまたはK_f，$\triangle T$は$\triangle T_b$または$\triangle T_f$を示す。

　いま分子量分布がある場合を考えてみることにする。分子量M_iの高分子がw_{2i}gとすると，溶質w_2gは次のようになる。

$$w_2 = \sum w_{2i} \tag{5}$$

　また溶質の全質量モル濃度は平均分子量をMとすると，次の関係式で表される。

$$m = \Sigma(w_{2i}/M_i)(1000/w_1) = (w_2/M) \times (1000/w_1) \qquad (6)$$

したがって，

$$M = w_2 / \Sigma(w_{2i}/M_i) \qquad (7)$$

分子量M_iからなる高分子の分子数をN_iとし，アボガドロ数をN_Aとすると，$w_{2i} = M_i N_i / N_A$，$w_2 = \Sigma w_{2i}$であるから，

$$M = \Sigma w_{2i} / \Sigma(w_{2i}/M_i) = \Sigma N_i M_i / \Sigma N_i \qquad (8)$$

となる。これが**数平均分子量**である。

よく利用される溶媒のモル沸点上昇およびモル凝固点降下を，**表4-2**および**表4-3**に示す。

これらの方法は分子量の低い化合物の場合には有効であるが，高分子化合物の場合には適用できない。例えば1％のブドウ糖（分子量180）水溶液の凝固点降下は0.103℃である。これは測定可能な温度差であるが，分子量が18,000の高分子の1％水溶液では凝固点降下は0.00103℃程度になり，通常の方法では測定できる精度ではない。測定可能な温度にしようとすると，100倍の量の高分子を溶解せねばならなくなり現実性に乏しい。

表4-2　モル沸点上昇

溶　媒	沸点(℃)	K_b(℃·kg/mol)
エチルエーテル	34.4	2.02
二硫化炭素	46.3	2.29
アセトン	56.2	1.71
エチルアルコール	78.3	1.22
ベンゼン	80.2	2.53
水	100	0.52

表4-3　モル凝固点降下

溶　媒	凝固点(℃)	K_f(℃·kg/mol)
水	0	1.86
ベンゼン	5.5	5.12
ニトロベンゼン	5.7	8.1
酢酸	16.7	3.9
ナフタレン	80	6.8
ショウノウ	178	40.0

4 浸透圧法

図4-2に示すように，溶媒は透過するが，溶質は透過しないような膜，すなわち**半透膜**で溶液と溶媒をわけておくと，溶媒分子は半透膜を通過して溶液側へ移動する。この現象を**浸透**という。浸透という現象は日常よく見かける現象である。例えば梅を砂糖につけたり，野菜に食塩をまぶすと水分が抜けてくる。これは生体膜を通して，水が砂糖や食塩のほうへ透過するからである。すなわち溶媒に浸透しようとする力が加わる。したがって溶媒分子の浸透を止めるには，図4-3に示すように，溶液側に圧力をかけなければならない。この圧力に相当するのが**浸透圧**(π)である。

浸透圧は溶液のモル濃度cと絶対温度Tに比例し，溶媒や溶質の種類に無関係で，次の関係式が成立する。

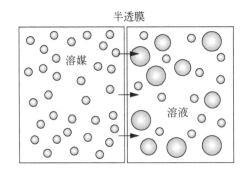

図4-2 浸 透

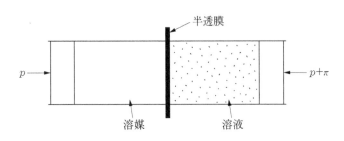

図4-3 浸透圧πの説明

$$\pi = cRT \quad (R:\text{気体定数}) \tag{9}$$

溶液の体積を$V\,\mathrm{dm}^3$，溶質のモル数をnとすると$c=n/V$となるから，

$$\pi V = nRT \tag{10}$$

浸透圧は，図4-4に示すような，毛細管を利用して決定できる。

分子量Mの溶質wgを溶かして溶液の体積が$V\,\mathrm{dm}^3$になったとすると，$n=w/M$モルが$V\,\mathrm{dm}^3$に溶解していることになるから，これを式(10)に導入すると，

$$\pi V = wRT/M \tag{11}$$

となり，質量濃度(w/V)と浸透圧が分かれば，Mが計算できる。

浸透圧を質量濃度で割ると，右辺はRT/Mとなり，理論的には濃度によらず一定になるべきである（図4-5(a)）。

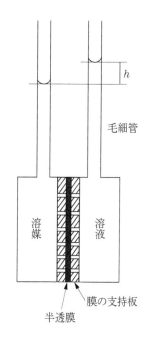

図4-4　U字管型浸透圧計

実際には図4-5(b)に示すように，$\pi V/w$は濃度とともに増大することが多い。すなわち実在気体の状態方程式が理想気体の状態方程式からずれるように，このずれも他の高分子鎖との分子間相互作用があることに起因することが明らかにされている。したがって1分子が溶媒に溶解している状態での浸透圧とするため，濃度無限小の極限に外挿した値（図4-5(b)の切片）を用いて分子量を決定する。

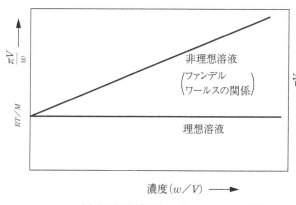

(a) 浸透圧と濃度$(\pi V/w \sim w/V)$の関係

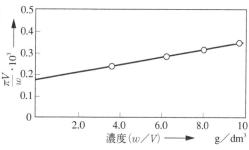

(b) ポリスチレンのトルエン溶液における浸透圧と濃度との関係。37℃で測定，$M_w=175{,}000$

図4-5　浸透圧による分子量測定の代表的な例

5 光散乱法

　空が青く見えるのは，空気中に存在する粒子による太陽光の散乱のためであることはよく知られている。高分子溶液は巨視的には均一に溶解しているようにみえるが，図4-6のように，高分子が溶液中で広がっているから，微視的には均一ではない。したがってこのような溶液に光が入ってくると，図4-7のように，光は散乱される。波長がλ，その強度がI_0の光を，溶媒$V\,\mathrm{dm}^3$に$W\,\mathrm{g}$溶解した高分子溶液（質量濃度 $c=W/V\,\mathrm{g\,dm}^{-3}$）に入射すると，強度$I_0$の入射光は高分子物質で散乱される。入射光（$I_0$）に対し，角度$\theta$で散乱体から$r$だけ離れた測定点での散乱光強度（$I$）は$\theta$に依存し（図4-8），その強度$I(\theta)$を測定すると下記の式（12）が成立する。

$$I(\theta) = \left(\frac{2\pi}{\lambda}\right)^4 \frac{\alpha^2 I_0 (1+\cos\theta)}{r^2} \tag{12}$$

この式は分極率αを含んでいる。質量濃度cの溶液に対し，αは（式（13））のような関係があり，実測可能な量で表される。ここでMは散乱体の分子量，n_0は溶媒の屈折率，nは溶液の屈折率，λは溶液中の波長，N_Aはアボガドロ数である。

$$\alpha = \frac{n_0}{2\pi} \frac{dn}{dc} \frac{M}{N_A} \tag{13}$$

　溶液の散乱体積をV，その中に含まれる溶質の分子数をNとすると，実測可能な還元強度$R(\theta)$は次式のようになる。

$$R(\theta) = \frac{NI(\theta)r^2}{I_0 V} = (2\pi n_0 \frac{dn}{dc})\frac{cM}{N_A \lambda^4} = KcM \tag{14}$$

詳細な解説は専門書*にゆずるとして，(dn/dc)を実測し，比例定数Kの値をもとめておくと，分子量の測定が可能である。

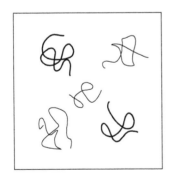

図4-6　溶液濃度の概念図

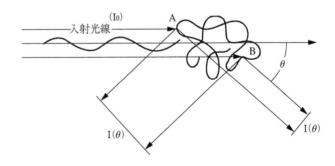

図4-7　波長と大きさのあまり違わない重合体の各部分から散乱される光の干渉効果を示す

＊村橋俊介，小高忠男，蒲池幹治，則末尚志：高分子化学　第5版，共立出版 (2007)

分子量分布がある場合には，上記の c の中にはいろいろな分子量のものが存在し，光散乱に関与するので，観測して得られる $R(\theta)$ はいろいろな分子量の高分子から生じたものとなる（図4-8）。したがって，分子量 M_i の高分子の質量を W_i g，濃度を c_i とすると式(14)から，

$$R(\theta) = K\sum \frac{W_i}{V}M_i = K\sum c_i M_i$$

である。

一方，c は c_i の総和であるから，c は，

$$c = \sum c_i = \sum N_i M_i / N_A \qquad (15)$$

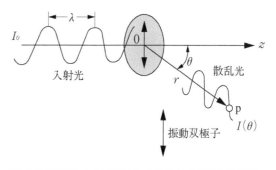

図4-8 分子による光散乱

網点をほどこしたのが分子で，上下の矢印は入射光の電気ベクトルと誘起される振動双極子の方向を表す。

となる。ここで，N_i は単位体積の溶液中に存在する分子量 M_i の分子数である。

したがって，$R(\theta)$ と得られた平均分子量 $\overline{M}$ との関係は，

$$R(\theta) = Kc\overline{M} = K\sum c_i M_i \qquad (16)$$

となり，c に W/V および $c_i = W_i/V = N_i M_i/N_A$ を代入すると，

$$\overline{M} = \sum c_i M_i / c = \sum W_i M_i / \sum W_i = \sum N_i M_i^2 / \sum N_i M_i \qquad (17)$$

となる。

この方法で得られた平均分子量は，溶液の束一的性質をもとに測定される凝固点降下法や浸透圧とは異なり，測定値には溶質の分子量が含まれるので重量平均分子量である。

6 超遠心法

高分子溶液を1分間に10,000から100,000回近くで回転

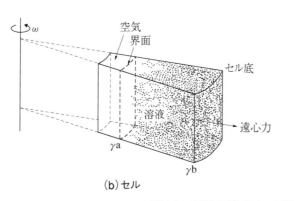

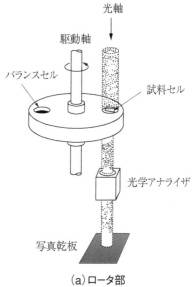

図4-9 超遠心機のロータ部とセル

するような超遠心機（図4-9）の中におくと，セル中の高分子に重力の何万倍という遠心力がかかる。そのため高分子は遠心力を受けて，溶媒中をセル底のほうへ移動する（図4-10）。

その後，ロータの回転速度を最高回転数から10分の1に落として回転をつづける。その際の遠心力は100分の1となるので，高速回転で生じたセルの上部と下部との高分子の濃度勾配は，逆に濃度の高い下部から上部へ高分子が拡散によって移動するようになる。ある回転数以下では，遠心力で沈降しようとする高分子と拡散で上部へ移行する高分子の濃度がちょうど釣り合い，ロータの回転をつづけても濃度勾配は変化しなくなる。この状態を**沈降－拡散平衡**といい，この状態から分子量を見積もることが可能である。この方法は沈降平衡法といわれ，詳細は専門書にゆずるが，超遠心機を使った分子量測定法として広く利用されている。測定値には単位体積中の分子数のみならず，高分子鎖の移動にともなう摩擦の重合度依存性も反映される。したがって，得られる見掛けの分子量は，光散乱で得られる見掛けの分子量と同様に，分子量分布がある場合には**重量平均分子量**である。

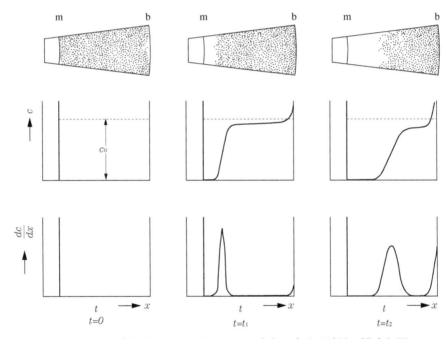

図4-10　遠心力によってつくられるセル内部の高分子溶液の濃度勾配

7　粘度法

高分子の溶液を調製すると，粘性の高い溶液になる。同じ分子数が溶解した同種の高分子では，分子量の大きい高分子ほど高い粘性を有する液体である。粘性を表す量を**粘度**というが，その粘度測定から分子量を決定する方法が広く利用されている。その粘度測定には一定

量の液体が，図4-11に示すような毛細管を流下する時間で見積もる方法が利用されている。

溶媒の粘度をη_0，溶液の粘度をηで表し，粘度計に記された一定の容積（刻線1から刻線2まで）を流出するのに必要な時間をおのおのt_0およびtとする。すると粘度は流出時間に比例するから，式（18）より高分子の存在によって生じる粘度の増加率が決定できる。この増加率は比粘度と呼ばれ，η_{sp}で表される。

$$\eta_{sp} = (\eta - \eta_0)/\eta_0 = (t - t_0)/t_0 \tag{18}$$

これを高分子の濃度c（g／cm³）で割って，単位濃度あたりの量とする。これは還元粘度（η_{sp}/c）と呼ばれている。高分子間の相互作用の影響を除くためにη_{sp}/cをいろいろなcで測定し，測定結果を用いてη_{sp}/cとcとのグラフを描き，$c \to 0$に補外して得られる還元粘度の極限値は**極限粘度**と呼ばれ，$[\eta]$で表される（図4-12）。

得られた$[\eta]$と分子量Mとの間には，次式に示すように，

$$[\eta] = KM^a \tag{19}$$

なる関係があるから，Kとaがわかれば$[\eta]$から分子量が決定できる。ここで，Kとaは溶媒と高分子の種類によって決まる定数で，分子の形態が反映される。いろいろな高分子についてKとaが決められている。代表的な高分子のKとaの値を次頁の**表4-4**に示す。

粘度測定で得られる平均分子量は粘性が単位あたりの体積のみならず，高分子の溶媒中の広がりなどの因子を含むので，得られた平均分子量は数平均分子量や重量平均分子量と異なり**粘度平均分子量**と呼ばれている。

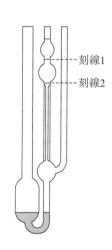

球形部分の上下2本の刻線の間にある溶液が，毛細管を流れ落ちる時間を測定する。

図4-11　ガラス製の粘度計

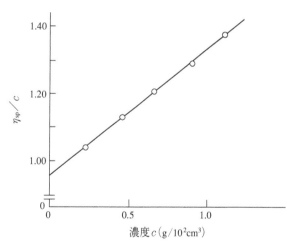

ポリ塩化ビニルをシクロヘキサノンに溶かした希薄溶液のいくつかについて粘度を測定し，その結果から描いたもの。図のように直線になったときは，タテ軸との切片が極限粘度になる。

図4-12　η_{sp}/cとcの関係

表4-4 代表的な高分子のKとaの値

ポリマー	溶媒	温度(℃)	$K \times 10^3$ (cm^{3}g^{-1})	a	適用分子量範囲 ($\times 10^{-4}$)
ポリエチレン					
直鎖	デカリン	135	67.7	0.67	3～100
枝分かれ	デカリン	70	38.7	0.74	0.2～3.5
ポリプロピレン					
アイソタクチック	デカリン	135	10.0	0.80	10～100
シンジオタクチック	ヘプタン	30	31.2	0.71	9～45
アタクチック	ベンゼン	25	27.0	0.71	6～31
	ベンゼン	20	12.3	0.72	0.6～520
ポリスチレン	シクロヘキサン	34(θ温度)	82	0.50	1～70
ポリ(メタクリル酸メチル)	ベンゼン	25	5.5	0.76	2～740
ポリブタジェン					
cis-1,4-(98%)	ベンゼン	30	33.7	0.72	5～50
ポリアクリロニトリル	ジメチルホルムアミド	25	16.6	0.81	5～27
ポリ(フマル酸ジイソプロピル)	四塩化炭素	30	—	～1.0	2～70
ポリ(L-フェニルアラニン)	クロロホルム	25	3.5	1.48	2～14

8　ゲルパーミエーションクロマトグラフィー (GPC)

　溶媒で膨潤した多孔性のゲルをつめたカラムに，分子量の異なる高分子からなる溶液を流すと，図4-13のように，小さい分子量の高分子はゲルの細孔内部に出入りするが，大きな分子量の高分子は細孔に浸入しにくく，ゲル粒子の合間を素通りするので，大きい高分子ほど先に流れ出し，高分子鎖の分子量に関係した量での分離が可能である。

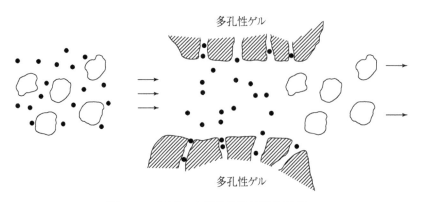

図4-13　GPCによる高分子分離の背景

このように多孔質ゲルへの高分子の細孔への浸入の差を利用して分子量を決定する方法をゲル浸透クロマトグラフィー（GPC）またはサイズ排除クロマトグラフィー（SEC）といい，分子量のみならず分子量分布まで測定されるので広く活用されている。その装置の概念図を図4-14に示す。

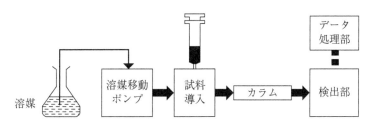

図4-14　GPC装置の概念図

　試料導入部から一定の速度で溶媒が流れているカラムに測定したい高分子溶液を注入すると，多孔質ゲルカラムを通っていくうちに，分子量の大小に分けられた溶液が流出してくる。カラム出口の屈折率の変化か高分子に存在する官能基の吸収を測定することにより，そのシグナルが検出され，試料を導入してから試料が流出するまでの溶出時間または溶出体積（溶出時間×流出速度）が得られる。理解を深めるために，大小2種類の高分子がカラムの中で分離される状況および観測されるシグナルを図4-15に示す。

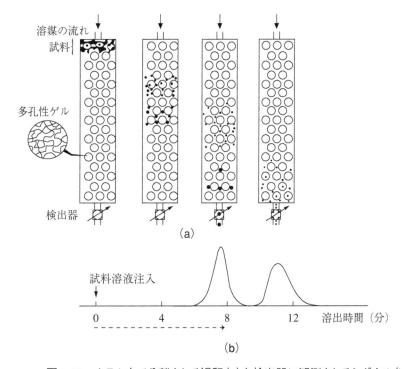

図4-15　カラム内で分離される過程(a)と検出器に観測されるシグナル(b)

シグナルが観測される流出時間または流出体積から直ぐに平均分子量が算出できるものではない。この方法による分子量の測定する場合は，あらかじめ分子量が知られている高分子を用いて，検出までの溶媒の溶出量と分子量の関係を示す較正曲線が必要である。したがって，分子量の分かった高分子を用いて，**図4-16**に示すような較正曲線が作られ，溶出量の比較から分子量や分子量分布が見積もられている。こうして得られる分子量は，較正に用いた高分子を基準にした分子量であるから，**相対分子量**と呼ばれている。較正曲線の作製の標準試料には，通常，分子量が正確に測定されたポリスチレンが用いられている。

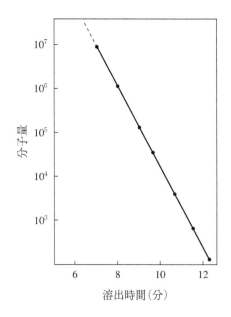

図4-16　標準試料を使って作られた溶出時間と分子量の関係
標準試料：ポリスチレン，溶媒：テトラヒドロフラン

較正曲線さえ作っておけば，測定が容易であるから，現在，分子量および分子量分布の見積りにひろく利用されている。

9　質量分析法

質量分析法は通常，電子，高速原子，あるいはレーザ光を当てるか，試料を高電界下で加熱するかして，試料をイオン化したものを，電場と高真空を利用して測定部に導入し，分析する方法である。したがって揮発しにくい高分子物質の分子量測定には，一般的測定手段としては不向きであった。しかし，イオン化法や検出法の改良とその技術の進歩により，分子量分布のないタンパク質の分子量はいうまでもなく，最近は合成高分子の分子量および分子量分布の測定にも利用されている。

高分子物質への活用に大きな進歩をもたらしたのは，マトリックス支援レーザ脱離イオン化法の開発である。測定しようとする試料を，レーザ光を効率よく吸収し，試料のイオン化を助長するような物質（これをマトリックスという）と混ぜ，それにレーザ強度を調節して照射すると，試料が破壊されることなく，その分子量を保って気化されることが明らかにされた。こうして気化したイオンを2点間を飛行する時間から質量を測定する飛行時間型質量分析計に導入することにより，タンパク質はいうまでもなく，分子量分布を有する合成高分子の分子量決定にも利用されるようになり広く活用されるようになった。この質量分析法は

その英語表現，すなわち Matrix assisted laser desorption ionization time-of-flight mass spectroscopy の頭文字を取り，MALDI-TOFMS と呼ばれている。この方法で分子量や分子量分布が決定された例を図4-17，18に示す。図4-17は分子量分布のないマウスのつくる抗体（タンパク質）

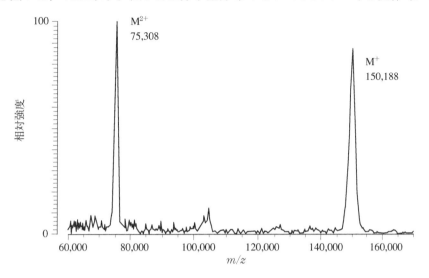

図4-17　マウスのつくる抗体（タンパク質）のMALDI-TOFMS
M^{2+}は二重にイオン化されたもの。

（丹羽利充編著：「最新のマススペクトロメトリー」（第1版），化学同人，p.185（1995））

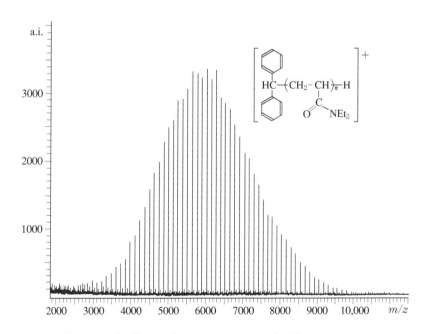

図4-18　ポリ（N,N-ジエチルアクリルアミド）のMALDI-TOFMS
（平均分子量 6300）
（M. Kobayashi, S. Okuyama, T. Ishizone, S. Nakahama : *Macromolecules*, **32**, 6466（1999））

の測定結果で，分子量が150,188からなる高分子であることを示し，図4-18は分子量3000から1万の範囲に存在する高分子でその分子量分布が明らかにされている。

10 末端定量法

末端基の数が正確に分かれば，高分子になったモノマー数を末端基数で割ることにより，数平均分子量が決定できる。しかし，一般に微量な末端基の数を正確に決定することは困難であったから，測定できる平均分子量はたかだか数千に限られていた。近年，核磁気共鳴（NMR）法の測定技術が向上し，末端基にもとづく微小なシグナルも観測可能になってきた。そこで末端基に特有なシグナルが観測できる場合には，そのシグナル強度と主鎖のシグナル強度の比から分子量が決定できるようになっている。

一例として，t-C_4H_9MgBrによる重合で得られる，ポリメタクリル酸メチルのNMRスペクトルを図4-19に示す。末端基の数は少なく，通常の感度では測定できないが，通常の感度の30倍にすると，末端のt-ブチル基のシグナルが，0.938ppmに単一ピークとして観測さ

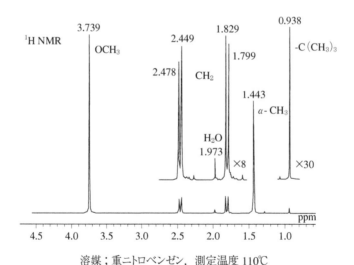

図4-19 ポリメタクリル酸メチルの ¹H NMR スペクトル
Koichi HATADA, Tatsuki KITAYAMA, Yoshio TERAWAKI, Hisaya SATO, Fumitaka HORII : *Polym.J.*, 15, 393 (2003)

れる。そこで主鎖によるシグナル（例えば3.739ppmのメトキシ基）を選び，その相対強度から次式を用いて重合度が決定できる。

$$重合度 = \frac{\dfrac{3.739\,\text{ppm のピークの面積強度}}{3}}{\dfrac{0.938\,\text{ppm のピークの面積強度}}{9}} \times 30 \quad (20)$$

こうして図4-19のポリメタクリル酸メチルの重合度は5352と算出された。同じサンプルをGPCで決定したところ5200であり，よい一致を示すことが報告されている。

NMR法は，不純物が含まれていても，末端の信号がきちっと識別できれば，分子量が決定できる利点がある。

コラム COLUMN

動的光散乱

高分子の溶液をミクロにみると均一ではない。したがって，その大きさが，光の波長よりも大きい時には，光は散乱される。通常の光散乱法では，散乱光強度の溶質濃度や角度依存性を用いて，分子量のみならず，溶液中の分子の広がりが決定されている。

光源にレーザー光を用いると，波長に分布がなく，その強度が強いので，従来の方法では弱くてノイズに隠れていた微弱な散乱光も測定が可能になり，溶質の運動による小さな振動数の変化まで観測できるようになった。その上，検出法が向上し，短時間で測定が可能になったので，溶質の揺らぎを反映した量が角度と時間を含む情報（時間相関）として得られるようになった。下図に示すように，散乱強度の変化を時々刻々測定すると，動き易い小粒子は激しく強度が変動するが，大きな粒子では緩やかに変動する。その揺らぎを反映した散乱強度からコンピュータを活用をして解析（フーリエ変換）すると，散乱光の振幅の振動数依存性すなわち自己相関関数で表される。小粒子の自己相関関数は，大きな粒子に比べて急速に減少するのが明らかになる。

時間平均を観測する従来の光散乱と比べて，時間変化が観測されるので，**動的光散乱**といわれている。動的光散乱法によって，高分子の分子の大きさ，かたち，さらには会合状態，拡散係数が測定できる。

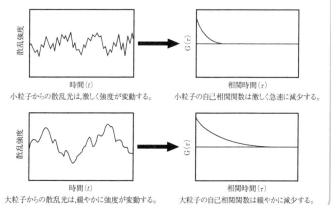

小粒子からの散乱光は，激しく強度が変動する。　　小粒子の自己相関関数は激しく急速に減少する。

大粒子からの散乱光は，緩やかに強度が変動する。　　大粒子の自己相関関数は緩やかに減少する。

コラム COLUMN

分子量分布

　身の周りにはいろいろな高分子が存在する。酵素などのタンパク質や核酸のように，特殊な機能をもつ生体高分子を除いて，分子量には分布がある。一例として，ポリエチレンについて考えてみよう。ポリエチレンの熱的性質は分子量がある程度以上の高さになると，それにはほとんど依存しなくなるから，特定の重合度の高分子だけを取り出すには特殊な装置が必要で，実際上は不可能である。したがって，ポリエチレンは，エタノールとかアセトンというような純粋な物質ではなく，異なる重合度からなる分子の混合物である。これを重合同族体という。これは，ポリエチレンに限らず，木綿や綿花からなるセルロース，米やパンの主成分であるデンプンにもあてはまる。

　高分子へ成長していく反応過程が他の反応と競争的である限り，分布ができるのは必然なことである。たとえば，ラジカル重合での高分子生成を考えてみよう。成長ラジカルにはモノマーへ付加してさらに大きくなるもの，他の成長ラジカルとのカップリング反応や連鎖移動反応によって成長は止まるものがあり，成長速度／(成長速度＋停止速度＋連鎖移動速度)の確率で重合度が大きくなる。その確率をαとすると，不均化停止（第12章参照）の場合，n量体のモル分率($x(n)$)と重量分率$w(n)$は，それぞれ，式（1）と式（2）のようになる。

$$x(n) = (1-\alpha)\alpha^{n-1} \quad (1) \qquad w(n) = n(1-\alpha)^2\alpha^{n-1} \quad (2)$$

　分布の標準偏差(σ)は数平均分子量(M_n)および重量平均分子量(M_w)を用いると，式（3）のように表されるから，平均分子量比M_n/M_wは拡がりの度合を示す量として用いられている。式（1），（2）の場合，$M_n = M/(1-\alpha)$，$M_w = M(1+\alpha)/(1-\alpha)$（$M$はモノマー単位の分子量），$M_w/M_n = 1+\alpha$となる。高分子量の場合は$\alpha \to 1$であるから$M_w/M_n = 2$となり，それは"最も確からしい分布"と呼ばれている。

　連鎖移動反応や停止反応のないリビング重合では重合反応の始めと終わりを通して，成長する間で末端の濃度が一定で，分子量の分布は重合末端とモノマーとの衝突する確率だけで決まるから，分布の狭い高分子となる。開始剤分子から一斉に反応が開始され，途中で連鎖移動や停止反応が起こらない理想的な系では，n量体のモル分率($x(n)$)はポアソン分布に従うことが知られている。

$$\sigma = [M_n(M_w - M_n)]^{1/2} = M_n\left(\frac{M_w}{M_n} - 1\right)^{1/2} \quad (3) \qquad x(n) = \frac{exp(-n_n)n_n^n}{n!} \quad (4)$$

ここでn_nは数平均重合度(M_n/M)である。

　この分布関数を用いると，M_w/M_nは$(1+(1/n_n))$と表されるから，重合度が$10^2, 10^3, 10^4$に対し1.01, 1.001, 1.0001となる。現実にはそれほど狭い分布にはなっていないが，1.03～1.10の例が得られている。

第 5 章

高分子の形

1 はじめに

前章で高分子の分子量測定法について述べた。その際，得られる分子量は，測定法によって数平均分子量であったり重量平均分子量であったりする。重量平均分子量が得られるのは，単位体積あたりの分子数のみならず，鎖長（重合度）が観測量に含まれるからである。高分子の重合度が高くなると，1本の鎖が占める空間（広がり）は大きくなる。高分子化合物1本鎖はどのような形をし，どのように広がっているのだろうか。また一次構造の差異により，その形はどう変化するのであろうか？　本章では高分子鎖の形について解説する。

2 高分子鎖の広がりとそれを規制する因子

ブタンは中央のC-C単結合のまわりの回転が可能であるから，3章の図3-6に示したように，トランス（T），ゴーシュ（G），およびマイナスゴーシュ（G̅）と呼ばれる三つの回転異性体として存在する。その延長としてポリエチレンに注目すると，ガラス転移点以上では図5-1に示すように，単結合のまわりの回転が許容されるので無数の立体配座すなわちコンフォメーションが可能である。しかし，一つのコンフォメーションに滞在する時間はきわめて短く，高分子鎖は部分的には絶えず動いている。これをミクロブラウン運動という。したがって高分子の形は，動きまわる手をつないだ子供たちの行動に似ている（図5-2）。

このように高分子鎖は時々刻々変化するから，その形や大きさは**時間平均**でしか表すことはできない。分子内や分子間に働くファンデルワールス力や双極子-双極子相互作用のような，近距離力の相互作用によってその形が決まる。高分子に特有なことは，長い分子であるので高分子を構成する離れた分子内構造単位間にも，分子間力が働くことである。このような相互作用によって高分子鎖を構成する原子は，お互いにある距離内に近づくと斥力が働き，互いに排除しようとする。そのため遠距離におよぶ相互作用が働き，他の分子が入りこむことのできない空間が存在する。これを**排除体積**という。排除体質によってひきおこされる現象を**排除体積効果**という。排除体積効果は高分子化合物の形を論じる時には，つねに考慮されるべき現象である。高分子溶液では一般に同一鎖の構成要素間の分子内排除体積効果のみならず，異なった

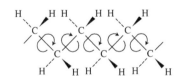

図5-1　ポリエチレンの分子鎖形態

図5-2 引き伸ばしても，大人の手を離せばまた縮む……

図5-3 屈曲性高分子の形

鎖の間に分子間排除体積効果が加わる。そのため高分子の大きさや広がりを正しく見積もることはむずかしい。したがって実際は，分子間排除体積効果が無視できるように希薄にした高分子溶液によって，高分子鎖の形や広がりが見積もられている。ポリエチレンのように単結合からなり骨格が変化しやすい高分子は**屈曲性高分子**といわれる。希薄溶液の光散乱や粘度測定で得られる実験データの解析で，その平均としての形態が明らかになり，**図5-3**のようなコイル状をとっていることが知られている。一般に，二重結合への付加反応で生じる合成高分子は，骨格が－C－C－結合からなる線状高分子であるから，屈曲性高分子である。ポリエチレンはその典型的な例である。スチレンにはフェニル基がついているが溶液中では屈曲性高分子である。

一方，タンパク質のコラーゲンや糖鎖高分子であるシゾフィランは分子量が数万から数十万の範囲ではまっすぐな棒状で存在する。このような高分子は**棒状高分子**といわれ，固体中のみならず溶液中でも，**図5-4**に示すような，3本の高分子鎖が**三重らせん**構造を作っていることが，溶液挙動の研究から明らかにされている。

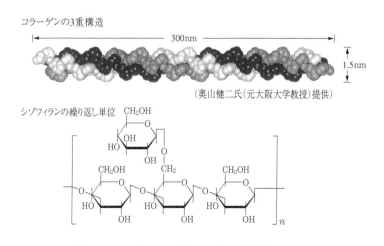

図5-4 三重らせん構造を有する高分子

ポリパラフェニレンテレフタルアミド（商品名でケブラーと呼ぶ）のように骨格に芳香環が存在し，それがアミド結合で結ばれた高分子（図5-5）は，結合まわりの自由な回転は困難となる。このように内部回転があまり許されないか，あるいは内部回転により形態があまり変わらない高分子は，高分子鎖が剛直で，棒状高分子と屈曲性高分子との中間の形態をとるので，**半屈曲性高分子**に分類される。この種の高分子はある濃度以上になると，分子鎖が同じ向きを向いた状態になり，しばしば**液晶状態**となる（7章6参照）。

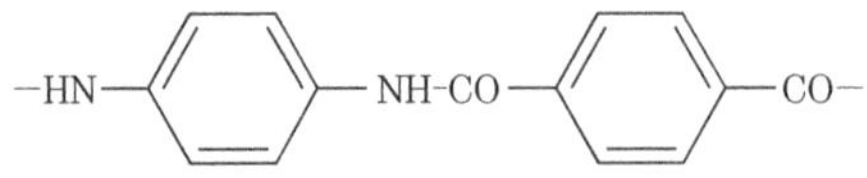

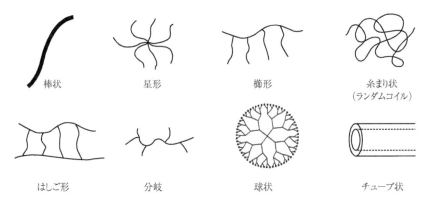

図5-5　ポリパラフェニレンテレフタルアミドの構造単位

　イオンに解離するような高分子電解質になると，さらにクーロン力などの長距離相互作用が加わるから，高分子の形や広がりに大きな影響を与えている。タンパク質には卵白アルブミンやミオグロビンのような球状のものから，コラーゲンのように棒状になったものまで存在する。合成高分子でも，用いるモノマーと高分子合成法との選択によりケブラーのように棒状に近いものからデンドリマー（12章4.3参照）のように球状のものまでいろいろな形の高分子が存在する。その例を**図5-6**に示す。

図5-6　高分子のいろいろな形

3　高分子鎖の広がりの見積もり

3.1　両末端間距離，二乗回転半径

　高分子の広がりや形を表す指標に用いられるのは，**図5-7**に示すような，**末端間距離**（R）と**平均回転半径**（S）である。簡単なモデルとして線状高分子に注目すると，図5-7に示すように，高分子鎖の一端から主鎖を構成している原子順にC_0，C_1，C_2，C_3・・・C_nと名付けた

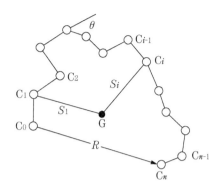

図5-7　高分子鎖の形態とそれを規定する種々の量

時の，C_0からC_nまでの距離が末端間距離（R）である。Rは時々刻々変化するから平均距離として表される。またある瞬間における高分子の形態をとった時の重心をGと定め，それから各C_iまでの距離をS_iとすると，S_iの平均をとれば，その値はある時点の平均半径（これを平均回転半径という）（S）である（式（1））。

$$S = \frac{1}{n+1} \cdot \Sigma S_i \tag{1}$$

末端間距離（R）も平均回転半径（S）も実験で直接決定できる量ではないが，S_iの二乗の平均である**平均二乗回転半径**$\langle S^2 \rangle$は光やX線を用いた散乱実験により実測できる。

詳細は専門書*にゆずるが，結合数nが大きな屈曲性高分子であれば式（2）が成立するから，$\langle S^2 \rangle$の実験値から平均二乗両末端間距離$\langle R^2 \rangle$も求められる。

$$\langle S^2 \rangle = \frac{1}{6} \langle R^2 \rangle \tag{2}$$

いま結合長がb，結合角の補角がθである屈曲性高分子について考えてみよう。屈曲性高分子の各結合は，図5-8のように結合角は決まっているが，結合のまわりの回転が自由な場

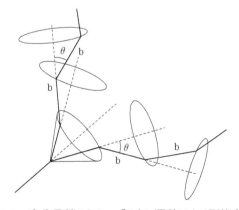

図5-8　高分子鎖のミクロブラウン運動による形態変化*

＊村橋俊介，小高忠男，蒲池幹治，則末尚志；高分子化学　第5版，共立出版（2007）

合には，⟨R^2⟩は重合度に対応するn，結合長bおよびθをつかって理論的に表すことができる。その誘導は専門書*にゆずるが，次の式(3)が成り立つ。

$$\langle R^2 \rangle = nb^2 \left\{ \frac{1+\cos\theta}{1-\cos\theta} - \frac{2\cos\theta(1-\cos^n\theta)}{n(1-\cos\theta)^2} \right\} \tag{3}$$

nが十分大きい極限では右辺の第二項は無視できるから，

$$\langle R^2 \rangle = nb^2 \frac{1+\cos\theta}{1-\cos\theta} \tag{4}$$

となる。

　式(4)から自由回転している高分子鎖として，その広がりを見積もることができる。その鎖は自由回転鎖モデルと呼ばれている。このモデルでは⟨R^2⟩はnに比例する。式(2)に示したように⟨S^2⟩は⟨R^2⟩に比例するから，平均二乗回転半径⟨S^2⟩もn，すなわち分子量に比例することになる。ビニル化合物からつくられた高分子では，sp^3の炭素原子の結合角は109.5°程度であるから，$\theta = 180 - 109.5 = 70.5°$を代入すると⟨$R^2$⟩≈$2nb^2$となる。現実はどうなるであろうか？　シクロヘキサンを溶媒に用いて，種々の分子量を有するポリスチレンで測定された⟨S^2⟩と分子量との関係を図5-9に示す。分子量が十万を越す領域では⟨S^2⟩はn，すなわち分子量Mに比例し，自由回転鎖モデルが成り立つことを示している。しかし，その勾配から⟨R^2⟩／nb^2を見積もると約10となり，2よりはるかに大きい。それはモデルが単純過ぎるためである。高分子鎖には側鎖がついている。実在の鎖では内部回転の束縛を受けており，高分子の広がりは大きくなる。したがって2より大きくなるのは妥当な結果である。この点を考慮して，2の代わりに結合角や内部回転の束縛の度合いを反映したパラメータC_∞

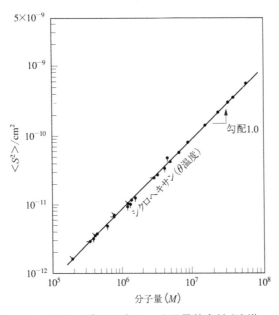

図5-9　ポリスチレンの平均二乗回転半径の分子量依存性（溶媒：シクロヘキサン（34.5℃））

を用いて，実在の高分子鎖の$\langle S^2 \rangle$は次の式(5)で表される．

$$\langle R^2 \rangle = 6 \langle S^2 \rangle = nb^2 C_\infty \quad (n \gg 1) \tag{5}$$

図5-9や表5-1に示すように，この関係は溶媒をうまく選択すれば，いろいろな屈曲性高分子で成り立ち，C_∞は5～10である．C_∞は**特性比**と呼ばれ，**結合角の制限と内部回転の束縛度合い**を示している．

表5-1 代表的な高分子鎖の末端間広がりの特性比

高分子	構造単位	溶媒	温度(℃)	C_∞
ポリエチレン	-CH$_2$-CH$_2$-	1-ドデカノール	138	6.7

ポリスチレン	-CH$_2$-CH-
	   |
	   C$_6$H$_5$
		シクロヘキサン	34.8	10.2

		マロン酸ジエチル	35.9	9.9

ポリプロピレン
イソタクチック
	-CH$_2$-CH-
	   |
	   CH$_3$
		ジフェニルエーテル	153	5.3

		ジフェニルエーテル	145	5.7

ポリ-n-ペンテン-1
イソタクチック
	-CH$_2$-CH-
	   |
	   C$_3$H$_7$
		酢酸イソアミル	31.5	10.0

ポリイソブチレン	CH$_3$
	   |
	-CH$_2$-C-
	   |
	   CH$_3$
		ベンゼン	24	6.6

ポリ酢酸ビニル	-CH$_2$-CH-
	   |
	   OCOCH$_3$
		エチル-n-ブチルケトン	29	9.2

ポリアクリル酸イソプロピル	-CH$_2$-CH-
	   |
	   COOC$_3$H$_7$
		ベンゼン	25	9.7

ポリメタクリル酸メチル
アタクチック
	CH$_3$
	   |
	-CH$_2$-C-
	   |
	   COOCH$_3$
		各種溶媒	4～70	6.9±0.5

イソタクチック		アセトニトリル	27.6	9.3
		塩化n-ブチル	26.5	9.5

3.2 高分子鎖の広がりに対する諸効果

シクロヘキサン中で測定したポリスチレンの試料を用いて,ベンゼン中で測定すると,図5-10に示すように,その勾配は溶媒にシクロヘキサンを用いた時と異なり,$\langle S^2 \rangle$は$n^{1.2}$,すなわち分子量(M)の1.2乗に比例する。

ベンゼンはポリスチレンに対し,シクロヘキサンよりも高い親和力を有することが知られている。したがってベンゼンは溶質高分子に好んで接触しようと,分子鎖内部に深く侵入し,高分子鎖を拡大しようとする。これは溶媒分子の高い親和力によって引き起こされた排除体積効果である。これはベンゼンに限ったことではなく,ポリスチレンに対して,シクロヘキサンよりも親和性の高い溶媒を用いるときに現れる現象である。

図5-9や表5-1では,$\langle S^2 \rangle$はn,すなわち分子量に比例する例が示された。だが,ベンゼンのような良溶媒の場合は,nに対する依存性は一次からずれる場合も多い。これは高分子鎖が十分長くなれば,高分子鎖自身の排除体積に加えて,高分子鎖の中に潜入した良溶媒分子が排除体積を増大するからである。高分子鎖が長くなればなるほど溶媒に起因する排除体積も大きくなるから,ポリスチレン以外の場合でも良溶媒中ほど,$\langle S^2 \rangle$や$\langle R^2 \rangle$の分子量依存性は比例関係(勾配1.0)からずれてくる。

表5-1の場合のように,$\langle S^2 \rangle$や$\langle R^2 \rangle$がn,すなわち分子量と直線関係にあるものは,溶媒が高分子鎖の広がりに特別の影響を示さない状態である。このような状態は溶媒の特別の働きがない場合で,**非摂動状態**といわれている。このような状態にある高分子鎖は**非摂動鎖**,その状態にある溶媒は**θ溶媒**と呼ばれている。この溶媒中の平均二乗両末端間距離の二乗と

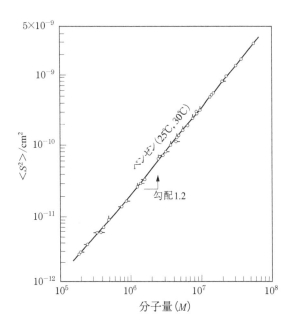

図5-10 ポリスチレンの平均二乗回転半径の分子量依存性(溶媒:ベンゼン)

平均二乗回転半径を$\langle R^2\rangle_0$, $\langle S^2\rangle_0$とすると，良溶媒中ではそれからずれる。その広がりを**膨張因子**α_Sやα_Rを用いて表すと，この溶媒の平均二乗末端間距離$\langle R^2\rangle$や平均二乗回転半径$\langle S^2\rangle$は次の式(6)，式(7)になる。

$$\langle S^2\rangle^{0.5} = \langle S^2\rangle_0^{0.5}\alpha_S \tag{6}$$

$$\langle R^2\rangle^{0.5} = \langle R^2\rangle_0^{0.5}\alpha_R \tag{7}$$

良溶媒は高分子鎖の中に潜入して，高分子鎖の排除体積を増加させるから，α_Sやα_Rが1より大きくなり，図5-10すなわち次の式(8)のように$\langle S^2\rangle$がMの1次からずれることとなる。

$$\langle S^2\rangle \propto M^{1.2} \tag{8}$$

同じ高分子化合物でも，ベンゼンを溶媒とした場合とシクロヘキサンを溶媒とした場合で示したように，溶媒によって高分子鎖の広がりが変わることが明らかになった。4章7で示した極限粘度$[\eta]$は分子量(M)の決定に用いられるが，屈曲性高分子の場合，その値と二乗回転半径$\langle S^2\rangle$との間には，次の式(9)のような関係が成り立つ。

$$[\eta] = \Phi\frac{6\langle S^2\rangle^{3/2}}{M} \tag{9}$$

ここで，Φは高分子の種類や分子量，溶媒，温度にほぼ無関係な定数である。

表5-2にポリ塩化ビニル（分子量63,000）の各種溶媒中の極限粘度を示す。得られた$[\eta]$は，同じ試料でも溶媒によって大きく変化している。したがって$\langle S^2\rangle$も異なり，分子の広がりはテトラヒドロフラン中がもっとも大きく広がっていることを示している。高分子鎖の広がった体積は$\langle S^2\rangle^{3/2}$に比例すると表される。いま，$\langle S^2\rangle^{3/2}$が分子量の$(1+a)$乗に比例すると考えた場合，式(9)にこの関係を入れると極限粘度と分子量との間に次の式(10)，すなわち**マーク-ホーウィンク-桜田**（Mark-Houwink-Sakurada）の式が成立する。

$$[\eta] = KM^a \tag{10}$$

指数aは屈曲性高分子の場合，θ溶媒中で$a = 0.5$，良溶媒中で$a = 0.5〜0.8$の間，半屈曲性

表5-2　いろいろな溶媒中のポリ塩化ビニルの極限粘度

溶　媒	$[\eta]$ (10^{-1}dm^3/g)	溶　媒	$[\eta]$ (10^{-1}dm^3/g)
テトラヒドロフラン	1.04	メチルエチルケトン	0.78
シクロヘキサノン	0.96	二塩化エタン	0.70
四塩化エタン	0.83	ジオキサン	0.61
ニトロベンゼン	0.80	モノクロルベンゼン	0.52
ジメチルオキシド	0.79		

ポリ塩化ビニルの分子量 63,000　測定温度 20℃

高分子の場合では0.8より大きな値，そして剛直棒状高分子では$a=2.0$に近い値となるから，高分子の形態を定性的に見積もるには有用な物質定数である。

θ溶媒中では$a_S=1$であるから$\langle S^2 \rangle^{3/2}$は$\langle S_0^2 \rangle^{3/2}$に等しい。$\langle S_0^2 \rangle$は$M$に比例するから$[\eta]$は$[M]^{0.5}$に比例し，$a=0.5$の場合に相当する。

4 持続長

半屈曲性高分子や棒状高分子では，実測される$\langle S^2 \rangle$は分子量に比例しなくなる。これは主鎖の結合角が180°に近いか内部回転が制限されているからである。このような高分子のために別の高分子鎖モデル，すなわち**みみず状鎖モデル**が提案されている。

詳しくは専門書にゆずるが，みみず状鎖モデルとは，高分子鎖を全長$L=nb$からなる連続鎖で表したもので，高分子鎖の両端を第一結合の方向に投影した長さq（これを**持続長**と呼ぶ）で屈曲の度合を示すことができる。詳細な理論解析により，結合角の補角θを用いると，$q=b/(1-\cos\theta)$で表され，屈曲がまったくない棒状高分子の場合は$\theta=0$となるので，qは無限大となる。一方，屈曲が自由な高分子鎖ではbであるから，qは無限大からbまでの値で表され，分子の硬さあるいは剛直性を示す指標として利用できる。硬い剛直な分子ほど大きな値である。大雑把にはランダムコイル状では3nm以下，棒状高分子では100nm以上で，半屈曲性高分子はその中間，すなわち3nmから100nmあたりにあることが示されている。**表5-3**にこのモデルで算出されたいろいろな**高分子の持続長**を示す。

三重らせんを示すコラーゲンやシゾフィラン（図5-4参照）の持続長は10^2nmのオーダーで，棒状高分子であることと一致している。

表5-3　種々の高分子の持続長

高分子	溶媒	温度(℃)	q/nm
ポリスチレン	シクロヘキサン	34.5(θ)	1.0
〃	トルエン	15.0	1.0
硝酸セルロース	アセトン	20	17
ポリベンズアミド	96%硫酸	25	40〜60
ポリブチルイソシアナート	テトラヒドロフラン	40	66
DNA	0.2mol dm^{-3}NaCl	25.0	60
コラーゲン	0.1M酢酸	25	160〜180
シゾフィラン	水	25.0	200

則末尚志：*Prog. Polym. Sci.*, **18**, 543 (1993) Table2 より

5 高分子電解質

表5-4のように，高分子の鎖上または側鎖にイオン解離性基をもつような高分子は**高分子電解質**と呼ばれている。解離すると高分子イオンと多数の低分子イオン（対イオンと呼ばれている）が生じる。高分子電解質は，高分子イオンが負電荷からなる**ポリアニオン**，正電荷からなる**ポリカチオン**，正負両方のイオン解離性基をもつ高分子すなわち**両性高分子電解質**に分類できる。

高分子電解質は，ファンデルワールス力や双極子－双極子相互作用のような近距離相互作用に加えて，クーロン力などの長距離相互作用が加わり，高分子の形や広がりに大きな影響を与えている。ポリアクリル酸ナトリウムやポリヨウ化ビニルピリジニウムのようなポリアニオンやポリカチオンも解離していない時は屈曲性高分子として存在し，コイル状である。

表5-4 高分子電解質の例

ポリアニオン	ポリカチオン	両性高分子電解質
ポリ(スチレンスルホン酸)	ポリ(N-ブチルビニルピリジニウム臭化物)	アクリル酸-4-ビニルピリジン共重合体
ポリ(アクリル酸)	ポリ(エチレンイミン塩酸塩)	タンパク質
ポリ(グルタミン酸)	ポリ(N,N-ジメチル-3,5-メチレンピペリジウム塩化物)	核酸(ポリヌクレオチド)
ポリ(2-アクリルアミド-2-メチルプロパンスルホン酸ナトリウム)	ポリ(グリシジルトリブチルホスホニウム塩化物)	
	ポリ(2-アクリロキシエチルジメチルスルホニウム塩化物)	

しかし，水中ではイオン解離のため対イオンが流出するので，高分子鎖の有効電荷は増し，鎖上に残る同種イオンの電荷の反発によって高分子鎖は著しく広がる。そうなると高分子イオンの高い電荷密度のため，高分子鎖の周辺は大きな電位となるので，対イオンは束縛イオンとして強くポリマー鎖の周辺に引きつけられる。その概念図を図5-11に示す。

ポリアクリル酸ナトリウムの希薄水溶液の時には，高分子鎖から放出された対イオンの約70％がポリマー鎖近傍に束縛され，約30％が自由に動きまわれる状態にあることが見いだされている。このように対イオン

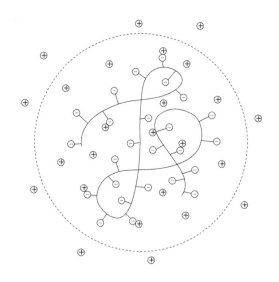

図5-11　高分子の電解質（ポリアニオン）

がポリマー鎖近傍（図5-11点線内部）に束縛される現象を**イオン凝縮**と呼んでいる。

このような高分子電解質の広がりは，光散乱や粘度測定より明らかにされている。高分子の解離度と，光散乱で得られた平均二乗回転半径から算出された平均回転半径との関係を図5-12に示す，解離度が上がれば高分子鎖近くに存在するイオンが増えるので高分子鎖は広がることを示している。次に粘度測定の例を図5-13に示す。非電解質であれば濃度が高いほど還元粘度は大きくなるが，電解質では逆に希釈するほど還元粘度が大きくなっている。これは希釈により解離が進み，側鎖のクーロン反発により高分子の鎖が広がるのも一因である。

水とベンゼンのように互いに混じり合わない，2種類の溶媒に対して親和性をもつ高分子は両親媒性高分子といわれている。イオン解離基と疎水基からなるような共重合体は，その組成比を調節すれば，水にも有機溶媒にも溶解する両親媒性高分子が生じる。そのポリマーの一例を図5-14に示す。そのポリマーを水に溶かすと，一見溶解しているように見える。しかし，細かく見ると，疎水基はミクロな自己組織領域をつくり，組成に応じていろいろな形態をとることが見いだされている。例えば図5-14に示したような，ポリ（2-アクリルアミド-2-メチルプロパンスルホン酸ナトリウム）と疎水基を有するメタクリルアミドとの共重合体では，疎水基含量が10～30mol％になると，疎水性相互作用がセグメントの電荷反発を凌駕して，近接した疎水基の会合が起きる。この時，高分子鎖は図5-15(a)のようになる。しかし，疎水基含量が40mol％を越えると，高分子鎖にそった疎水基の会合体が二次的に会合し図5-15(b)のような球状になる。これは一つの高分子鎖のつくった分子内会合体で**ユニマーミセル**と呼ばれている。高分子がその組成により，いろいろなかたちを示す一例である。

第 5 章 高分子の形

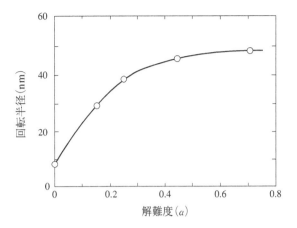

図5-12 ポリメタクリル酸の解離度と光散乱法で算出した回転半径

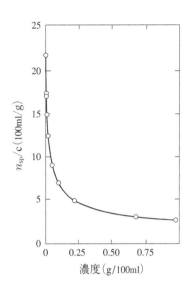

図5-13 ポリ(N-ブチル-4-ビニルピリジニウム臭化物）水溶液の濃度と粘度の関係

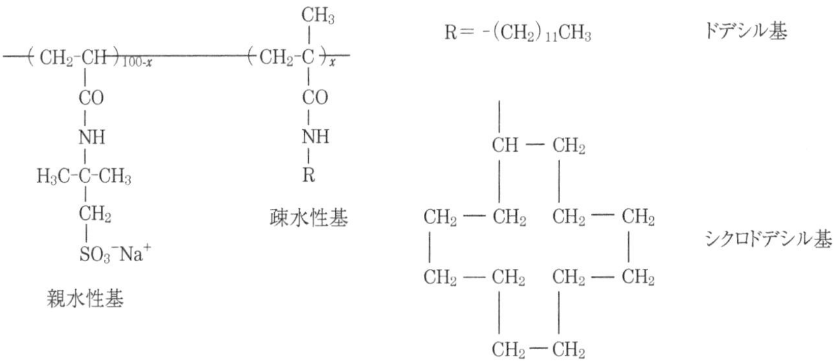

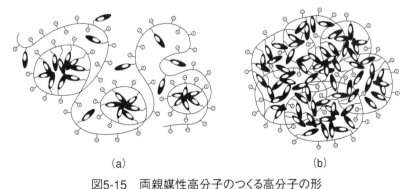

図5-14 両親媒性高分子の例

図5-15 両親媒性高分子のつくる高分子の形
　　　●：疎水基を示す。　対カチオンは省略
（森島洋太郎：日本油化学会誌, **45**, 935（1996））

6 高分子の溶解性

6.1 高分子の溶解

　高分子を合成するには，溶媒の選択はきわめて重要である。合成した高分子の精製，キャラクタリゼーション，成形加工には，その高分子を溶解する溶媒や非溶媒を知っておくことが必要である。

　高分子化合物は長い高分子鎖を有するから，部分的には小さな力であっても，鎖全体として大きな力となり，通常は固体として存在する。溶解とは溶媒分子が高分子の間に入りこみ，高分子鎖が溶媒により一本一本ばらばらにされることである。したがって溶媒と高分子の間の親和性が大きければ大きいほど溶解性の高い溶媒で，**良溶媒**といわれる。同じポリスチレンをシクロヘキサンに溶解した図5-9とベンゼンに溶解した図5-10を比較すると，明らかにベンゼン中のほうが $\langle S^2 \rangle$ は大きく，より広がっている。この違いはポリスチレンは，図5-16のように，側鎖にフェニル基すなわちベンゼン環を有するから，シクロヘキサンよりもベンゼンと大きな親和力を有していることに起因している。低分子化合物では"似たものは似たものに溶ける"という経験則がある。上記の例はその経験則があてはまる例である。高分子では結晶領域の存在とか水素結合の協同作用などの理由によって，この経験則からずれることも多い。例えばポリビニルアルコールは，メタノールやエタノールのようなアルコールに似た化学構造をしているが溶解せず，アルコールではないN,N-ジメチルホルムアミドにはよく溶解する。ポリエチレンも似た化学構造のヘキサンには溶解しない。ポリエチレンを溶解するには，似たものよりもデカリンのように高温にできることのほうが重要である。

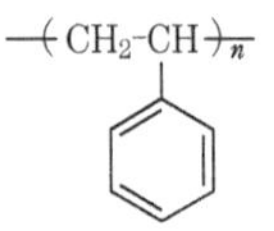

図5-16　ポリスチレンの構造

6.2 溶媒探索

　アメリカの物理化学者ヒルデブランド（J.H.Hildebrand）は物質の混合の熱力学的研究（溶解熱や蒸気圧測定）により，単位体積当りの凝集エネルギー（凝集エネルギー密度）をもとにいろいろな物質の溶解度パラメーター（δ）を見積もり，混合によるエンタルピー変化（ΔH）は次式（11）で表されることを明らかにした。

$$\Delta H = v_1 v_2 (\delta_1 - \delta_2)^2 \tag{11}$$

　ここで，v_1, v_2は，それぞれ混合する両物質の容積分率である。さらに，物質の混合（溶解）

し易さは，その溶解度パラメータ(**表**5-5)の差によって見積もることができることを提案した。すなわち二つの物質の溶解度パラメータをδ_1とδ_2とすると，その差が小さいほど混ざり易い。

スモール(P. A. Small)は溶解度パラメータを高分子に適用するために，繰り返し単位の部分構造に適当な経験値を定め，そこから高分子の繰り返し単位のδ値を予測する方法を提案した。この部分構造に割り当てた値はS値と呼ばれている。そのS値を**表**5-6に示す。

表5-5 低分子化合物の溶解度パラメータ

化合物	δ $(J \cdot cm^{-3})^{1/2}$ *
ヘキサン	14.8
シクロヘキサン	16.8
テトラヒドロフラン	18.6
ベンゼン	18.7
クロロホルム	19.0
アセトン	20.4
m-クレゾール	20.9
ギ酸	24.7
メタノール	29.7
水	47.9

* $(J \cdot cm^{-3})^{1/2} = (MJ \cdot m^{-3})^{1/2} = MPa^{1/2}$

表5-6 部分構造のS値

部分構造	S値 $(J \cdot cm^{-3})^{1/2} mol^{-1}$	部分構造	S値 $(J \cdot cm^{-3})^{1/2} mol^{-1}$
$-CH_3$	437	$-H$	164〜205
$-CH_2-$	272	$-O-$	143
$-CH-$	57	$-Cl$	552
$-C-$	-190	$-Br$	695
		$-S-$	460
$=CH-$	277	$-CO-$	562
$-C\equiv C-$	583	$-COO-$	634
共役結合	40〜60	$-OH$	655
$-C_6H_5$	1500	$-NH-$	370
$-C_6H_4-$	1350		

上記のS値を用いると，次の式 (12) によって，高分子の繰り返し単位の溶解度パラメータ (δ) を推算できる。得られた値と溶媒のδを比較し，その差が小さい溶媒ほど良溶媒と考えられる。

$$\delta = d(\Sigma S)/M \tag{12}$$

ここで，dはポリマーの密度，Mは繰り返し単位の分子量である。ポリスチレン (d = 1.06 g／cm^3) に注目すると，表5-6を用いて，溶解度パラメータはδ = 1.06 × 1829／104 = 18.7 (MJ·m^{-3})$^{1/2}$と算出される。

この値とベンゼンおよびシクロヘキサンのδ値を比較すると，ベンゼンの値に近く，ベンゼンが良溶媒であることを示している。この結果はポリスチレンのベンゼン溶液では，ベンゼンが分子鎖のつくる空間にはいり，平均二乗回転半径はシクロヘキサン中よりもベンゼン中で大きくなっているという3.2節の結果と一致している。また値の近いクロロホルムやテトラヒドロフランにはよく溶解するが，ヘキサンやメタノールのようにδ値がはなれた溶媒には不溶である。

コラム COLUMN

水膨潤性オモチャ（吸水前と吸水後）：スチレン／イソプレンゴムに高吸水性ポリマーを入れたオモチャを水に浸すと吸水して，吸水前の50〜100倍の体積に膨張する。

吸水前　吸水後

第 6 章

高分子物質の熱的性質

1 物質の3態と分子間相互作用

　一般に物質は気体，液体および固体の3態からなり，まわりから供給される熱エネルギーに応じて，分子が独立に動き回っている気体から，強固に引き合っている固体まで変化する。したがって，1g当たりの体積である比容に注目すると，温度とともに図6-1のように変化し，状態が変わるとき，その変化は不連続である。

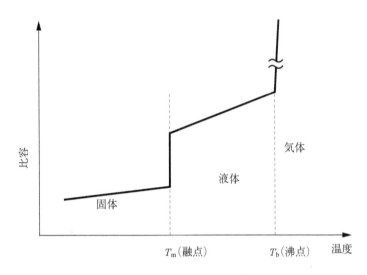

図6-1　3態と比容の関係

　家庭用燃料として利用されているプロパンガスは，プロパン（C_3H_8）を主成分とする「気体」である。そのプロパンを圧力が1気圧のままで冷却すると，-42.1℃で「液体」になる。さらに冷やしていくと，-187.7℃で「固体」となる。この気体，液体，固体を**物質の3態**という。

　プロパンが室温で気体であるのは，プロパンの分子間に働く引力，すなわちファンデルワールス力に由来するエネルギーに比べ，まわりから供給される熱エネルギーが大きいからである。室温で分子がばらばらになっていることを考慮すると，炭素と水素からなる分子間に働く引力は，きわめて弱いことを示している。プロパンを冷やしていくと，-42.1℃で分子間に働く引力のほうが，まわりから供給される熱エネルギーより大きくなるので，分子は集合して液体となる。さらに温度を下げると，-187.7℃で分子は動けなくなるので，分子の集団は決まった形状を有する固体になる。プロパンの同族体であるパラフィン系の炭化水素に注目すると，2章の表2-4に示したように，分子の長さが長くなるほど沸点や融点が上昇する。分子が長くなるにつれて分子間相互作用，この場合にはファンデルワールス力が大きくなることを示している。

(a) n-ペンタン，沸点36℃

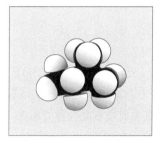

(b) イソペンタン，沸点28℃

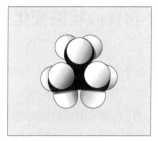

(c) ネオペンタン，沸点9.5℃

図6-2　分子構造と物理的性質

　ペンタン（C_5H_{12}）に注目すると，同じ化学式からなるが，図6-2のように，その化学構造が異なる三つの異性体，すなわちn-ペンタン（a），イソペンタン（b），ネオペンタン（c）が存在する。それぞれの沸点に注目すると，n-ペンタンの沸点は36℃であるが，一つ枝分かれしたイソペンタンは28℃である。ネオペンタンはもっとも枝分かれが多く，ほとんど球形に近い。したがって表面積はもっとも小さく，分子間力はもっとも弱い。このためその沸点は9.5℃ともっとも低い。

　C＝O基を有するアセトン（CH_3COCH_3）に注目すると，分子量はペンタンよりも小さいが，沸点（56℃），融点（－94℃）のいずれもペンタンより高い。これはアセトンの分子間にはファンデルワールス力より大きな分子間引力が働いていることを示している。酸素原子の電気陰性度は炭素の電気陰性度より大きいから，C＝O基には双極子モーメントが存在する。したがってアセトンのようにC＝O基を有する場合には，ファンデルワールス力に加えて，双極子－双極子相互作用が加わるから，分子が集合しやすいということになる。

　次に水に注目すると，水は1気圧で100℃以上では水蒸気となる。これは気体であるが，温度を下げていくと100℃で分子が集合して液化する。そして0℃で固化して氷になる。分子量はペンタンやアセトンに比べるとはるかに小さいが，そのどちらよりも水の沸点や融点は高い。これは水の分子間には，より大きな分子間引力が働くことを示している。つまり水の分子間に水素結合が形成されるためである。

　このように分子間相互作用として，ファンデルワールス力，双極子－双極子相互作用，および水素結合などがある。分子間に働くこれらのエネルギーの総和と分子に供給される熱エ

ネルギーの大小関係で，その物質の融点や沸点が定まる。

C_nH_{2n+2}からなるパラフィン系の炭化水素に注目すると，部分的には弱いが分子が長くなるにつれて分子間相互作用が大きくなり，沸点や融点が上昇する。だが，炭素数が60を越えると，分子が気化する前に分解するので，常圧ではもはや分子は気体にはならない。それよりはるかに多数の炭素数からなるポリエチレンは分子間相互作用はさらに大きくなるので，常圧では当然高分子の気体は存在しない。

2 高分子物質の状態変化

高分子には大きな分子間引力が働くので，通常，その物質は常温では固体である。高分子はヒモのようなものであるから，分子の一部でからみあいも起こっている。また高分子は通常，分子量分布があり，化学組成は同じでも分子量の異なる混合物である。だから完全に結晶にするのは困難である。したがって図6-3に示すように，高分子物質には，分子鎖が配向して結晶を形成する結晶領域と，分子鎖の配列が無秩序な非晶領域が存在する。その割合いの違いにより，同じ化学式からなる高分子物質でも，多種多様な物性や機能を示す材料にすることができる。例えば主に非晶領域からなるポリエチレンは，透明なフィルムの作製に利用される。また結晶領域を有するポリエチレンは，スチールを凌駕する強力な糸の製造に使われている。高分子物質は非晶領域の存在により，低分子化合物にはない特有の熱的挙動を示す。

低分子の熱的挙動は，融点に達すると分子は活発に運動し，その重心が時々刻々変動する状態，すなわち図6-1に示したように液体になる。だが，高分子の場合には，高分子の運動が凍結されている状態から，分子が活発に動けるような状態に変化しても，鎖の分子が一部はからみあったり，配列して結晶領域をつくったりするから熱的挙動が異なる。つまり，高分子の場合はおのおのからみあいがあるので柔らかくなるだけで，見掛け上は固体の状態で存在する領域がある。そのため低分子からなる固体ではつくりえない特性が見いだされている。フィルムや透明なレジ袋などは，ポリエチレンが柔らかくなった固体の状態で作られた

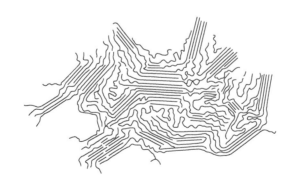

図6-3 高分子の凝集状態

第6章 高分子物質の熱的性質

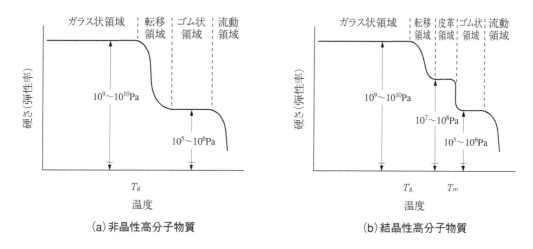

(a) 非晶性高分子物質　　　　(b) 結晶性高分子物質

図6-4　高分子物質の硬さ(弾性率)－温度の関係を示した概念図

ものである。

　高分子物質の熱的挙動を硬さと温度の関係で示すと図6-4のようになる。高分子鎖の部分的な動きがはじまる温度はガラス転移点(T_g)と呼ばれる。これはそれぞれの高分子物質に特有な温度である。ガラス転移点以上では、外見は固体であるが、高分子物質は柔らかくなり、外力によって容易に変形するようになる。ゴムはこの領域の特性を利用したものである。高分子物質には、結晶領域を有する結晶性高分子物質と結晶領域が全くない非晶性高分子物質がある。高分子鎖の運動が凍結している状態では、何れも硬い固体状態であるが、非晶性のみからなる高分子物質ではガラス転移点を越えるといきなりゴム状態になる(図6-4(a))。結晶性高分子物質では結晶領域が存在するので、そこが架橋点となって、T_g以上でもある程度硬さが維持される。融点を越えたところでゴム状態を経て流動状態となる(図6-4(b))。

　高分子の弾性率(硬さ)は比容(単位質量の物質の占める体積)の変化(図6-5)ともよい関係にあり、T_gを越えると、分子鎖が動きだすので、比容の温度変化は大きくなる。結晶性高

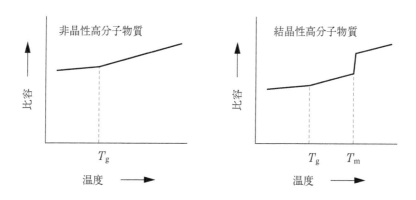

図6-5　非晶性高分子物質と結晶性高分子物質の比容の温度変化

分子では，融点（T_m）があり，融点を越えると，分子鎖が動きだし流動性が出てくるから，比容は不連続的に増大する。

　T_gよりも低温では高分子の運動は凍結しており，この状態はガラス状態と呼ばれる。T_gが300℃以上であるものは強度が高温にも耐える高分子であり，耐熱性高分子と呼ばれている。

3　ガラス転移点と高分子構造

　ガラス転移点は高分子鎖のミクロブラウン運動のはじまる温度である。これはつまり高分子鎖の動きやすさを反映している。高分子の動きは高分子鎖の内部回転によるから，内部回転ポテンシャルの大きいものほどT_gが高くなると考えられる（**図6-6**）。いろいろな高分子のT_gを**表6-1**に示す。

　内部回転ポテンシャルの障壁が低いポリエチレンのT_gはポリスチレンのT_gよりははるかに低い。ポリスチレンには側鎖にフェニル基がついているため，回転ポテンシャルの障壁が大きくなるからである。またスチレンにメチル基が結合しているポリ-α-メチルスチレンのT_gは165℃でさらに高くなる。ポリエチレンと，ポリエチレンの主鎖の一部をベンゼン環に変えたポリ-p-キシリレンのT_gの比較で明らかなように，一般に，主鎖にベンゼン環を導入した高分子のT_gがいずれも対応するフェニル基のないものに比べて大きい。このことはベンゼン環により高分子鎖が動き難くなったからである（表6-2参照）。

　分子の側鎖に双極子モーメントを有する極性基が存在すると，分子間相互作用が大きくなるので分子鎖の動きが阻害される。そのような場合にはT_gの上昇が予想される。ポリエチレンの側鎖の水素を塩素に置換したポリ塩化ビニルのT_gは83℃で，ポリエチレンよりも160℃以上大きいT_gになっている。ポリ酢酸ビニルやポリアクリル酸エチルのT_gもポリエチレンよりは高いが，側鎖が大きくなるのでポリ塩化ビニルほど大きく上昇しない。これはポリ塩化ビニルのC-Clの双極子モーメントが大きいため，双極子－双極子相互作用が大きくなり，高分子鎖の動きが，ポリ酢酸ビニルやポリアクリル酸エステルと比べて困難であることを示している。ポリメタクリル酸エステルでは主鎖に直接メチル基が結合するため，T_gはアクリル酸メチルよりも高いが，メタクリル酸メチル，エチル，プロピル，ブチルの順に側鎖が大き

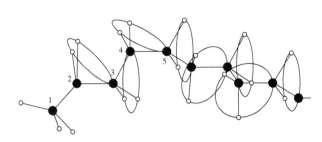

図6-6　結合の回転と鎖の変形

表6-1　主要高分子のガラス転移温度と融点

ポリマー名	T_g(℃)	T_m(℃)
ポリエチレン (PE)	−80	139
ポリオキシメチレン (POM)	−68	182.5
脂肪族ポリエステル (ポリ-ε-カプロラクトン)	−60	60
ポリプロピレン (PP)	−19	183 (アイソタクチック)
ポリ塩化ビニリデン (PVDC)	−17	198
ポリアクリル酸メチル	10	—
ポリメタクリル酸ブチル	21	—
ポリ酢酸ビニル (PVAc)	29	—
ポリメタクリル酸プロピル	35	—
脂肪族ポリアミド (ナイロン6)	50	225
脂肪族ポリアミド (ナイロン6,6)	53	267
ポリメタクリル酸エチル	65	—
ポリエチレンテレフタラート (PET)	69	270
ポリ塩化ビニル (PVC)	83	285
ポリアクリロニトリル	85	317
ポリビニルアルコール	99	258
ポリスチレン (PS)	100	240 (アイソタクチック)
ポリメタクリル酸メチル (PMMA)	105	—
ポリ-α-メチルスチレン	165	—
ポリ-p-キシリレン	280	—

くなるとT_gが低下している。これは主鎖から離れた位置にある置換基が大きくなると主鎖が動き得る自由体積が増えるので，動きやすくなったためである。

　分子間の水素結合も分子間相互作用を助長するはずである。ポリビニルアルコールのT_gはポリエチレンはいうまでもなく，ポリ塩化ビニルよりも高い。側鎖が長くなってもT_gが高いのは，水素結合によって分子鎖が動きにくくなったことに起因すると考えられる。水素結合がT_gに関与する顕著な例は，脂肪族ポリエステルと脂肪族ポリアミドとのT_gの差である。水素結合をつくるポリアミドのT_gが明らかに高い。

　以上のように，T_gを支配する因子として，内部回転障壁，双極子相互作用，水素結合がある。結晶性高分子は，結晶領域の存在によって，T_g以上になっても結晶領域が融解する温度すなわち融点 (T_m) まで，硬さと強さをある程度保っている。T_mを表6-1, 6-2に示す。T_mはT_gと同様に，高分子の化学構造に依存し，両者の間には相関が見い出され，T_g, T_mを絶対温度単位で表すと，次の関係が成立する。これは**ボイヤー-ビーマン (Boyer-Beaman) の規則**と呼ばれている。

　　ポリエチレンのような対称性高分子　　$T_g / T_m = \dfrac{1}{2} = 0.5$

　　ポリプロピレンのような非対称性高分子　　$T_g / T_m = \dfrac{2}{3} = 0.67$

表6-2 耐熱性高分子物質のガラス転移温度と融点

種類	構造式	T_g (℃)	T_m (℃)
ポリイミド (PI)		410	>500
ポリベンゾイミダゾール (PBI)		427	>500
ポリベンゾオキサゾール (PBO)		328	>620
液晶ポリアリラート (I型LCP)		360	421
ポリエーテルケトン (PEK)		162	373
ポリフェニレンスルフィド (PPS)		85	285
ポリパラフェニレンテレフタルアミド (ケブラー)		345	>500

4 耐熱性高分子

　1千万を越すような高い分子量のポリエチレンを引き伸ばし，高分子の配列方向をそろえると結晶化が進み，分子間相互作用が増大する。その結果，高配向したポリエチレンからスチールを凌駕するような強い糸が得られることを前節で説明した。だが，結晶領域の融解温度に近くなると，その強さを保つことは困難である。金属やセラミックに比べて熱に弱いのが合成高分子物質の弱点であるといわれてきた。

　繰り返しになるが，T_g や T_m を支配する因子として内部回転障壁，双極子－双極子相互作用，水素結合がある。したがって内部回転に高い障壁を有するような芳香環を主鎖に組み込み，双極子相互作用や水素結合が生じるような置換基をもつ高分子を合成すれば，T_g や T_m の高い

高分子物質となるはずである。事実、表6-2に示したように、高分子の主鎖に芳香環や複素環を多く入れ、その間をアミド基やイミド基のような極性官能基で連結することにより、T_gやT_mの高い高分子物質が得られている。とくにアミド基にはNH基が存在し、水素結合も加わるので、高温に耐える耐熱性高分子が合成される。その結果、消防服など（図6-7）の素材として使われるなど高分子材料の利用範囲が広がった。このように金属に代わる軽くて強い材料が高分子でつくられ、人々の生活改善に貢献している。

図6-7　消防服

5　熱硬化性樹脂

　通常、高分子物質はガラス転移点以上の温度になると、分子鎖のミクロブラウン運動が起こるので、柔らかくなる。さらに高温にしていくと、比較的粘度の高い液状の溶融状態になる。ポリエチレンやポリスチレンはそのような挙動をする典型的な例である。このように加熱すると流動性がでる高分子は、**熱可塑性高分子**といわれている。一方、高分子間を共有結合やイオン結合でつなぐと、高分子間に橋架け（架橋）が起こるので、本来ミクロブラウン運動がはじまる温度を越えても、その動きが規制される。そのため橋架けされた高分子は流動を起こさない（図6-8）。

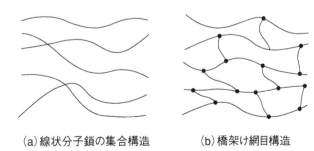

(a) 線状分子鎖の集合構造　　(b) 橋架け網目構造

図6-8　分子鎖の集合構造と橋架け網目構造

とくに加熱により高分子間で化学反応が進行する場合には，高温になると橋架けがさらに進み，高分子鎖の運動がますます規制されるので，より剛直な不溶・不融の高分子になる。このような高分子は熱を加えるにつれて硬化していくので，**熱硬化性樹脂**といわれている。フェノール（下図の（1））とホルムアルデヒドとの反応で生じるフェノール樹脂（ベークライト），尿素（下図の（2））とホルムアルデヒドとの反応で生じる尿素樹脂，メラミン（下図の（3））とホルマリンとの反応で得られるメラミン樹脂などは，熱硬化性樹脂の典型的な例である（その化学構造については，巻末付録（付-35）「プラスチックの種類，特徴，用途」の熱硬化性高分子の項参照）。

(1) フェノール　　(2) 尿素　　(3) メラミン

6　高分子物質の熱伝導

ガラス転移点や融点を巧みに利用した，高分子物質の材料開発が進められている。このガラス転移点や融点とともに，重要な熱的性質として熱伝導性がある。固体の熱の伝導しやすさを比較する際には，1℃の温度差があるとき，単位長を流れるエネルギー量に相当する熱伝導度が用いられる。いろいろな物質の熱伝導度を**表6-3**に示す。

固体の熱伝導を支配するのは，固体を構成する分子や原子の格子振動と自由電子の運動である。自由電子を有する金属は，自由電子の活発な運動のため，固体を流れる熱の伝播速度は大きく，高い熱伝導性を有している。グラファイトは構成する炭素原子がsp^2（混成軌道）で結合した高分子である。残りのp軌道が共役二重結合を構成するので，sp^3のみからできているダイヤモンドより大きな熱伝導性を有している。自由電子がなくても，ダイヤモンドのようにきちっとした結晶形をとっている物質は，構成原子の格子振動により，かなり大きな熱伝導を示す。

だが，結晶部分と非晶部分を有する高分子物質の熱伝導性は低い。非晶部分では，構成する分子鎖の配列もばらばらであるから，分子鎖が熱振動しても，その振動が伝わらないので熱伝導度は10^{-1}のオーダーである。気体になると，分子がバラバラに存在するので，熱伝導度はさらに低くなる。したがって非晶性の高分子物質に空気をはじめいろいろな気体を大量導入した発泡体は，優れた断熱材として利用されている。

例えば，家から遠く離れた魚市場などで魚やカニを買うと，氷の入った白い発泡ポリスチレン製の保温箱（図6-9）に入れてくれる。これは高分子の発泡体のもつ優れた断熱性を利用したものである。

表6-3　いろいろな物質・材料の熱伝導度 λ（W・m^{-1}・K^{-1}）

物質・材料名	熱伝導度 λ	物質名	熱伝導度 λ
銅	380	高密度ポリエチレン	0.44
アルミニウム	192	低密度ポリエチレン	0.35
グラファイト	150	ポリウレタン	0.31
鉄	70	ポリテトラフルオロエチレン	0.27
アルミナ：（Al$_2$O$_3$）	35	ナイロン6,6	0.25
ダイヤモンド	30	ポリプロピレン	0.24
水晶	10	ポリメチルメタクリラート	0.19
アルミナを75%充填したエポキシ樹脂	1.4〜1.8	ポリスチレン	0.16
ガラス	1	ポリ塩化ビニル	0.16
エポキシ樹脂	0.18〜0.27	ポリエチレンテレフタラート	0.14
発泡プラスチック構造	0.017〜0.035	発泡ポリスチレン	〜0.03
空気	0.027	発泡ポリウレタン	〜0.03

図6-9　発泡ポリスチレンの箱

コラム COLUMN

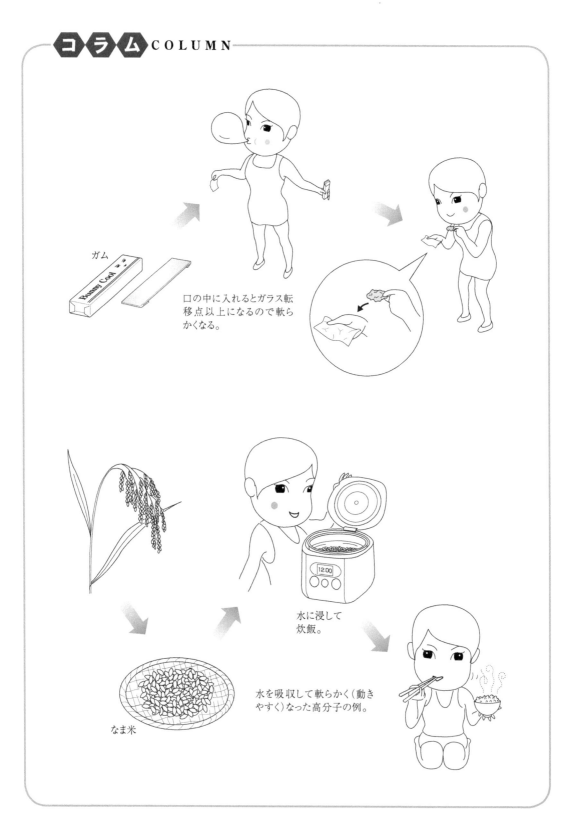

第7章

高分子物質の力学的性質

1 はじめに

　プロ野球を見ていると，時折，ピッチャーの投げたボールがすっぽ抜けて，打者の頭部に当たることがある。だが，ヘルメットのお陰で，大きな事故となることもなく再開される。このヘルメットは高分子物質からなる。金属よりも軽く，耐衝撃性を有する高分子物質を活用した一例である（図7-1）。またある種の高分子物質でつくられたフィルムは，しなやかであるうえ，空気や炭酸ガスは通すが，水は通さない性質がある。夜店で金魚を買うと水の入った透明な袋に入れてくれるが，この袋はそうした性質を利用したものである（図7-2）。

　このように高分子物質の固体としてのいろいろな特性が，実生活で活用されている。高分子物質を材料として利用する場合には，図7-3に示すように，いろいろな外力にどの程度耐

図7-1　ヘルメットが身を守る

図7-2　金魚とポリエチレン

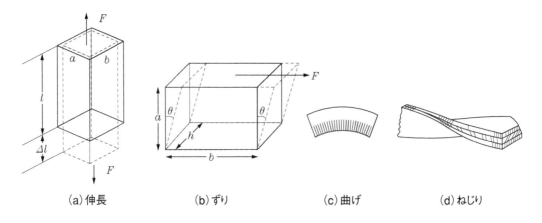

(a) 伸長　　(b) ずり　　(c) 曲げ　　(d) ねじり

図7-3　外力と変形

えられるかを評価しておかねばならない。

実用的な観点から，① 衝撃強度，② 引っ張り強度，③ 圧縮強度，④ 曲げ強度，⑤ ねじり強度，⑥ ずり強度，などが調べられている。

2 外力と変形

どんな物質でも外力を加えるとそれに応答し，大なり小なり変形する。力学的性質とは，外力にどう応答するかを示す物理的性質である。それは硬さ，強さ，伸縮しやすさ，曲がりやすさ，へこみやすさなど，さまざまな性質がある。外力に対する変形は，弾性，粘性，および両者の性質を備えた粘弾性に分類できる。外力を加えると速やかに変形し，除くとすぐに元に戻るような場合の変形は**弾性変形**といい，そのような物体を**弾性体**という。外力を加えると流動を開始し，外力を除くとただちに流動を停止するが，元の形に戻らないような変形を粘性流動といい，そのような挙動を呈する物体を**粘性体**という。その他に，外力を加えた瞬間には弾性体のように変形するが，時間とともに流動を起こし，外力を除くと当初は弾性的挙動を示すが，その後じわじわと元の形に戻ろうとするような物体は**粘弾性体**と呼ばれる。粘弾性体には，**一定応力で変形が増大する現象**（これを**クリープ**という）と外力を除くとじわじわと変形がもどる応力緩和が見られる点に特徴がある。高分子物質はそのような特性を有しており，その性質が材料設計に活用されている（図7-4）。その他に，弱い力では流れないが，強い力を加えると流れる粘土のような物体がある。それは**塑性体**といわれている。塑性体は化粧品や食品に広く見られる。

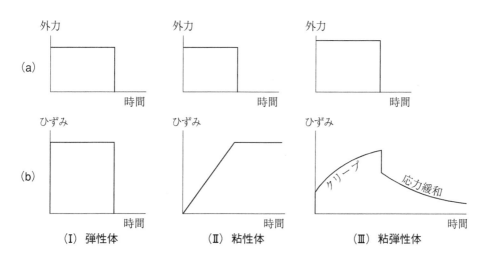

外力をかけた時間（a）に対する変形の経時変化（b）

図7-4　外力と応答（ひずみ）

弾性変形はちょうどバネを引き伸ばした場合と同じで，変形した量（すなわちひずみ）は外力に比例する。つまり**フック（Hook）の法則**に従っている場合である。より定量的な議論にするため，外力を外力のかかる断面積で割った力（これを応力と呼ぶ）で示し，変形した量を元の長さで割った単位量当たりの変化量（これをひずみと呼ぶ）で示すと，応力（F）とひずみ（$\varepsilon = \Delta l/l$，図7-3(a)）との間には，式（1）の関係が成立する。

$$F = E\varepsilon \tag{1}$$

その際の比例定数（E）は，物質の引っ張りや圧縮に対する強度を示す物質定数で，伸長変形の場合，引張り弾性率またはヤング率といわれている。その単位は圧力と同じくパスカル（Pa，$1\,\text{Pa} = 1\,\text{N}/\text{m}^2$）である。最高の強度を有するダイヤモンドやスチールのEは，おのおの1.2×10^6 MPa および 2×10^5 MPa である。変形しやすいゴムのヤング率は約7MPa程度である。いろいろな高分子材料の室温における**ヤング率**を，金属材料やセラミックス材料の値とともに**表7-1**に示す。なお M（メガ）は10^6を表す。

ずりの場合には，図7-3に示したように，そのひずみ（γ）を角度（θ）の正接（タンジェント）すなわち$\gamma = \tan\theta$で示し，応力とひずみの間には式（2）の関係が成り立つ。

$$F = G\gamma \tag{2}$$

その際の比例定数（G）は剛性率といわれ，ずりに対する物質の強弱を示す尺度として利用されている。

図7-5に示すように，水中に沈んだ物質はあらゆる方向から強い水圧を受ける。このような時には周囲から圧力がかかり，体積$V\text{m}^3$の固体が水圧（P）によって$\triangle V\text{m}^3$だけ収縮する。このような時にも圧力変化（$\triangle P$）と体積変化（$\triangle V$）との間には次の式（3）の関係が成り立ち，その比例係数Kは**体積弾性率**と呼ばれている。

$$\triangle P = -K(\triangle V/V) \tag{3}$$

粘性流動は液体としての性質によるもので，ずり応力によりその方向に変形する。この場合，外力を取り除いても元の形に回復することはなく，変形する速度（$d\gamma/dt$）と応力（F）との間に式（4）の関係が示されている。

$$F = \eta\,(d\gamma/dt) \tag{4}$$

その際の比例定数（η）は**粘性率**または**粘度**と呼ばれており，ηは物質の粘性を示す物質定数である。

図7-6(a)のようなコイルバネは外力で伸びるが，力を除くとただちに元に戻る。つまりフックの法則にしたがう。このことから弾性体の変形挙動はコイルバネで模式的に表される。一方，粘性体の挙動はオイルを入れた円筒内を上下するピストンの動きと同じであるから，ダッシュポットでその挙動（図7-6(b)）が表される。弾性と粘性を共有する粘弾性の挙動は，

バネとダッシュポットを直列および並列につないだ模型の変形挙動で表される。直列につないだものは**マックスウェル模型**，並列につないだものは**フォークト模型**とよばれ（次頁図7-7），その組み合わせによって，複雑な粘弾性体の挙動が再現される。

例えば，図7-4（Ⅲ）に示されたクリープや応力緩和は，図7-7（c）に示すように，マックスウェル模型とフォークト模型の組み合わせで表される。

表7-1　代表的な材料の室温におけるヤング率（E）の値

材　料	$E\,/\,\mathrm{MPa}$
ダイヤモンド	1.2×10^6
ポリベンゾオキサゾール	4.8×10^5
炭素繊維	3.9×10^5
超延伸ポリエチレン繊維	2.0×10^5
スチール繊維	2.0×10^5
超硬合金（WC + TiC + Co）	2×10^5
ケブラー繊維	1.3×10^5
チタン	1.2×10^5
チタン合金繊維	1.1×10^5
アルミニウム合金繊維	7×10^4
ガラス繊維	7.0×10^4
骨	2×10^4
木　材	3×10^4
クモの巣（牽引糸）	1×10^4
ポリメタクリル酸メチル	3.7×10^3
ポリスチレン	3.4×10^3
ナイロン	3×10^3
ポリ塩化ビニル	2.5×10^3
ポリプロピレン	1.6×10^3
ポリエチレン（高密度）	1.0×10^3
ポリエチレン（低密度）	2.0×10^2
ゴム*	$\fallingdotseq 7$

*ゴムのヤング率は加硫（図8-5参照）の程度に応じて0.1MPaから10MPaまで変化する。輪ゴム0.1MPa，タイヤコード10MPa。
・M.A.White，稲葉　章訳：「材料科学の基礎」，東京化学同人，p.332（2000）.；功刀利夫，太田利彦，矢吹和之：「高強度・高弾性率繊維」，高分子学会編，共立出版，p.28，p.109（1988）.を基に作成.

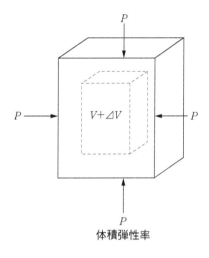

図7-5　水圧と体積弾性率

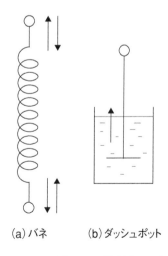

（a）バネ　　（b）ダッシュポット

図7-6　弾性体および粘性体モデル

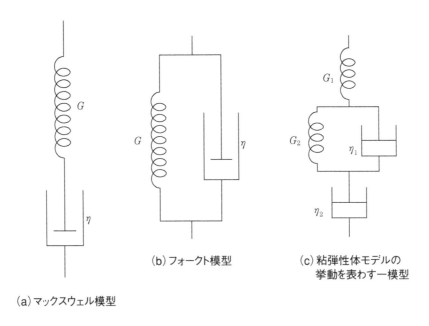

(a) マックスウェル模型　(b) フォークト模型　(c) 粘弾性体モデルの挙動を表わす一模型

図7-7　粘弾性体モデル

3　高分子物質の力学特性 —— 粘弾性の評価

3.1　応力・ひずみ曲線

　固体の物体の力学特性を調べる際にもっとも重要な測定は，外力や変形を加えた際の試料の応答である。外力で生じたひずみに対抗して生じる応力（stress）を縦軸にとり，試料のひずみ（strain）を横軸にとった場合に得られる曲線を**応力・ひずみ曲線**と呼ぶ。また応力とひずみの英字をとり**S–S曲線**と呼ぶこともある。多くの固体物質が**図7-8**に示すような変形をする。

　最初の勾配部分は，ひずみがある量に達するまでは外力に比例して変形し，外力を取り除くと元に戻るから，フックの法則に従っている。これは弾性体としての挙動である。ひずみがAの点の値を越えると，外力がそれほど大きくならなくても，変形が容易になる。そして外力を取り除いても，元の形に戻らなくなる。さらにひずみを加えていくと，B点で流動体のように流れはじめる。このB点は**降伏点**と呼ばれている。B点を越えると，外力を大きくしなくても変形がつづき，C点で破壊する。その点は**破断点**といわれている。

　高分子化合物に注目すると，応力とひずみとの関係は，**図7-9**のようにいろいろな場合があり，弾性と粘性を兼ねそなえた挙動を示す。ゴムのように外力によって簡単に変形するものから，ケブラー（図5-5）のように硬くて強いものまで，その性質の判定に広く利用されている。

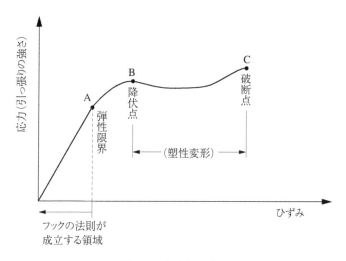

図7-8　応力とひずみ

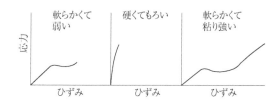

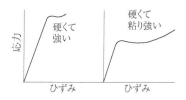

図7-9　力学的性質の異なる高分子の
応力—ひずみ(S—S)曲線

3.2　動的粘弾性

　3.1で示したように，物体に外力を加えると，応力が生じ，その物体にひずみが現れる。それをS–S曲線として表し，初期勾配より弾性率を得て，高分子物質の力学物性を表すことを示した。力学的には弾性と粘性をあわせもつ高分子物質の力学物性の評価やその温度効果に対し，振動応力をかけた状態での粘弾性すなわち**動的粘弾性**の測定も広く利用されている。

　図7-10(a)に示すように，試料を試料箱に置き，起振器から物体に一定の振幅 γ_0，角速度 ω（$=2\pi$/周期）の正弦波として振動する外力（図7-10(b)中の実線）を与えるとそれに対す

る応答として，完全弾性体，完全粘性体，粘弾性体に固有のひずみ（σ_0 図7-10(b) 中の点線）が現れる。すなわち，物体が完全弾性体であればそれに応答するから式 (5)，理想粘性体であれば，ひずみより $\pi/2$ ラジアン進んだ応力振動となるから式 (6)，高分子物質のような粘弾性体では，その間の位相差 δ をもつ応答となるから式 (7) で現される。

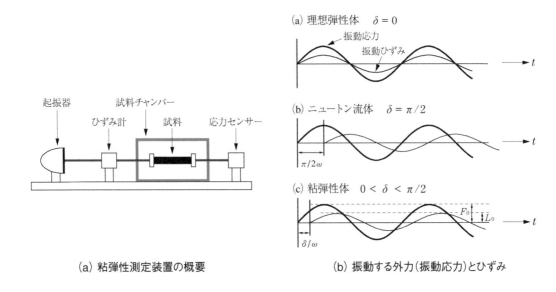

図7-10　粘弾性の測定とその応答

$$\text{弾性体} \qquad \sigma = \sigma_0 \sin \omega t \tag{5}$$

$$\text{粘性体} \qquad \sigma = \sigma_0 \sin(\omega t + \pi/2) \tag{6}$$

$$\text{粘弾性体} \qquad \sigma = \sigma_0 \sin(\omega t + \delta) \quad (0 < \delta < \pi/2) \tag{7}$$

式 (7) は

$$\sigma = \left(\frac{\sigma_0}{r_0}\cos\delta\right) r_0 \sin\omega t + \left(\frac{\sigma_0}{r_0}\sin\delta\right) r_0 \sin\left(\omega t + \frac{\pi}{2}\right) \tag{8}$$

と書き換えられ，第1項は弾性として1周期当たりに貯えられたエネルギー，第2項は粘性として1周期当たりに放出されたエネルギーを表している。それぞれの項の係数を G'，G'' で表すと，

$$G'(\omega) = \frac{\sigma_0}{r_0}\cos\delta \tag{9}$$

$$G''(\omega) = \frac{\sigma_0}{r_0} \sin \delta \tag{10}$$

となる。G'は**貯蔵弾性率**といい,高分子の硬さを表し,G''は**損失弾性率**といい,高分子の柔軟性を表す。現在は測定装置により簡単に求まる力学的物性値である。同時に,多くの装置で,損失弾性率G''と貯蔵弾性率G'の比である$\tan\delta$が得られる。$\tan\delta$は式(8)であり,弾性項を基準とするときの粘性項の割合を意味している。

$$\tan\delta = \frac{G''}{G'} = \frac{\sin\delta}{\cos\delta} \tag{11}$$

したがって,$\tan\delta > 1$のときは外力による仕事が弾性エネルギーとして物質に蓄えられる傾向が強く,逆に$\tan\delta < 1$のときには熱として放出され力学損失になる。$\tan\delta$がよく用いられるのは測定試料の形状因子が相殺され,異なる試料間での力学的性質の比較ができるので材料設計に都合が良いからである。

高分子物質の粘弾性は温度によって変化する。周波数を固定して温度変化すると高分子物質の力学強度に対する温度の影響に関する情報が得られる。一例として,ポリメタクリル酸メチルの粘弾性と$\tan\delta$の温度依存性を図7-11に示す。貯蔵弾性率G'は20℃から40℃に小さな階段状の低下がみられ,100℃で大きく減少する。損失弾性率G''は,G'の変化に伴って,20℃と120℃,$\tan\delta$は20℃と140℃にピークが現れる。20℃のピークは側鎖すなわち-COOCH$_3$の運動を示し,高温側のピークは高分子鎖のミクロブラウン運動が始まるガラス

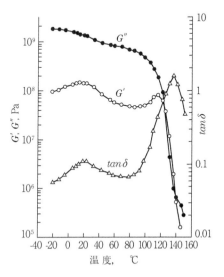

図7-11 ポリメタクリル酸メチルの粘弾性と$\tan\delta$の温度依存性

(妹尾学ほか:基礎高分子科学,共立出版(2000))

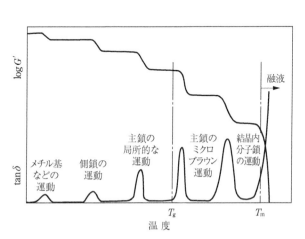

図7-12 高分子における貯蔵弾性率および$\tan\delta$の温度依存性

(高分子学会編:基礎高分子科学,東京化学同人(2006))

転移を反映している。結晶性高分子における貯蔵弾性率および$\tan\delta$と温度の関係を図7-12に示す。結晶性高分子では，結晶領域の分子鎖の運動が現れる。

　粘弾性の測定結果は高分子物質の力学的性質や熱的性質を高分子鎖の運動性との関連で考察できるので，材料設計の基礎データとして利用されている。

　初期勾配から得られる値は先に述べた**ヤング率**，すなわち**弾性率**である。いろいろな高分子物質の値を表7-1に示したが，一般に高分子物質の弾性率は，金属を凌駕する芳香族ポリアミドから簡単に変形するゴムまで，数桁にわたり変化する。

　自動車のバンパーは金属ではなく高分子物質が用いられている。それは軽いという特性の他に，高分子には粘弾性があるので，衝突の際の衝撃がかなり緩和される点を考慮したものである。また高弾性率の繊維となる芳香族ポリアミドは，その強さのために防弾チョッキなどにも利用されている（図7-13）。このように，高分子物質の力学特性を利用して，いろいろな高分子製品が作られている。

図7-13　防弾チョッキの例
至近距離からピストルを撃っても弾ははじかれる

4　分子レベルでみた力学特性

　身のまわりを見渡すといたるところで，高分子物質の固体としての力学特性が利用されている。その力学特性を分子レベルで調べてみよう。ダイヤモンドは図7-14に示すように，炭素原子が共有結合でがっちりと結ばれた高分子物質である。それを構成する炭素原子はsp^3構造で，熱力学的にはもっとも安定な状態にあるので，変形させる場合には大きな外力が必要である。

　金属やセラミックスのように，それを構成する原子が金属結合やイオン結合で結ばれている場合も，外力に対する変形を受けにくいので，大きな弾性率を有している。

　高分子物質の場合には，高分子間を化学結合で結ぶ場合を除いて，高分子の分子鎖間に働く分子間力は，図7-15に示したような，ファンデルワールス力，双極子－双極子相互作用，水素結合である。その大きさは共有結合やイオン結合に比べるとはるかに弱い。そのため，高分子には金属やセラミックスにはない特性がある。

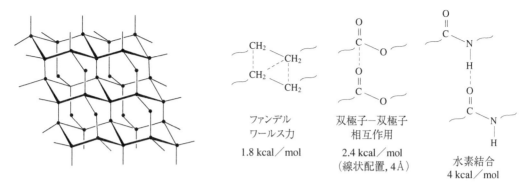

図7-14 ダイヤモンド　　　　　　　　図7-15 分子間に働く力

　高分子は分子量が大きく長いヒモのようなものであるから，分子間力の一つひとつは弱い力でもまとまると分子間には大きな力が働き，いろいろな材料に活用されている。高分子物質は一般に，高分子鎖が配列した結晶領域と，分子鎖の相対配置がばらばらになっている非晶領域からなる。結晶領域では分子鎖が接近し分子鎖間に大きな力が生じるから，結晶領域を含む結晶性高分子物質は，非晶性高分子物質よりも密度が高く，はるかに高い弾性率を有している。したがって同じ化学構造からなる場合でも，その割合を調節することによって，力学物性は大きく異なる。ポリエチレンを例に取り，物性の違いを感じ取ってもらうことにしよう。ポリエチレンは合成の仕方により，長い枝分れの側鎖をもつもの(**図7-16(a)**)から，枝がほとんどなく，分子量が数百万に達するものまで，さまざまな品種が合成されている(**図7-16(b)**)。枝が多いポリエチレンは，分子鎖が配列しにくいので，非晶領域が多く，密度も低い。したがって，**低密度ポリエチレン**といわれ，透明でしなやかであるから，ポリ袋や農業用のフィルムに用いられている。一方，枝の少ないポリエチレンは分子鎖が配列しや

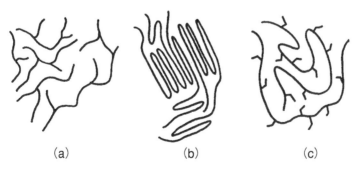

図7-16　ポリエチレンの分岐状態と非分岐状態を説明する模式図
(a)側鎖が存在する低密度ポリエチレン(LDPE)
(b)分岐のない高密度ポリエチレン(HDPE)
(c)1-ブテンを共重合体とする線状低密度ポリエチレン(LLDPE)

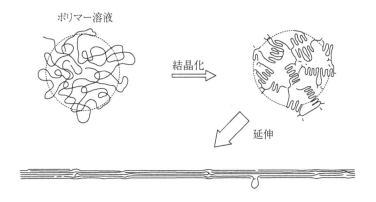

図7-17　繊維の配向

図7-18　自動車を持ち上げたポリエチレン繊維

すく，結晶領域が多くなるので，**高密度ポリエチレン**と呼ばれ，不透明で硬い。したがって，ポリバケツや，パイプなどに用いられている。とくに，分子量が100万を越す，分岐のないポリエチレンを**図7-17**のように配向させた結晶性高分子は，高い弾性率（200 GPa）を有するようになる。これは高弾性率繊維として利用されている。この糸を束ねたたかだか直径2mmのロープで，自動車を吊り上げることも可能である（**図7-18**）。

　その他に，エチレンと1-ブテンのようなモノマーを共重合させた場合，**図7-16**(c)のように短い分岐をもつ線状低密度ポリエチレンも合成されている。長い分枝をもつポリエチレンよりは結晶しやすいので，密度は低密度ポリエチレンよりも大きく（0.918〜0.940 g/cm^3），強度や熱変形の面で優れており，高密度ポリエチレンと低密度ポリエチレンの中間的性質をもつポリエチレンとして，新たな用途が開かれている。

表7-2 側鎖の導入による硬さ(弾性率)の変化

プラスチック名	側鎖	側鎖の大きさ(側鎖の質量比)	硬さ(弾性率E/MPa)
ポリエチレン	—	1	200〜1000
ポリプロピレン	メチル基	15	1600
ポリ塩化ビニル	塩素	35.5	2700
ポリスチレン	ベンゼン	77	3400

(比較)ナイロン6

　ポリエチレンの場合は分子間に働く力はファンデルワールス力だけである。だが，ポリ塩化ビニルやポリメタクリル酸メチルのように極性基をもつ高分子では，双極子—双極子相互作用が加わって，分子間に働く力は増大する。またポリプロピレンやポリスチレンのように，ポリエチレンの側鎖に置換基を導入すると，その嵩高さのために高分子鎖の自由な動きが抑えられる。そのため外力を加えても曲がりにくく，硬い高分子になる。その例として，側鎖の導入による弾性率の変化を表7-2に示す。その他，アミド結合を有するナイロンの場合では，酸素原子が突き出ているものの特に側鎖に相当するものはない上に，分子間にさらに水素結合が加わるので分子間の相互作用が増大し，結晶領域をつくりやすくなる。したがってT_gだけみると50℃であるが，結晶領域の融点が200℃を越えるので，分子量がポリエチレンのように大きくなくても繊維として利用されている。またポリエチレンテレフタラートも側鎖に相当するものはないが，主鎖に芳香環が導入されることによって，硬さを示す弾性率は著しく向上することが明らかである。

5 高強度・高弾性率高分子

　高分子合成法の進歩によって，100万の分子量をもつポリエチレンや主鎖に芳香環を有するうえ，双極子—双極子相互作用や水素結合が生じるような合成高分子が開発され，天然繊維や木材を凌駕する性能をもつ，高弾性率の繊維やプラスチックが製造されている。

5.1 繊維
　綿，絹，羊毛は天然の3大繊維といわれている。繊維の形成には強い引っ張り強度が要求されるから，高分子間の分子間力が大きく，結晶性高分子であることが不可欠である。その要求を充たす合成高分子が1930年代から登場し，ナイロン，ポリエチレンテレフタラートおよびポリアクリロニトリルは3大合成繊維として広く利用されている。
　ポリ袋や食品用シールに用いられているしなやかなポリエチレンも，分子量を大きくし，

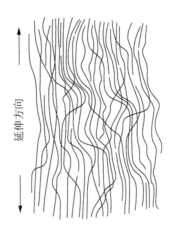

図7-19　延伸したポリエチレン

　完全に伸び切った状態にすると，高張力鋼をしのぐ引っ張り強度や引っ張り弾性率を有する繊維が得られることを，前節で述べた。分子レベルで考えると，分子鎖が炭素－炭素結合からなるポリエチレンは，炭素－炭素結合のエネルギーの大きさを考慮すると，理論的には弾性率が235 GPa，強度が数十 GPaという硬さの高分子になることが可能である。例えば200 GPaを有する高張力鋼を凌駕する高強度繊維が期待できる。ただ実際には図7-19に示すように，高分子鎖には末端があり，不連続であるうえ，折りたたみ構造も含まれているので，通常の処理ではその強度は期待されるように強くはない。しかし，分子量を大きくし，完全に伸び切った状態にすると，高張力鋼をしのぐ引っ張り強度や引っ張り弾性率を有する繊維が得られるようになる。この繊維は軽量で，ロープやケーブルの他，防弾チョッキ，ヘルメットなどに利用されている。欠点としては，ポリエチレンは融点が低いので，高温での使用は困難である。

　そこで高分子鎖を剛直な結合にし，分子の動きを困難にさせて耐熱性を上げた高分子が合成された。ポリパラフェニレンテレフタル酸アミド（商品名：ケブラー）に代表されるように，ベンゼン環をアミド基で結合した芳香族ポリアミド（アラミドといわれる）である。これは剛直な骨格を有する半屈曲性高分子である。この種の高分子は折りたたみにくいうえに，分子間に働く水素結合のため，配向方向に強い引っ張り強度をもつ。それは明石海峡大橋の建設（10頁参照）に大きな貢献をしたことで知られている。

　主鎖をポリイミドにしたものは，さらに剛直になる。その中でもポリベンゾオキサゾールは，最高の弾性率を有する高分子であり，今後の展開が期待されている（図7-20）。

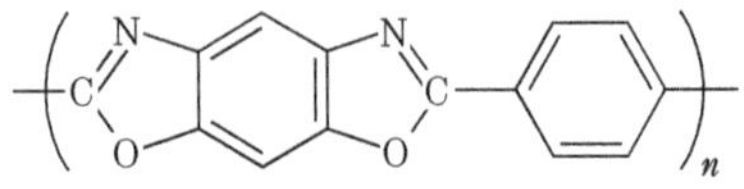

図7-20　ポリベンゾオキサゾール

グラファイトのように炭素原子の結合が広がった高分子から繊維が得られれば,大きな引っ張り強度をもつ繊維になるはずである。ポリアクリロニトリル繊維を炭化するか,またはピッチを紡糸して焼成すると,グラファイトが繊維状になった高強度炭素繊維が精製されることが見いだされた。亀裂やひび割れを除くと,引っ張り強度7.0 GPa, 引っ張り弾性率390 GPaに達している。

　一例として,ポリアクリロニトリル繊維からの炭素繊維の生成過程を図7-21に示す。まず,ポリアクリロニトリルの側鎖を環化させる。得られたものを空気中,200～300℃で酸化架橋反応を行い,次いで,不活性ガスの雰囲気下で1,000～2,000℃で焼成すると,グラファイト構造の炭素繊維が得られる。

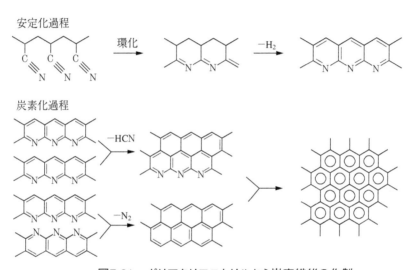

図7-21　ポリアクリロニトリルから炭素繊維の作製

5.2　プラスチック

　ポリスチレン,ポリ塩化ビニル,ポリプロピレン,ポリエチレンは汎用プラスチックと呼ばれており,身近な製品に使われている。これらの高分子物質は鉄鋼に比べると軽量で加工しやすい反面,耐熱性が低く,強度の面でも劣ると考えられていた。しかし,高分子合成化学の発展によって,使用温度が100℃以上でも,高強度,高弾性率の力学特性を有するような高分子ができるようになった。その結果,摩擦・磨耗特性などをもつ工業用途に向いた,金属材料に代わる材料として利用されている。このような高分子物質は使用できる温度によって,**エンジニアリングプラスチック（略称エンプラ）**と**スーパーエンジニアリングプラスチック（略称スーパーエンプラ）**に分けられている。

　エンプラは熱変形温度が100℃以上,引っ張り強度60 MPa以上,弾性率2 GPa以上の性能を有する高分子物質である。ナイロン6やナイロン6,6のようなポリアミド,ポリアセタール,ポリエチレンテレフタラートなどのポリエステル,ポリカーボネート,ポリフェニレ

ンオキシドなどがある。熱変形温度が150℃以上のものはスーパーエンプラといわれ，エンプラと区別されている。ポリフェニレンスルフィド，ポリアミドイミド，ポリエステルポリイミドなどがその例である。炎に曝したり，ドライアイスで冷やしても性質に大きな変化がない。この高温でも安定した寸法精度と機械的特性をもつスーパーエンプラは，航空機や宇宙開発などの他，今後いっそうの精度が要求されるハイテク時代の重要な材料である。

またこの一群には溶融させても分子間力が保持される液晶高分子物質が含まれる。

6　液晶性高分子

低分子化合物の結晶を加熱すると，透明な液体になるが，図7-22のような棒状分子は，加熱すると融点に達する前に濁った液体となり，融点になると透明な液体になる。

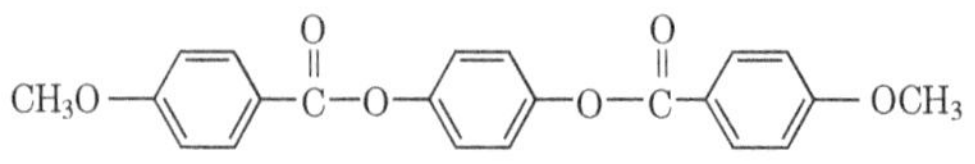

図7-22　*p*-フェニレンビス（4-メトキシベンゾエート）

この濁った流動性のある状態は，外見は流動性があるが，整然と分子配列した部分が存在しており，液体と結晶（固体）の中間的状態であるので**液晶**という。

分子の配列に注目すると，液晶は，①**ネマチック**，②**スメクチック**，③**コレステリック**，④**ディスコチック**に分類される（**図7-23**）。

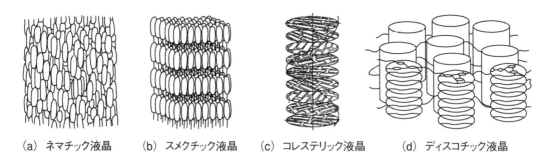

（a）ネマチック液晶　　（b）スメクチック液晶　　（c）コレステリック液晶　　（d）ディスコチック液晶

図7-23　液晶の種類

ネマチック液晶は，分子が一次方向（図では上下）にも並んでおり，横には規則性がないが，スメクチック液晶は一次方向のみならず層状にも並んだ液晶である。スメクチック液晶の層

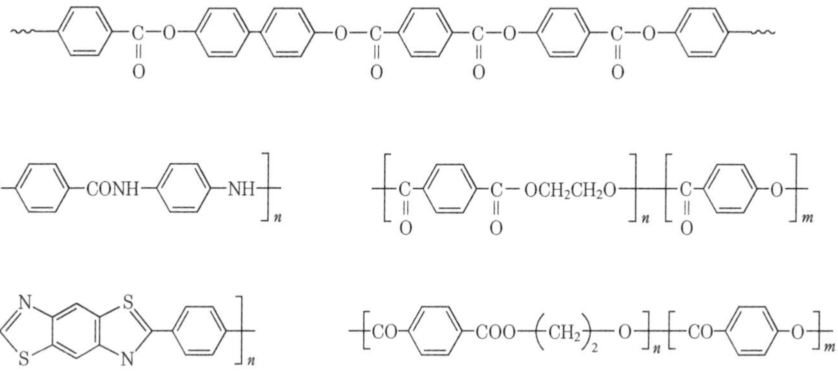

図7-24 典型的な主鎖型液晶高分子の例

　状部分が少しずつ向きをかえて，らせん状に積み重なった液晶も知られている。そのような液晶はコレステリック液晶という。このほかに，円板状の分子が図7-23 (d) のように重なって生じた液晶はディスコチック液晶と呼ばれている。
　高分子は，通常，結晶領域と非晶領域からなるが，高分子によっては，ガラス転移点以上になって分子鎖が動きだすと液晶を形成する高分子が存在する。そのような高分子は**液晶高分子**といい，高弾性率・高融点という特性を有している。そのような挙動をする代表的な高分子の例を**図7-24**に示す。その分子構造は，図7-22と同様に芳香環を有するモノマーをエステル結合やアミド結合でつないだもので，半屈曲性高分子である。
　液晶高分子として広く利用されているのはエステル結合のみからなる芳香族ポリエステルでポリアリラートといわれている。これらの液晶ポリアリラートがポリエチレンテレフタラートやポリブチレンテレフタラートと異なる点は，エチレングリコールをブチレングリコールがヒドロキノンやヒドロキシ安息香酸によって置き換わっている点である。それらの高分子の主鎖すなわち高分子骨格をつくっている結合に $-(CH_2)-$ 連鎖がまったくないか，少ないので著しく剛直になっている。これらの高分子が液晶性を形成するのは**図7-25**に示したような低分子液晶となる化学構造の存在によるもので，メソゲン基と呼ばれている。

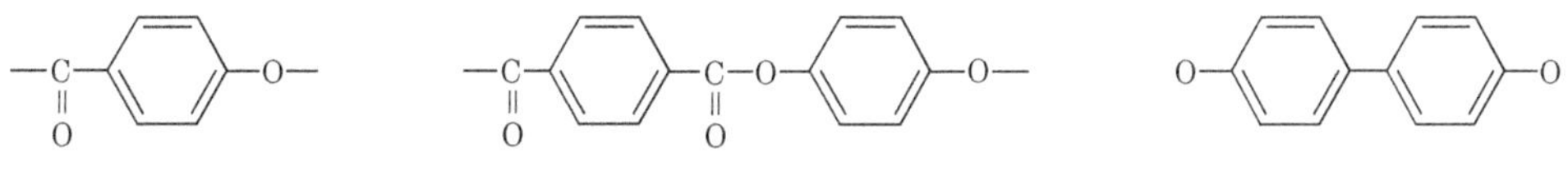

図7-25 メソゲンの構造

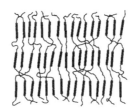

図7-26 主鎖型液晶高分子のつくった液晶の模式図
━はメソゲン基

(a)　　　　　　　　　(b)

図7-27 側鎖型液晶高分子(a)とそれがつくった液晶構造(b)の模式図

表7-3 側鎖型液晶高分子の化学構造とネマチック状態(n)を示す温度領域

化学構造	温度領域
$-[CH_2-CH_2]_n-$ ｜ $COO(CH_2)_2R$	g ←— n —— m　47℃　　70℃
$-[CH_2-C(CH_3)]_n-$ ｜ $COO(CH_2)_2R$	g ←— n —— m　96℃　　121℃
$-[Si(CH_3)-C]_n-$ ｜ $(CH_2)_3R$	g ←— n —— m　15℃　　61℃
$-[Si(CH_3)_2-O-Si(CH_3)((CH_2)_3R)-O]_n-$	g ←— n —— m　3℃　　21℃

R = $-O-\!\!\!\bigcirc\!\!\!-COO-\!\!\!\bigcirc\!\!\!-OCH_3$

g：ガラス状態
m：溶融状態

　液晶高分子は複数の芳香環からなるメソゲン基の配列にともない主鎖が図7-26のように配列する。高分子のつくる液晶の多くは1方向の配向性をもつネマチック液晶で、高強度・高弾性率で、膨張係数の小さい、優れた寸法安定性を有する。

その他，側鎖にメソゲン基を有する液晶高分子が合成されている。そのような高分子のつくる液晶の模式図を図7-27に示す。また側鎖にメソゲンを持つ高分子の例を表7-3に示す。

液晶高分子は加熱溶融状態にするだけで液晶となる**サーモトロピック液晶**と，適当な溶媒中で生じる**リオトロピック液晶**が存在する。上記に示したポリアリラートは典型的なサーモトロピック液晶で，射出成形によって高分子鎖は配向する。そのようにして得られる製品は高強度・高弾性率であるので，最近さまざまな液晶高分子を利用した製品が市販されている。

棒状高分子の中には適当な溶媒中で，ある濃度以上になると液晶を生じるものがある。それがリオトロピック高分子液晶である。DNAやポリペプチドなどの生体剛直高分子で見出されていたが，合成高分子の芳香族ポリアミドも硫酸など特殊な溶媒では，高分子液晶を作ることが見出された。その性質を利用し，成形時に高分子鎖を繊維軸方向に配向させて紡糸する液晶紡糸法が開発された。超高強度を示す芳香族アミド繊維ケブラーはこの方法でつくられた繊維である。

サーモトロピック液晶を形成する高分子にも液晶紡糸法が用いられ，全芳香族ポリエステルや超高分子量ポリエチレン繊維が製造されている。

7 高分子鎖のからみあい

高分子は長いヒモのようなものである。したがって溶融した状態では，高分子鎖が互いにからみあい，そのからみあいが特有な固体物性として現れる。砂糖のように低分子からなる固体の場合には，温度が上がって分子の運動，すなわちブラウン運動が活発になれば分子が自由に動きだすので，粘稠な液体になる。高分子の場合には，高分子の種類によってその分子量は4000～35000と異なるが，その分子量を越えた高分子では，分子運動に及ぼす隣接分子の影響が，もはや局所的な摩擦力だけでは説明できなくなる。例えばブラウン運動が起こりはじめるガラス転移点を越えても，すぐに形態を変えることはない。これは高分子鎖に沿っていくつかの場所で，隣接分子同士が強く結合しているとしか考えられない挙動である。この原因は高分子鎖がからみあっているために見られる現象であり，からみあいが現れる分子量は臨界分子量と呼ばれている。

高分子鎖のからみあいを顕著に示す例は高分子溶融物である。高分子物質のガラス転移点よりも高温に加熱して生じた高分子溶融物（高分子融体）は，高粘度の粘弾性液体である。その中に棒を立てて回転させると，図7-28(b)に示すように，液体は棒に這い上がってくる。通常の粘性液体では回転棒の回りの液面は下がるから（図7-28(a)），この

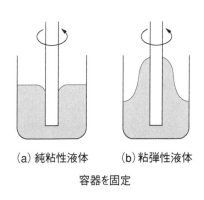

(a) 純粘性液体　(b) 粘弾性液体
容器を固定

図7-28　粘弾性液体のワイセンベルグ効果

現象は高分子溶融物に見られる異常な現象である。これは高分子鎖間のからみあいによって起こる強い粘弾性が原因であり，**ワイセンベルグ効果**と呼ばれている。

　高分子鎖のからみあいによる特異な粘弾性挙動は，高分子の濃厚溶液でも観測される。高分子を良溶媒に溶解すると，通常，濃度が10％を越えるあたりから，高分子溶液全体がからみあった高分子で埋め尽くされてしまうようになる。溶液の中での高分子鎖からみあいの存在は次のような実験で明らかである。図7-29に示すような上下二つの位置にビーカーを用意し，まずある濃度を越えたポリエチレンオキシド水溶液を上のビーカーに入れる。そのビーカーを傾けて，その水溶液を下のビーカーに少量流しはじめた後，その途中で溶液の入ったビーカーの位置を元に戻してみる。ところが驚いたことに，溶液は途切れることなく，ビーカーが空になるまで速い速度で流れつづける。この奇妙な現象は通常の液体では見いだせない現象である。これは高分子鎖がある濃度以上では互いにからみあい，溶液が粘弾性特性を有していることを示している。

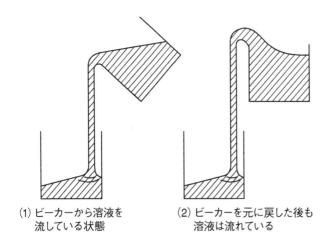

(1) ビーカーから溶液を流している状態
(2) ビーカーを元に戻した後も溶液は流れている

図7-29　ポリエチレンオキシド水溶液の管なしサイフォン現象

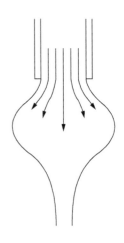

図7-30　高分子融体のバラス現象

　もう一つの例を示しておく。蛇口から流れでる水に注目すると，水流の太さは下に下がるほど細くなる。これは重力の影響で，下に行くほど水の流れ落ちる速度が速くなるからである。ところが高分子の濃厚溶液を細管から押し出すと，図7-30に示すように，管の出口のところで細くならず，まず膨らんでから通常の状態となる。この現象は細いノズルを通る時にはからみあった高分子鎖は圧縮されるので，それぞれ無理な分子形態で，熱力学的に不安定な状態になっているが，ノズルから押し出されると，圧縮から開放され，より安定な状態にもどる力が働くためである。これは高分子融体特有の現象で，**バラス効果**といわれている。

第 **8** 章

ゴム弾性

1 はじめに

ゴムといえば輪ゴムやゴムマリを連想し，通常輪ゴムが伸びたり縮んだりする状態やゴムマリが弾む光景が頭に浮かぶ（図8-1）。

ゴムは小さな外力で大きく変形し，外力を除くとただちに元の状態に戻るから，**ヤング率**すなわち**弾性率**の低い柔らかい物質である（表7-1参照）。つまりかたくて高い弾性率のセラミックスや金属のもつ弾性とは，弾性の発現機構が異なる。ゴムは弾性率が低く**弾性変形**が異常に大きい物質であるから，**高弾性体**といわれている。

図8-1　輪ゴムを伸ばした光景とゴムマリの弾む光景

2 ゴムの特性

ゴムは木材と同じ固体であるが，小さい力で大きく変形する物質である。一定の割合の伸びを与えるために単位断面積に加えられる力，すなわち弾性率は木材の千分の1，鉄の百万分の1程度の柔らかい物質である。図8-2に示すように，破断に達するまでに5～10倍に伸ばすことのできる物質であり，大きな変形が可逆的に行われるところにその特性がある。外力を除くと，元の長さに戻ることのできる最大の変形を**弾性限界**と呼ぶが，ゴムの弾性限界は600％を越す。それに比べて金属やセラミックスの弾性限界は1％よりもはるかに低い。

天然のゴムに目を向けると，その構造はイソプレンが構成単位となり，図8-3のように，1,4-シスで結合した高分子である。ポリエチレンやポリプロピレンと同様に炭素と水素からなる。ナイロンのように双極子－双極子相互作用や水素結合をするような官能基がないので，

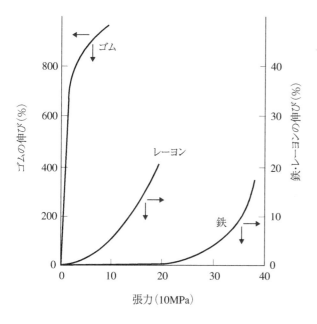

張力は実際の断面積に対するもの。縦軸の目盛りはゴムと鉄やレーヨンの場合で異なることに注意せよ。

図8-2　鉄，レーヨン，ゴムの伸びと張力

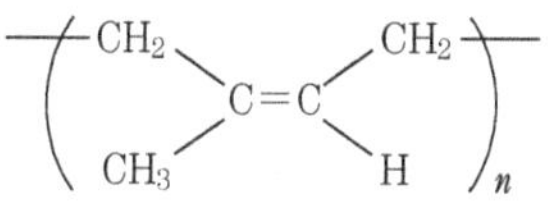

図8-3　ゴムの化学構造

ゴムを構成するポリイソプレン間の引力はファンデルワールス力であり，T_gは−73℃である。したがってT_gよりも約100℃も高い室温では，かなり激しくミクロブラウン運動が起こっている状態である。このような状態では，高分子鎖が部分的にはいろいろなコンフォメーションをとることが可能になり，外力により容易に変形し，元の長さの5〜6倍に伸ばすことができる。引き伸ばすと，**図8-4**に示すように，引き伸ばされた状態になり，外力を除くとはじめの安定な状態に復元しようとする力が働く。これが**ゴム弾性**をもたらす基本的な性質で，高分子に特有の性質である。

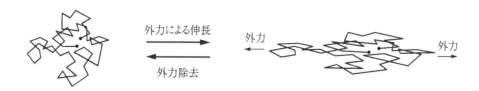

図8-4　ゴムの変形

しかし，外力が大きすぎたり，長い間外力をかけていると，高分子鎖が互いに滑るために，外力を除いても元の形に戻らなくなる。実際に使用する場合には，化学的手法で高分子鎖間にところどころに化学結合をつくっておく。すると大きな外力がかかっても，分子鎖が互いに滑ることがなくなるので，外力を除くと元の長さに戻るゴム特有の復元力があらわれ，寸法安定性の高いゴム製品となる。例えば天然ゴムの場合は**加硫**という加工がなされる。150℃に加熱して流動性にしたポリイソプレンに，少量の硫黄を加えると，イソプレン単位のC＝CのとなりのCH$_2$と硫黄とが反応して，ポリイソプレン間をところどころ硫黄で結んだ架橋高分子となる（図8-5）。このような高分子に外力をかけると，高分子鎖は外力の方向に伸ばされ，自由度が減少するので，外力が加わった状態は高分子のもつエントロピーが減少している状態となっている。エントロピーの減少した状態は不安定であるから，外力がなくなると，より安定な状態へ戻ろうとする力が大きな復元力となって現れる。この解釈を支持する現象が，おもりをぶら下げたゴムヒモの温度効果で観察される。

　図8-6に示すように，おもりをつるし，伸びた状態にあるゴムの温度を上げると，おもりは持ち上がるという奇妙な現象に直面する。同じことをスチール線で行うと，スチール線の熱膨張のためおもりは下がる。本来，物質は熱により膨張するのが一般的な傾向であるから，スチール線の熱的挙動は一般に見られる現象である。ゴムの場合はまったく逆である。おもりによって自由度が減少した高分子鎖は，温度が高くなると，それを構成している高分子の分子運動が激しくなるから配列が乱れ，より自然な分子鎖の形に近づこうとして，伸ばされた高分子は収縮するのである（図8-4参照）。

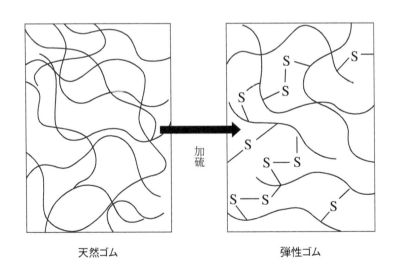

図8-5　ゴムの加硫による架橋

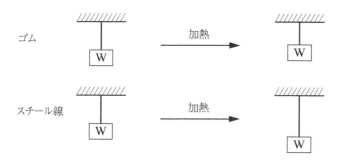

図8-6 ゴムヒモとスチール線の温度効果

3 結晶弾性とゴム弾性

　前節で示したように，金属やセラミックスの外力による変形とゴムの変形はまったく違う機構によっている。金属やセラミックスの外力による変形は，それを構成している原子の原子間距離や分子の結合角，結合距離の変形に起因する。だから僅かな変形に対し強く抵抗し，安定な結合角や結合距離に戻ろうとする復元力が働く。したがってその変形は小さく，弾性限界は1％よりはるかに小さい。これは結合エネルギーや結合角など，原子，分子のもつエネルギーが関与する弾性で内部エネルギー（定圧ではエンタルピー）の変化によって生じることから，その意味を含めて，**エンタルピー弾性**と呼ばれている。

　ゴムに注目すると，低温でガラス状態の時には分子の運動が凍結し，活発に動けるような状態ではない。つまりガラス転移点以下での弾性は，金属やセラミックスと同様に，分子の結合距離や結合角の変化に起因する。したがってガラス状態のゴムは弾性率の大きな硬い固体である。ゴムを液体窒素につけた状態がその例で，この温度ではゴムの柔らかさは消失し，床に落とすとガラスのように割れる。この段階では金属や木材と同様に，その弾性はエンタルピー弾性である。しかし，T_gを越えると高分子鎖のミクロブラウン運動が始まるので，外力による変形は高分子鎖のコンフォメーションの変化に由来したものになる。すなわちミクロブラウン運動をしている高分子鎖に外力が加わると，高分子の鎖は伸ばされ，とりうるコンフォメーションは限定される。そうなると，高分子鎖の自由度が制限されるので，エントロピーは減少する。外力を除くと再びいろいろなコンフォメーションが可能となり，エントロピーは増大する。これが復元力の源となるので，ゴム弾性は**エントロピー弾性**と呼ばれている。その熱力学的背景は5節に示す。

4 ゴムの種類と化学構造

　エントロピー弾性（ゴム弾性）は天然ゴムに特有な性質ではなく，非晶性高分子であればどんな高分子も有する性質である。それは高分子物質のある状態に表れる。この状態では，高分子鎖がミクロブラウン運動を起こしており，ゴム状態といわれている。室温でゴム状になるかどうかは，T_gの大きさによって決まり，現在，化学構造の異なるさまざまなゴムがつくられている。その代表的な例を**表8-1**に示す。

表8-1　各種ゴムのガラス転移温度 T_g(℃)

	ゴム名	略号	化学構造例	T_g(℃)
汎用ゴム	天然ゴム イソプレンゴム	NR IR	$-(CH_2-C(CH_3)=CH-CH_2)-$	$-79 \sim -69$
	スチレンブタジエンゴム （スチレン量23.5wt%品）	SBR	$-(CH_2-CH=CH-CH_2)-(CH_2-CH(C_6H_5))-$	-55
	ブタジエンゴム（高シス品）	BR	$-(CH_2-CH=CH-CH_2)-$	$-110 \sim -95$
	ブチルゴム	IIR	$-(CH_2-C(CH_3)_2)-(CH_2-C(CH_3)=CH-CH_2)-$	$-75 \sim -67$
	エチレンプロピレンゴム	EPDM	$-(CH_2-CH_2)-(CH_2-CH(CH_3))-\cdots$	$-58 \sim -50$
特殊ゴム	ニトリルゴム （ニトリル量25wt%品）	NBR	$-(CH_2-CH=CH-CH_2)-(CH_2-CH(CN))-$	-50
	クロロプレンゴム	CR	$-(CH_2-C(Cl)=CH-CH_2)-$	$-45 \sim -43$
	フッ素ゴム	FKM	$-(CF_2-CH_2)-(CF(CF_3)-CF_2)-$	$-20 \sim -10$
	シリコーンゴム	Q	$-(Si(CH_3)_2-O)-(Si(CH=CH_2)(CH_3)-O)-$	$-132 \sim -118$

（日本ゴム協会編：ゴム技術入門より（丸善）(2004)）

　これらの各種ゴムはそれを構成する高分子の化学構造によって，その性質は大きく変化する。一例を示しておく。ゴムといえば大きく弾むボールを想像しがちであるが，その化学構造や高分子間を結ぶ架橋の量（架橋密度）をかえることにより，さまざまなゴムがつくられ

ている。図8-7に示すように，クロロプレンやポリイソプレンなどのボールは大きく弾むが，ポリノルボルネンでつくったボールは弾まない。見た目も手触りもよく似た物質であるが，両者の力学的性質はまったく異なる。これは化学構造が大きく関与している。ポリクロロプレンやポリイソプレンは直線的な鎖状の高分子であり，鎖間の架橋があっても外力に対し大きく変形するので復元力が大きい。しかし，ポリノルボルネンは主鎖に五員環があるので，変形の少ないことが明らかにされている（図8-8）。

グッタパーチャ（トランス-1,4-ポリイソプレン）と天然ゴムは同じイソプレンからなるが，その性質は著しく異なる。この差異は単に二重結合の立体配置だけである。だが，前者はゴムよりもプラスチックスの外見をしており，ゴム弾性を有するように見えない。これはグッタパーチャはトランス-1,4-構造で，シス-1,4-構造のゴムより対称性がよいので，分子鎖がより接近できる。このため高分子鎖の自由度が制限され，表8-2に示すように，グッタパーチャのT_gやT_mがシス-1,4-ポリイソプレンよりも高くなる。その証拠にダッタパーチャも90℃の温水につけると，分子鎖の動きが活発になるのでゴム弾性を示すようになる。

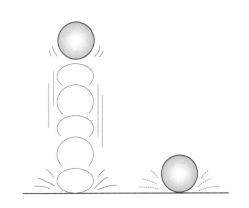

図8-7 両方のボールは見たところよく似ている。しかし，ポリクロロプレン製のボール（左）はよく弾むが，ポリノルボルネン製のボール（右）は弾まない。

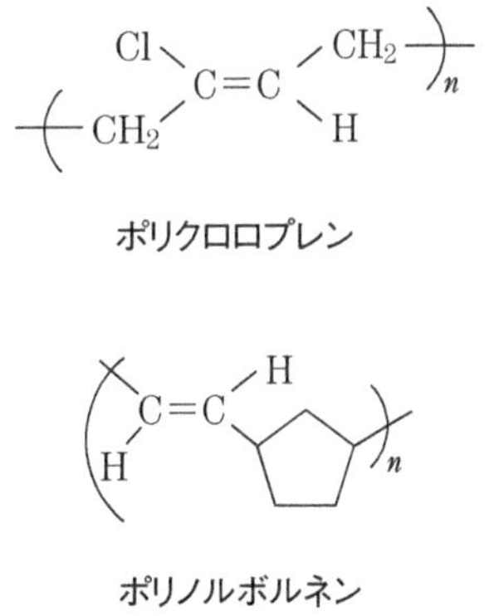

図8-8 ポリクロロプレンとポリノルボルネンの分子構造。繰り返し単位で示してある。

表8-2 立体配置の異なる高分子の融点とガラス転移点

高分子	異性体	T_g (℃)	T_m (℃)
1,4-ポリブタジエン	シス	−95	6
	トランス	−83	145
1,4-ポリイソプレン	シス	−73	28
	トランス	−58	74

ここまでは，炭素－炭素結合を主鎖にもつ高分子であったが，それ以外にも，ポリジメチルシロキサンやポリフルオロホスファゼン類が薬品に安定なゴムとして利用されている。とくに，ポリイソプレンよりもT_gの低いポリジメチルシロキサンは耐寒，耐熱性のあるゴムである。

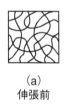

ポリジメチルシロキサン　　ポリ(ビス(ジトリフルオロエトキシ)ホスファゼン)

5　熱力学的背景

　一定の圧力P，一定の温度Tのもとで，一端を固定した長さLのゴムを，細片の他端を外力fの力で引っ張った時（図8-9），δLだけ伸びた場合，ゴムの内部にはそれに応じた力，すなわち応力が発生する（図8-10）。応力が発生するとゴムのもっている内部エネルギーは変化する。その際の変化をδEとすると，熱力学第一法則にしたがって，

$$\delta E = \delta Q + f \delta L \tag{1}$$

と表される。ここで，δQはゴムを引き伸ばした際に発生した熱量である。熱力学の定義よ

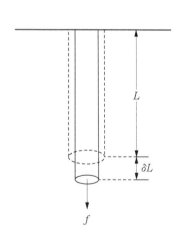

図8-9　ゴムの伸張

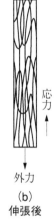

図8-10　ゴムの伸張前後の高分子鎖の状態

り δQ はその際のエントロピー変化 δS と T の積で表されるから，式 (1) は次のようになる。

$$\delta E = T\delta S + f\delta L \tag{2}$$

ここで，伸長による体積変化が無視できる場合，物質の安定性の尺度となるヘルムホルツエネルギー F と応力の関係について考えることにする。熱力学によると，

$$F = E - TS \tag{3}$$

したがって，温度一定の場合には，その変化 δF は下式のようになる。

$$\delta F = \delta E - T\delta S \tag{4}$$

式 (4) に式 (2) を代入すると，自由エネルギーと応力との関係が得られる。

$$\delta F = f\delta L \tag{5}$$

となる。したがって，$f = (\delta F/\delta L)_T$ と書きかえられるから，$\delta F = \delta E - T\delta S$（式 (4)）を用いると次式（式 (6)）が得られる。

$$f = (\delta E/\delta L)_T - T(\delta S/\delta L)_T \tag{6}$$

この式で f の中味を考えてみよう。$(\delta E/\delta L)_T$ は内部エネルギーから発生した応力，$T(\delta S/\delta L)_T$ はエントロピーからの応力である。両者は算出できるので，それから得られた結果を**図 8-11** に示す。伸びが 300％以下では，内部エネルギー変化はほとんどなく，第 1 項 $(\delta E/\delta L)_T$ は無視でき，第 2 項目 $(\delta S/\delta L)_T$ のエントロピー項が支配的となる。これよりゴム弾性はエントロピーからの応力によって生じたことが明らかである。図 8-4 に示したように，張力により高分子鎖は伸長し，伸張された高分子鎖のエントロピー減少が張力を生むもとになっていることが熱力学的考察から明白になった。このような弾性を**エントロピー弾性**という。$-(\delta S/\delta L)_T$ はプラスであるから，式 (6) の張力 f は温度が高くなるほど大きくなり，ゴムの特性を見ることができる（図 8-6）。

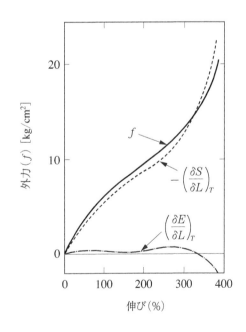

図 8-11　外力と伸びの関係（定温、定積）
　　　　（エントロピー項とエネルギー項の変化）

コラム COLUMN

ゴムのおもしろい性質

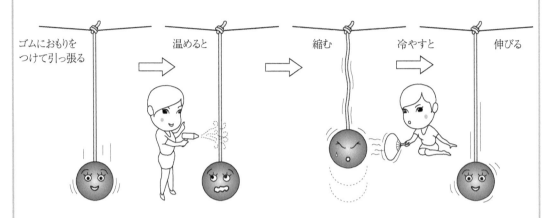

地震に安全なビル

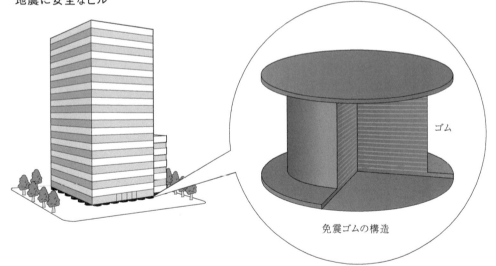

ゴムと鉄板を積層した免震ゴムを建物と地盤の間に敷くと，地震で横揺れがあっても，ゴムが変形して揺れを吸収する。

直径は40 cm～1 m，高さは40 cm。一つで50～600 tくらいの荷重に耐えられるという。高層ビルの下に免震ゴムをいくつか置くことで地震の被害を防ぐ。

第 9 章

高分子物質の結晶と非晶

1 はじめに

　高分子物質は衣食住はもとより先端技術にも広く利用され、生活面での豊かさの原動力になっている。現代は未曾有の豊かな物質社会となっているが、その要因は高分子の固体としての性質を巧みに利用したことに帰せられる。高分子物質は固体状態における高分子鎖の秩序性に基づき大きく二つに分類できる。市販のポリスチレンやポリメタクリル酸メチルなどに見られるように、高分子が無秩序な状態でまったく非晶質からなるものと、ポリエチレンやポリエチレンテレフタラートに見られるように、部分的に分子が規則的に並んでいる結晶領域が存在するものである。結晶領域では高分子鎖が平行に並び、高分子鎖間の分子間相互作用も大きくなる。これは高分子材料の力学強度を支配する重要な要素である。例えば羊毛や絹のような繊維状の天然高分子は結晶領域の割合が高く、衣服の製造に用いられている。一方、非晶領域は、柔軟性、耐衝撃性、染色性などに寄与している。高分子材料設計においてはポリマー全体における結晶領域の割合、すなわち結晶化度はその分子量とともに物性の制御にきわめて重要な因子である。本章では高分子の結晶について解説する。

2 固体と結晶

　物質には3態がある。一般に物質は温度を下げていくと、分子間に働く凝集エネルギーが分子のもつ運動エネルギー（熱エネルギー）よりも大きくなっていくために、分子が集合して固体となる。固体状態で存在する場合、分子がばらばらにくっついているのではなく、通常、自由エネルギーがもっとも低くなるように分子が配列した組織体、すなわち結晶を形成する（図9-1）。
　結晶には、化学結合により構成要素が強く結びついたものとして次の三つがある。①食塩のように、陽イオンと陰イオンが交互に並び、静電力を及ぼし合って形成される**イオン結晶**、②金やマグネシウムのように、その構成原子がパチンコ玉を箱につめたように並び、金属結合を形成している**金属結晶**、③ダイヤモンドのように、構成する原子が三次元的に共有結合でつながって

図9-1　結晶性高分子からなる固体

生じた**共有結合結晶**，これらはいずれも原子間に働く化学結合が駆動力となって生じた結晶であり，一つの単結晶は巨大分子といえる結晶である。

物質は，上記のように化学結合のような強い結合でなくても，水素結合，双極子—双極子相互作用，ファンデルワールス力などの分子間力によっても集合し分子結晶を形成する。氷やベンゼンなどの有機化合物はその例である。氷は，水分子が互いに水素結合してダイヤモンドと類似した三次元網目構造を形成している分子結晶で，このように水素結合が結晶化を誘発している結晶は**水素結合結晶**ともいわれる。

一方，ベンゼンやナフタレン（図9-2(a)）のような有機化合物は，上記の例のように，原子やイオンが化学的な結合をして生じた結晶ではない。だが，分子がファンデルワールス力によって集合して分子結晶をつくる。炭化水素としてはもっとも簡単な化学構造のメタンは－184℃以下になってようやく分子が配列した結晶状態となる。

グラファイトは図9-2(b)に示すように，sp^2混成軌道の炭素原子が結合して平板上に広がり，その平板がファンデルワールス力によって重なりあった結晶構造を有している。

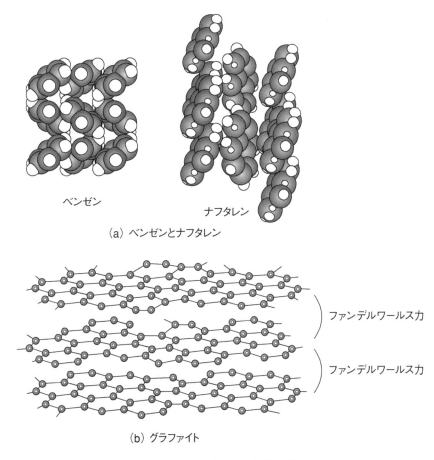

(a) ベンゼンとナフタレン

(b) グラファイト

図9-2 ナフタレンやグラファイトの集合による分子結晶

このように化学結合やファンデルワールス力のような分子間力を通しても結晶が生じる。

一般に双極子モーメントを有するエステル基やカルボニル基のような極性基を有する場合は、双極子－双極子相互作用が作用し、さらに結晶化しやすくなる。

高分子が結晶化する場合に注目しよう。高分子から得られる結晶は、長い鎖を有する化合物のつくる分子結晶である。長い分子がきちっと並んだ結晶をつくるのは、低分子に比べて困難である。一部の天然高分子を除くと、高分子には分子量に分布がある。したがって完全に結晶だけからなる高分子固体はきわめて少なく、図9-1に示したように、高分子鎖が部分的に配列して生じる結晶領域と凝集状態の乱れた非晶領域とからなるのである。

3 結晶領域における高分子の立体構造

5章では溶液の中の高分子の形について説明した。ビニルやジエン化合物の重合で生じる屈曲性高分子は、溶液中ではきわめて多数のコンフォメーションをとることが可能であるから、その形は統計量として観測される。だが、分子が規則的に配列している結晶中では、高分子鎖のコンフォメーションや隣接高分子鎖に対する配置は特定のものだけが許容されて、高分子独特の結晶構造が形成される。高分子の**結晶構造を支配する分子内因子**として、

1）単結合のまわりの内部回転ポテンシャル
2）直接結合していない原子や原子団間の反発力とファンデルワールス引力
3）双極子―双極子相互作用
4）誘起双極子相互作用
5）水素結合
6）電荷移動型結合

がある。このような分子内因子に加えて、分子間にも2）から6）までの諸因子が加わり、分子鎖が集合した結晶領域が生じる。

高分子鎖の結晶領域の構造を述べる前に、n-ブタンに注目すると、3章の図3-6に示したように、二つのメチル基がトランス（T）、ゴーシュ（G）、およびゴーシュ（$\overline{\text{G}}$）のコンフォメーション（立体配座）になった三つの回転異性体が安定な構造として存在しうる。そのなかでもTがもっとも安定である。したがってn-ブタンは温度が低下するにつれてC-C軸回りの回転による三つのコンフォメーション間の遷移頻度は小さくなっていき、結晶化するとn-ブタンはもっとも安定したトランス形態だけをとる。ポリエチレンを1方向に引き伸ばして測定したX線回折の解析結果を図9-3に示す。図9-3（a）のように、ポリエチレンはTだけの繰り返しからなる平面ジグザグ鎖で配列し、結晶領域をつくっている。この結晶の配列を分子軸にそって眺めると図9-3（b）のように、ポリエチレン鎖は四角の箱の中央と四隅の分子鎖骨格平面が相互に垂直の配置を保って規則正しく配列しているのがわかる。

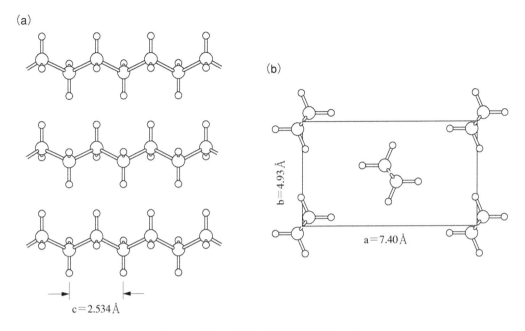

図9-3 ポリエチレンの結晶構造(Bunn)

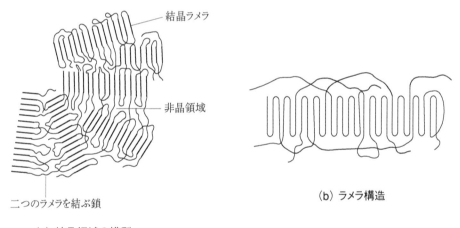

(a) 結晶領域の模型　　(b) ラメラ構造

図9-4 ポリエチレンの結晶領域とその構造

　一軸配向(一方向へ引っぱる操作)しない場合，ポリエチレンの長い鎖がずっと伸び切った状態で結晶化することはエントロピー的に困難で，分子量が高いと図9-4(a)に示すような折りたたまれた状態の結晶になる。その際，結晶領域表面の折りたたみ部分ではGTGなどのGを含む立体配置がポリエチレン鎖に導入されるが，結晶内部のポリエチレン鎖はTが連続した伸びきった形態である。この直鎖状のポリエチレン鎖部分が側面方向に集合することによって，全体としては図9-4(b)に示すような薄層状の結晶形態(ラメラ構造)となっている。

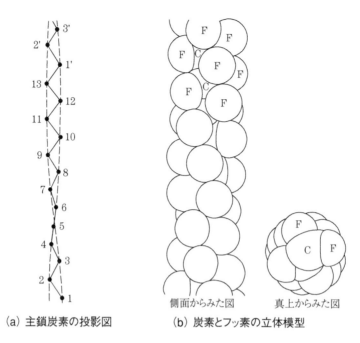

(a) 主鎖炭素の投影図　　　(b) 炭素とフッ素の立体模型

図9-5　ポリテトラフルオロエチレン($-\!\!\!+\!\text{CF}_2-\text{CF}_2\!\!\rightarrow_{\!\!n}$)の分子構造

　ポリエチレンのすべての水素がフッ素に置換したポリテトラフルオロエチレンの場合には，その結晶領域を構成する分子鎖は図9-5に示すように，主鎖の炭素原子がポリエチレンのような平面ジグザグ構造ではなく，少しねじれたらせん構造になっている。それはポリエチレンのように平面ジグザグ構造をとると，繊維周期（高分子鎖の空間的なくり返し単位の長さ）は2.534Åとなって，フッ素—フッ素間の距離がファンデルワールス半径（1.35Å）の和より短くなる。そのためフッ素原子間の反発が起きるので，TT構造からずれ，少しねじれたより安定なコンフォメーションをとる。そのコンフォメーションは温度により異なるが，19℃以下では，図9-5(a)に示すように，13個のCF_2が6回回転した連鎖の繰り返しからなる構造（13／6らせん構造という）であるが（図9-5(b)参照），19℃から30℃の温度範囲では，それよりも少し繊維周期の大きな15／7らせん構造に転移する。30℃以上では配座に乱れが生じる。

　CH_2とCF_2が交互に結合したポリフッ化ビニリデンになると，フッ素と水素のファンデルワールス半径の和よりも平面ジグザグ構造の繊維周期が長いので，ポリテトラフルオロエチレンとは異なり，主鎖は平面ジグザグ構造が可能となり（図9-6(a)），その結果，ポリエチレンと同様に主鎖はすべてトランスからなるI型結晶が生じる（図9-7）。しかし，このポリマーは他の結晶構造も可能である。図9-6(b)や図9-6(c)に示すように，結晶が生じる際の外的条件しだいで，TとG($\bar{\text{G}}$)とが交互に繰り返されたTGT$\bar{\text{G}}$コンフォメーションからなる結晶構造（II型結晶）や，3個のTがつづいた後にGとなるようなT_3Gコンフォメーションからなる結晶構造（III型結晶）も可能であり，図9-7(b)および図9-7(c)に示すような結晶構造も見いだされている。I型結晶は，CF_2基の双極子モーメントがb軸方向に並ぶから強誘電性を示す

極性結晶で圧電性や焦電性を示す。Ⅱ型結晶は対称中心があり無極性であるが，高電場をかけると，図9-8に示すように，結晶構造転移が起こりⅡp型結晶からなる高誘電体が得られる。つまりポリフッ化ビニリデンには4種の結晶構造が存在している。このような複数の結晶構造を示す現象は**結晶多形**と呼ばれ，結晶性高分子においてしばしば見られる。熱力学的にはⅡ型がもっとも安定であるが，溶媒処理でⅠ型やⅢ型に変換できることが明らかにされている。

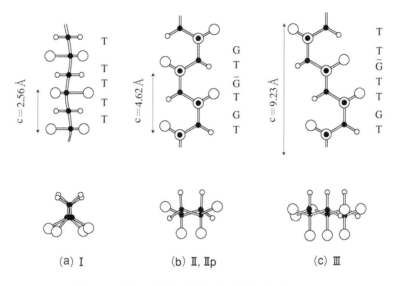

図9-6　ポリフッ化ビニリデンのコンフォメーション

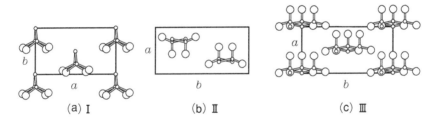

図9-7　ポリフッ化ビニリデンの結晶構造
水素原子は省略。

図9-8　ポリフッ化ビニリデンの結晶構造転移
水素原子は省略。

4 化学構造と結晶性

ポリプロピレンやポリスチレンのように，側鎖に置換基が付いたビニル化合物から合成される高分子ではどうなるのだろうか？ この種の高分子では，3章の図3-2に示したように，置換基の方向に規則性のないアタクチックポリマーと，置換基の方向に規則性のある立体規則性高分子が存在する。側鎖にOH基がついているので，水素結合しやすいポリビニルアルコールや，側鎖にC≡N基が存在するため，大きな双極子－双極子相互作用を有するポリアクリロニトリルを除くと，結晶領域が形成されるのは一般に立体規則性高分子である。

4.1 ポリオレフィン

ポリプロピレンになると側鎖にメチル基を有するため，結合のまわりの内部ポテンシャルのみならず，メチル基の立体障害とファンデルワールス引力が加わるので，結晶領域の構造

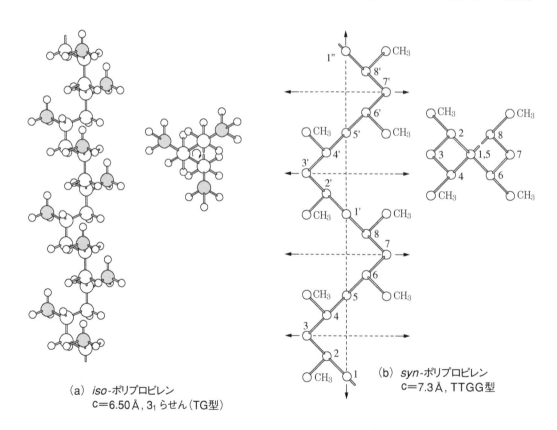

図9-9 イソタクチックポリプロピレンとシンジオタクチックポリプロピレンの比較

はポリエチレンと異なっている。メチル基の位置に規則性のないアタクチックポリプロピレンでは，高分子鎖の規則的配向が生じないので，結晶領域はほとんど観測できない。しかし，メチル基の位置に規則性のあるポリプロピレンは結晶性高分子となる。イソタクチックポリプロピレンでは，図9-9(a)に示すように，TGの繰り返しで，側鎖の立体障害を回避した構造をとり，3個のモノマー単位が1巻きする3/1らせん構造をとっている。

同じポリプロピレンでもシンジオタクチックの場合には，置換基の反発が大きく，結晶領域の主鎖はTTGGの繰り返しで，図9-9(b)のように，モノマー単位が4単位で1巻きしたらせん構造になる。

側鎖の置換基がメチル基より大きくなると，生じたポリマーは同じイソタクチックポリマーでも側鎖に存在する置換基間の立体反撥が増大するから，ポリプロピレンのらせんよりは大きくなり，図9-10に示すように，3/1らせんから7/2(3.5/1)らせん，さらには4/1らせん構造からなる結晶領域を形成する。

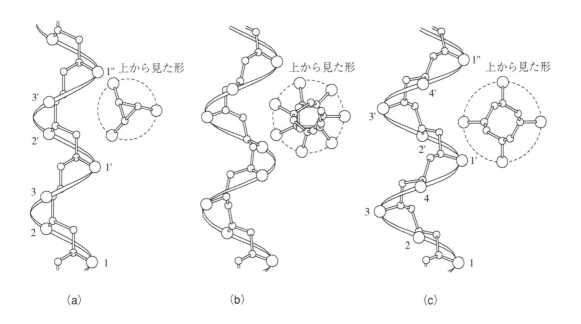

(a) (3/1) R＝－CH$_3$, －C$_2$H$_5$, －CH＝CH$_2$, －CH$_2$－CH$_2$－CH(CH$_3$)$_2$
 －O－CH$_3$, －O－CH$_2$－CH(CH$_3$)$_2$, －C$_6$H$_5$

(b) (7/2) R＝－CH$_2$－CH(CH$_3$)－C$_2$H$_5$, －CH$_2$－CH(CH$_3$)$_2$

(c) (4/1) R＝－CH(CH$_3$)$_2$, －C$_6$H$_{11}$

図9-10 イソタクチックポリマーのらせん構造（Nattaら）
 ○：炭素　◯：R

4.2 ポリスチレン

ポリスチレンもポリプロピレンと同様に,アタクチックの場合には結晶領域は存在しない。だが,立体規則性ポリスチレンになると,規則的なコンフォメーションをもつ高分子鎖からなる結晶領域が存在する。イソタクチックポリスチレンの場合は,図9-11に示すように,TGの繰り返しで3／1らせん構造の高分子鎖が集合して結晶領域を形成している。

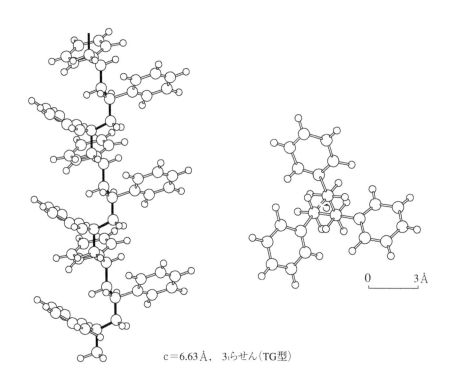

$c=6.63 Å$, 3_1らせん(TG型)

図9-11 イソタクチックポリスチレン

4.3 脂肪族ポリアミドとポリエステル

脂肪族ポリアミドの代表としてナイロン6やナイロン6,6がある。その化学構造から明らかなように,ポリエチレン鎖の中にアミド結合が導入されたものである。CH_2が連なったところのみならずアミド結合の部分を含めても,ポリエチレンのように平面ジグザグな分子鎖をとっている。そのような分子鎖は,図9-12(a)に示すように,シート状に並び,それが重なって結晶をつくっていることが明らかにされている。ナイロン6ではシート構造を形成する際に,図9-12(b)に示すように,逆平行に配列している。このようにポリアミドは,水素結合を通して強力な分子間相互作用が働くので,ポリエチレンに比べるとT_gが高く,素晴らしい繊維やプラスチック製品がつくられている。

一方,ポリエステルの代表としてポリエチレンアジパートの結晶領域に注目すると図9-13

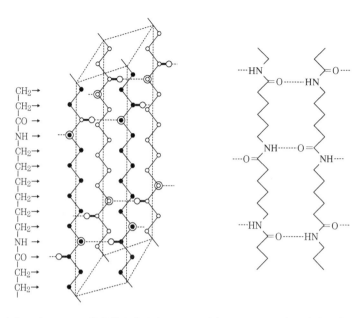

(a) ナイロン6,6の結晶構造（α態）　　(b) ナイロン6の水素結合形成の模型
　　　　　　　　　　　　　　　　　　　　ポリマー鎖は逆平行に配列している

図9-12　ナイロンの結晶構造と水素結合形成の模型

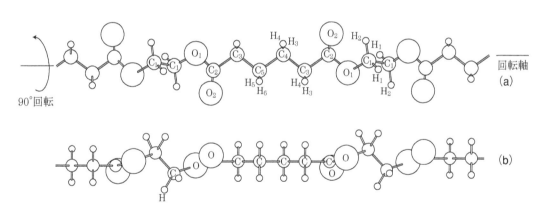

図9-13　ポリエチレンアジパートの結晶領域をつくる分子構造
　　　　（b）は回転軸で（a）を90°回転した構造

の構造をしている。このポリマーはポリアミドのようにNH基とCO基の間に起こるような水素結合が生じない。そのためエステル結合のところで，平面ジグザグ構造からずれることが見いだされている。したがって，脂肪族ポリエステルはアミド結合を有するナイロンにくらべると高分子鎖間の相互作用が弱いので，結晶領域の融点も低く，ナイロンのような強力な糸を形成するのは困難である。しかし，延伸することにより結晶化度が上がるため，糸と

しても市販されている。

ポリエステルでもポリエチレンテレフタラートになると，主鎖にベンゼン環が入り，分子の屈曲性が束縛される。そのうえエステルの有する静電相互作用によって，融点が高く，機械的強度も高くなるので，合成繊維やフィルムとして利用されている。図9-14にそのX線構造解析の結果を示す。

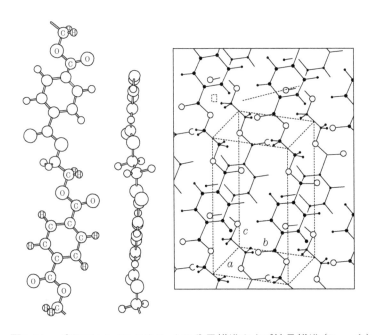

図9-14　ポリエチレンテレフタラートの分子構造および結晶構造（Bunnら）

5　結晶化度

高分子物質は**結晶領域**と**非晶領域**からなり，その割合により同じ高分子物質でもまったく違った物性となる。したがって高分子物質の結晶領域の全体に対する重量分率，すなわち結晶化度を測定することが必要である。**結晶化度**（α）の測定には次の方法がある。

5.1　密　度

表9-1に示すように，一般に結晶領域の密度は非晶領域の密度より大きいから，高分子物質の密度を測定して，結晶化度を見積ることができる。いま実測の密度をdとし，結晶部分の密度をd_c，非晶領域の密度をd_aとすると，これらの密度との間に次の関係が成立する。

$$1/d = \alpha/d_c + (1-\alpha)/d_a \tag{1}$$

このとき,通常,結晶領域のd_cはX線回折で求めた単位格子の容積とその中に含まれる化学単位の数から計算することができる。また,d_aは融解した高分子液体の密度とその温度変化を測定し,これを常温に外挿した値を用いる。

表9-1　25℃（298.5K）での汎用高分子物質の密度

	密度（gcm^{-3}）							
	PE*	i-PP	PET	PTFE	PVA	PAN	PVC	PA6,6
結晶（100%）	1.00	0.936	1.455	2.302	1.350	6.27	1.42	1.135
非晶（100%）	0.855	0.858	1.335	2.000	1.241	1.17	1.22	0.999

*PE：ポリエチレン，i-PP：アイソタクチックポリプロピレン，PET：ポリエチレンテレフタラート，PTEF：ポリテトラフルオロエチレン，PVA：ポリビニルアルコール，PAN：ポリアクリロニトリル，PVC：ポリ塩化ビニル，PA6,6：ナイロン6,6

5.2　X線回折

高分子物質の結晶領域のX線回折は,先鋭なリングまたは回折斑点として表れるが,非晶領域の与える回折は幅のあるぼんやりした像となる。結晶化度の異なるポリエチレンのX線回折強度曲線は**図9-15**のようになる。ここで,横軸に回折角をとり,縦軸は回折強度である。この方法を用いて得られた回折図を,**図9-16**に示すように,結晶による鋭い回折ピークと非晶による幅広いピークにわけ,その面積比から結晶化度を算出することができる。

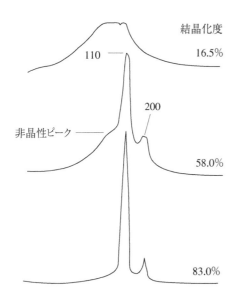

図9-15　結晶化度の異なるポリエチレンのX線回折強度曲線

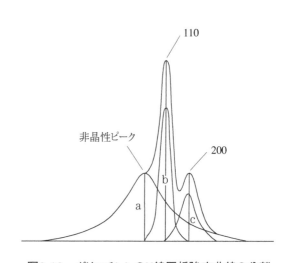

図9-16　ポリエチレンのX線回折強度曲線の分離

5.3 核磁気共鳴法（NMR）

核磁気共鳴法（NMR）は高分子の分子構造に関する情報をえる，不可欠な手法として広く利用されている。だが，固体試料での測定は，核スピンどうしの相互作用でシグナルの幅が広がり困難であった。近年，この核スピンどうしの相互作用を消去できるようになり，固体試料を用いる測定が可能になった。その結果，図9-17に示すように，結晶領域と非晶領域とシグナルの位置が異なるので，その強度から結晶化度が測定できるようになった。

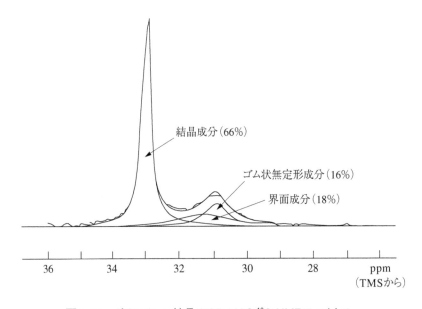

図9-17 ポリエチレン結晶のCP-MAS ^{13}C NMRスペクトル

6 非 晶

酵素などのような天然に存在する高分子物質を除くと，高分子物質は分子量の異なる高分子の混合物である。また結晶化では，からみ合いを解消していかなければならない。そのためたとえ立体規則性高分子であっても，一般に完全結晶にはならず，規則性が乱れた非晶領域が存在する。とくに塩化ビニル，スチレン，メタクリル酸メチルなどのラジカル重合で得られた高分子は，一次構造に立体規則性がないのでアタクチックであり，通常は完全に非晶構造からなる無定形の高分子物質である。

非晶領域では高分子鎖は結晶領域のようにきちっと配列していないので，トランスやゴーシュ構造が入り乱れ，結果として，図9-18のような，でたらめな構造と考えられる。

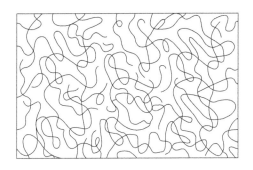

図9-18 非晶性高分子の状態

　高分子のガラス転移点が室温より高ければ形態が保持されるうえ，構成する高分子物質のなかの密度のゆらぎが少ないので，透明な固体となる。ラジカル重合でつくられたポリメタクリル酸メチルの水槽はその例である（図9-19）。
　非晶構造の存在は，その高分子物質の弾性率，耐衝撃性，あるいは耐疲労性に深くかかわっている。極論すればその存在こそが高分子物質の特質を示しているともいえる。したがってその構造をいかに制御するかは，高分子物質の活用に重要な問題である。例えば繊維のような高分子物質を染色する際には，結晶領域に試薬が入り込むことは困難であるから，非晶領域の存在は高分子物質の染色性を高めるのにもきわめて重要になっている。

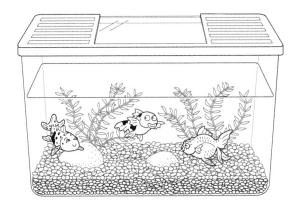

図9-19 ポリメタクリル酸メチルの水槽

コラム COLUMN

ビニールハウス

ビニールハウスでのキュウリの栽培

最近の農業は化学・技術の力を使って，生産性を高めている。とくに野菜や花ものなどは，石油から得られる肥料，透明シート，灯油などを使って，温室やハウスの中で生産されている。

増えつづける廃棄物

ゴミを集めるのにポリ袋が利用されている。最近は，燃焼時の有害ガス発生を抑えるため炭酸カルシウム入りポリ袋が開発されている。

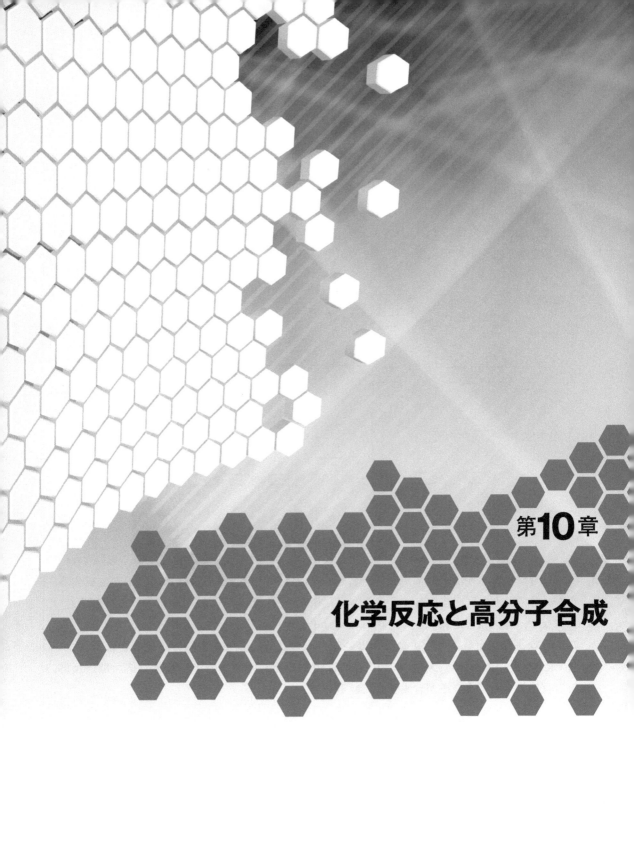

第**10**章

化学反応と高分子合成

1 はじめに

　高分子を得るには，低分子を数百から数千個，化学結合で結び付けなければならない。そのためには反応に関与する低分子は，図10-1に示すように，分子内に少なくとも2個以上の反応性に富む原子，または原子団（以後，官能基と呼ぶ）をもっていることが不可欠である。その官能基を通した化学結合によって高分子が生成する。

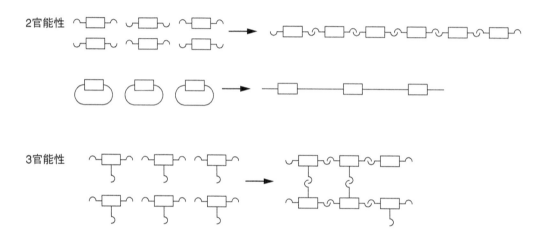

図10-1　2官能性と3官能性

　図10-1から明らかなように，2個の官能基を有する化合物からは線状高分子が生成する。だが，3個以上の官能基を有する化合物が存在すると，高分子生成は単に線状に伸びるだけではなく，順次枝分かれが生じ，網目状高分子や球状高分子などが生成する。図10-1に示したような高分子合成反応を重合反応といい，重合反応に関与する低分子化合物はモノマー（単量体）と呼ばれる。モノマーの構造により，以下に示すように，付加反応，開環反応，縮合反応によって高分子が合成されている。

2　高分子合成に利用される化学反応

2.1　不飽和結合の付加反応
　炭素原子の価電子の電子配置は，2個の2s軌道と2個の2p軌道からなる。だが，化学結合する際には，2s軌道や2p軌道が**混成軌道**をつくって，sp^3軌道，sp^2軌道，およびsp軌道をとることが明らかにされている（図10-2）。メタンのように4個価電子がすべて結合に関与

するときは，sp³の混成軌道をとっている。しかし，sp²軌道のときには1個のp軌道，sp軌道の場合には2個のp軌道に電子が存在する。

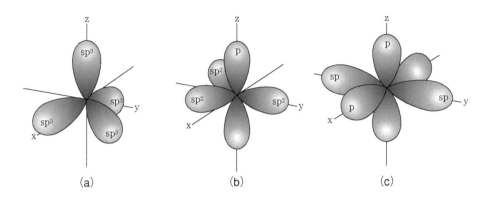

図10-2　sp³, sp², sp 混成軌道の炭素原子

　エチレンやアセチレンのような不飽和結合をもつ化合物は，結合している炭素原子がsp²やsp混成軌道を有する炭化水素である。これらの化合物の形成に注目すると，二つの炭素原子の混成軌道が大きく重なりあって結合している。これは**シグマ結合（σ結合）**と呼ばれ，原子間を強く結びつけている。多くの有機化合物では炭素原子間のσ結合が，分子の形を決定する重要な役割を果たしている。σ結合で強く結ばれた二つの原子間の方向は，結合軸と呼ばれている。二つの炭素原子がsp²軌道やsp軌道を用いてσ結合をつくると，結合軸に垂直に存在する二つのp軌道にも重なりが生じるので，結合が生じる。これは**パイ結合（π結合）**と呼ばれる。したがってエチレンには1個のσ結合と1個のπ結合からなる**二重結合**，アセチレンには1個のσ結合と2個のπ結合からなる**三重結合**が存在する（図10-3）。π結合を形成している二つのp軌道の電子はπ電子といわれる。分子の形を決定するσ結合に比べ，軌道の重なりが少ないのでπ結合の結合エネルギーは小さい。したがって，その結合に関与しているπ電子は分極しやすく反応性に富む。そのようなπ結合をもつ化合物の存在下でラジカルやイオンを発生させると，π結合への付加が起こる。それを利用していろいろな高分子が合成されている。

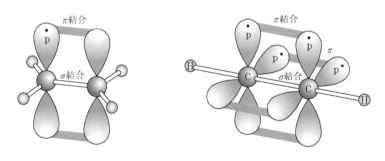

図10-3　二重結合および三重結合

図10-4に代表的例を示しておく。

・ラジカル重合

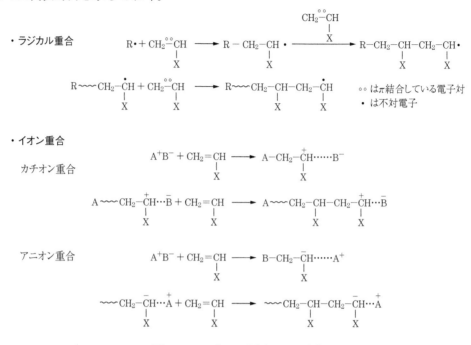

・イオン重合

カチオン重合

アニオン重合

図10-4 ラジカル重合とイオン重合

付加重合に関与する代表的なモノマーを表10-1に示す。

表10-1 付加重合するモノマー

（Ⅰ） ビニル化合物	X＝H エチレン，X＝CH₃ プロピレン X＝Cl 塩化ビニル，X＝CN アクリロニトリル X＝COOH アクリル酸，X＝CONH₂ アクリルアミド X＝COOCH₃ アクリル酸メチル，X＝C₆H₅ スチレン X＝OCOCH₃ 酢酸ビニル，X＝COCH₃ メチルビニルケトン
（Ⅱ） ビニリデン化合物	X＝Y＝Cl 塩化ビニリデン X＝CH₃，Y＝COOH メタクリル酸 X＝CH₃，Y＝COOCH₃ メタクリル酸メチル
（Ⅲ） ジエン化合物	X＝H ブタジエン，X＝CH₃ イソプレン，X＝Cl クロロプレン
（Ⅳ） アセチレン化合物 H−C≡C−X	X＝H アセチレン，X＝C₆H₅ フェニルアセチレン

2.2 錯体生成と重合反応

π結合をつくっているπ電子は，σ結合に関与する電子と違って，図10-5に示すように，金属や金属イオンと**配位結合**を通して**錯体**を形成する。

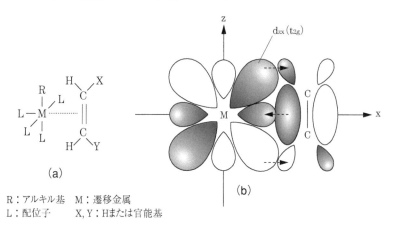

R：アルキル基　M：遷移金属
L：配位子　X, Y：Hまたは官能基

図10-5　遷移金属へ配位したオレフィンの概念図（a）とその軌道による表示（b）

この配位結合をうまく利用すると重合反応が起こるうえ，モノマーの配位に立体規制が加わるので，立体規則性高分子の合成に利用されている。$TiCl_4$または$TiCl_3$とAl$(CH_2CH_3)_3$から生じた固体化合物による，エチレンやプロピレンの重合がその最初の例である。それまで1500気圧という高圧にし，100℃以上の高温でつくられていたポリエチレンが，1気圧，常温で得られるようになった。またそれのみならず，それまでの高分子にならなかったプロピレンからは，結晶性のイソタクチックポリプロピレンが合成された（146頁参照）。この重合開始剤は**チーグラー・ナッタ（Ziegler-Natta）触媒**と呼ばれ，その発見者にはノーベル賞が贈られた。この重合の発見を契機にいろいろな配位重合触媒が開発され，さまざまな立体規則性高分子が合成されている。配置重合の一般的な進行の様子を図10-6に示す。

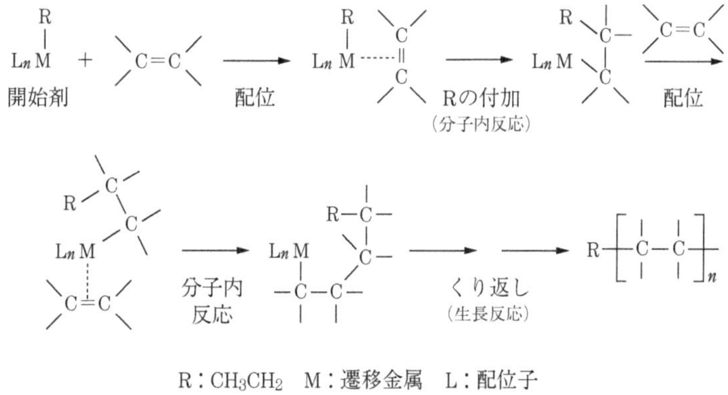

R：CH_3CH_2　M：遷移金属　L：配位子

図10-6　配位重合による高分子合成

2.3 ヘテロ原子を含む多重結合への付加反応

C＝O結合やC＝N結合を有する化合物もπ結合を有しており，C＝C結合と同様に付加反応が起こる。この場合は炭素よりも酸素や窒素の電子陰性度が大きいので，いずれもC＝C結合に比べて**分極した二重結合**である。したがってイオン重合や配位重合によって高分子が合成されている（図10-7）。

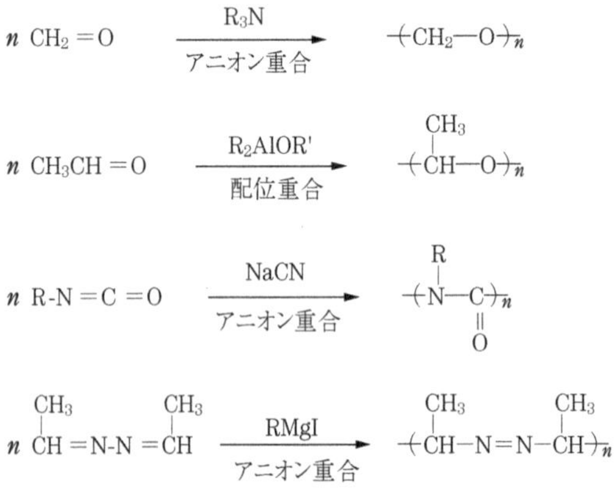

$$n\ CH_2=O \xrightarrow[\text{アニオン重合}]{R_3N} -\!(CH_2-O)_n\!-$$

$$n\ CH_3CH=O \xrightarrow[\text{配位重合}]{R_2AlOR'} -\!\!\left(\!\!\begin{array}{c}CH_3\\|\\CH-O\end{array}\!\!\right)_n\!\!-$$

$$n\ R\text{-}N=C=O \xrightarrow[\text{アニオン重合}]{NaCN} -\!\!\left(\!\!\begin{array}{c}R\\|\\N-C\\\|\\O\end{array}\!\!\right)_n\!\!-$$

$$n\ \begin{array}{c}CH_3\ \ \ \ CH_3\\|\ \ \ \ \ \ \ \ |\\CH=N\text{-}N=CH\end{array} \xrightarrow[\text{アニオン重合}]{RMgI} -\!\!\left(\!\!\begin{array}{c}CH_3\ \ \ \ \ \ \ \ \ CH_3\\|\ \ \ \ \ \ \ \ \ \ \ \ \ \ \ \ |\\CH-N=N-CH\end{array}\!\!\right)_n\!\!-$$

R, R′：CH₃やC₂H₅のようなアルキル基

図10-7　C＝OやC＝N結合による高分子合成

3　環状化合物の開裂

図10-8に示すような環状化合物は適当な試薬を添加した場合，それを構成しているσ結合が切れれば開環し，その繰り返しによって高分子が生成される。

$$n\ \boxed{\begin{array}{c}-(CH_2)_m-\\-X-\end{array}} \longrightarrow -\!((CH_2)_m-X)_n\!-$$

−X−：−O−, −NH−, −S−, −COO−, −CONH−, −CH＝CH−

図10-8　代表的な環状化合物とその開環重合で生じる高分子

環状化合物の開環重合の典型的な例を図10-9に示す。中でも，ε-カプロラクタムからナイロン6の合成は広く利用されている。

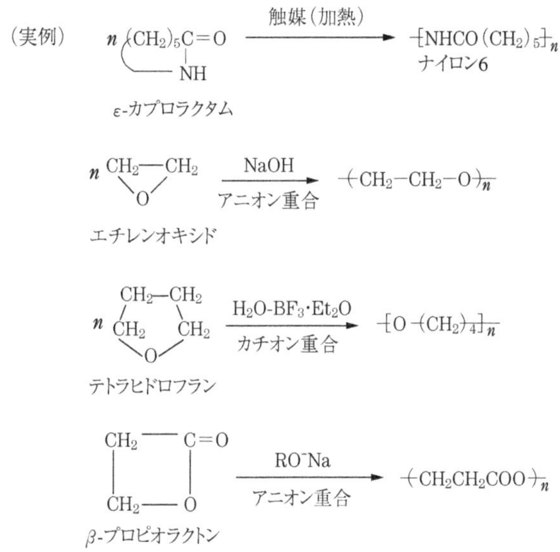

(実例)

$$n \underset{\text{ε-カプロラクタム}}{\begin{pmatrix} (CH_2)_5C=O \\ | \\ NH \end{pmatrix}} \xrightarrow{\text{触媒(加熱)}} -[NHCO(CH_2)_5]_n- \quad \text{ナイロン6}$$

$$n \underset{\text{エチレンオキシド}}{\begin{pmatrix} CH_2-CH_2 \\ \diagdown O \diagup \end{pmatrix}} \xrightarrow[\text{アニオン重合}]{NaOH} -[CH_2-CH_2-O]_n-$$

$$n \underset{\text{テトラヒドロフラン}}{\begin{pmatrix} CH_2-CH_2 \\ | \quad\quad | \\ CH_2 \quad CH_2 \\ \diagdown O \diagup \end{pmatrix}} \xrightarrow[\text{カチオン重合}]{H_2O\text{-}BF_3\cdot Et_2O} -[O-(CH_2)_4]_n-$$

$$n \underset{\beta\text{-プロピオラクトン}}{\begin{pmatrix} CH_2 \quad C=O \\ | \quad\quad | \\ CH_2 \quad O \end{pmatrix}} \xrightarrow[\text{アニオン重合}]{RO^-Na} -[CH_2CH_2COO]_n-$$

図10-9 開環重合

4 二つの官能基の反応

4.1 縮合反応

アミン(RNH_2)やアルコール(ROH)は，カルボン酸やその誘導体が存在すると，次式に示すように，水，塩化水素，アルコールなどの簡単な分子を脱離しながらアミドやエステルを生成する。これは縮合反応として知られている。

アミドおよびエステル生成の例を以下に示す。

$$R-NH_2 + HO-\overset{O}{\underset{\|}{C}}-R' \rightarrow R-\underset{H}{\overset{|}{N}}-\overset{O}{\underset{\|}{C}}-R' + H_2O$$

$$R-OH + HO-\overset{O}{\underset{\|}{C}}-R \rightarrow R-O-\overset{O}{\underset{\|}{C}}-R' + H_2O$$

アミンやアルコールの種類によっては，上式に示すような脱水反応が効率良くいかない場合もある。そのような時には下記の酸塩化物のような反応性の高い酸の誘導体が用いられる。

$$RNH_2 + Cl-\overset{O}{\underset{\|}{C}}-R' \rightarrow R-\underset{H}{\overset{|}{N}}-\overset{O}{\underset{\|}{C}}-R' + HCl$$

$$R-OH + Cl-\overset{O}{\underset{\|}{C}}-R' \rightarrow R-O-\overset{O}{\underset{\|}{C}}-R' + HCl$$

酸誘導体の反応性は下記のようになることが知られているから、反応に関与するアミノ基($-NH_2$)や水酸基($-OH$)の反応性に違いに応じて、もっとも適当な酸誘導体が選ばれる。

$$\underset{O}{R-\underset{\|}{C}-Cl} > \underset{O}{R-\underset{\|}{C}-O-C_6H_5} > \underset{O}{R-\underset{\|}{C}-OH} \gtrsim \underset{O}{R-\underset{\|}{C}-OCH_3}$$

4.2 重縮合

（1）ポリアミド

典型的な例はナイロン6,6の合成である。

$$n\ HO_2C(CH_2)_4CO_2H + n\ H_2N(CH_2)_6NH_2$$
アジピン酸　　ヘキサメチレンジアミン

$$\xrightarrow{-2nH_2O} \text{+NHCO}(CH_2)_4\text{CONH}(CH_2)_6\text{+}_n \tag{1}$$
ポリ（ヘキサメチレンアジパミド）（ナイロン6,6）

ジカルボン酸誘導体とジアミンからもさまざまな高分子が合成されている。

$$n\ \text{ClC}-\!\!\bigcirc\!\!-\text{CCl} + n\ H_2N-\!\!\bigcirc\!\!-NH_2$$

$$\longrightarrow [\text{C}-\!\!\bigcirc\!\!-\text{CNH}-\!\!\bigcirc\!\!-\text{NH}]_n + 2n\ HCl \tag{2}$$

$$n\ C_6H_5OC-\underset{R}{\overset{R}{C}}-COC_6H_5 + n\ H_2N-R'-NH_2 \longrightarrow$$

$$[\overset{O}{\underset{\|}{C}}-\underset{R}{\overset{R}{C}}-\overset{O}{\underset{\|}{C}}-NH-R'-NH]_n + 2n\ C_6H_5OH \tag{3}$$

（2）ポリエステル

テレフタル酸とエチレングリコールとの脱水反応で生じる、ポリエチレンテレフタラートの合成はその例である。

$$n\ HO_2C-\!\!\bigcirc\!\!-CO_2H + n\ HOCH_2CH_2OH \xrightarrow{-2nH_2O} \text{+(OCO}-\!\!\bigcirc\!\!-\text{CO-OCH}_2CH_2\text{+}_n \tag{4}$$
テレフタル酸　　エチレングリコール　　　　　　ポリ（エチレンテレフタラート）（PET）

ジカルボン酸誘導体と二個以上の水酸基をもつ化合物からいろいろな高分子が合成されている。

$$n\ CH_3O_2C-\text{\textlangle}\bigcirc\text{\textrangle}-CO_2CH_3 + n\ HO(CH_2)_4OH \longrightarrow \text{\textlbrack}C-\text{\textlangle}\bigcirc\text{\textrangle}-COO(CH_2)_4O\text{\textrbrack}_n + 2n\ CH_3OH \quad (5)$$

テレフタル酸ジメチル　　　　　　　　　ポリブチレンテレフタラート(PBT)

ビスフェノールA の反応:
- $+ n\ COCl_2 \xrightarrow{\text{塩基}}$ ポリカーボネート(PC) (6)
- または $+ n\ CO(OPh)_2 \xrightarrow{230℃〜300℃}$ (7)

(3) ポリイミド

開環反応と脱水反応を利用して，耐熱性高分子の合成が可能になった。その一例を示す。

ピロメリット酸無水物 + $NH_2-\text{\textlangle}\bigcirc\text{\textrangle}-NH_2$ $\longrightarrow$ [中間体] $\xrightarrow[-2nH_2O]{\text{加熱}}$ ポリイミド (8)

4.3 重付加

イソシアナートは分極した不飽和結合を有するので，アルコールやアミンのようにO-H結合やN-H結合を有する化合物が存在すると，次式に示すような付加反応が起こり，ウレタンや尿素を生成する。この反応を利用した高分子合成は**重付加**と呼ばれ，ポリウレタンやポリ尿素の合成に広く利用されている。

付加反応

$$R-N=C=O + R'-OH \xrightarrow{\text{付加}} R-NH-\underset{\underset{O}{\|}}{C}-O-R' \quad (9)$$

$$R-N=C=O + R'-NH_2 \xrightarrow{\text{付加}} R-NH-\underset{\underset{O}{\|}}{C}-NH-R' \quad (10)$$

重付加反応

$$O=C=N-R-N=C=O + HO-R'-OH \longrightarrow \{CONH-R-NHCOO-R'-O\}_n \quad (11)$$
ポリウレタン

$$O=C=N-R-N=C=O + H_2N-R'-NH_2 \longrightarrow \{CONH-R-NHCONH-R'-NH\}_n \quad (12)$$
ポリ尿素

4.4 付加縮合

付加反応と縮合反応を繰り返して重合体を生成する反応も利用されている。その典型的な例は，ホルムアルデヒドとフェノールとから得られるフェノールホルムアルデヒド樹脂で，ベークライトともいわれ，**熱硬化性樹脂**として広く利用されている。フェノールはベンゼン環にOH基が結合した化合物で，OH基に対し，オルトとパラ[*1]にある炭素上の電子密度が高くなるので，その部分でホルムアルデヒドのC=Oと反応し，式(13)に示したフェノールに-CH_2OHが結合した化合物（メチロールフェノールという）となる。次いで，これと別のフェノールとが脱水縮合を起こし，二つのフェノールが-CH_2-結合で結ばれた化合物が生じる（式(14)）。付加縮合で生じたこの化合物には，矢印で示すように4個の反応場所ができるから，式(15)のような付加縮合の繰り返しによって枝分かれした高分子となる。この反応がさらに進行すると，3次元に連なった高分子が生成する。

（反応式 (13) 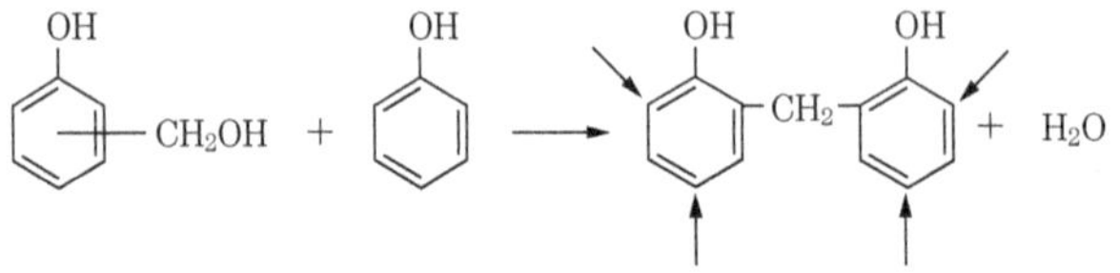 (14) 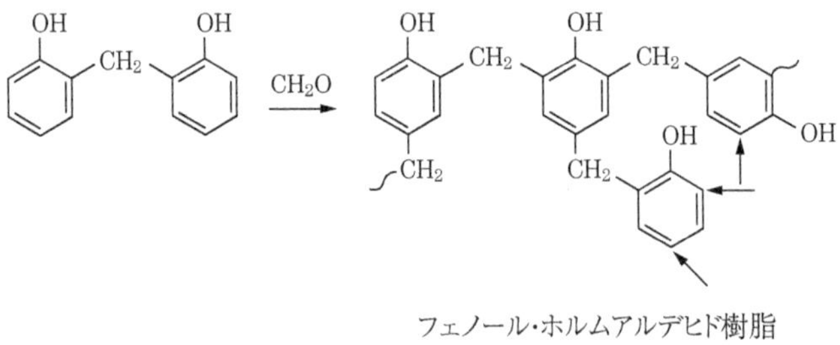 (15)：フェノール・ホルムアルデヒド樹脂の生成過程）

[*1] フェノールの置換位置の名称　　[*2]

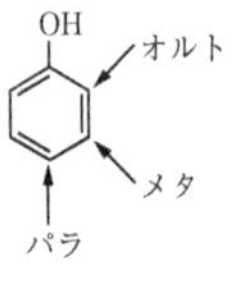

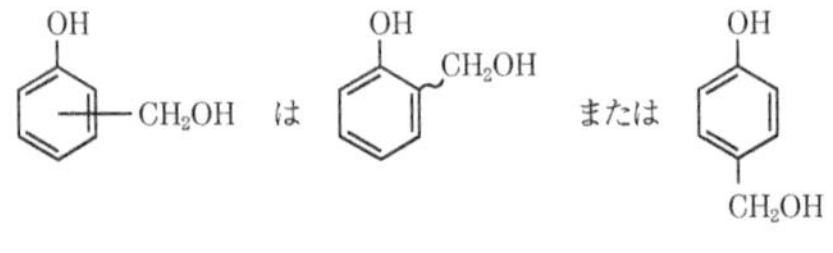

第10章 化学反応と高分子合成

5 高分子合成の特徴

前節までに示した高分子合成には，ビニル化合物やジエン化合物の二重結合が開いて高分子が生じる**付加重合**，ε-カプロラクタムが開環してナイロン6が生成するような**開環重合**，およびポリエステルのように縮合反応の繰り返しによって高分子が生成する**逐次重合**がある。

付加重合や開環重合を行うには，反応を開始させる試薬，すなわち重合開始剤が必要である。重合開始剤からラジカルやイオンのような反応性に富む活性種を生じ，それがモノマーと次々に反応して高分子が生成する。このような重合反応では通常，高分子生成を引き起こす活性種は不安定で，短時間に消失する。そのためこの反応系には，反応初期からポリマーと未反応のポリマーが存在する（**図10-10**）。このような開始剤で得られた高分子の分子量は，次頁の図10-12に示すように，重合時間により変わらない。

このような付加重合や開環重合でも重合条件をうまく選ぶと，いったん生じた活性種が消失しない場合もある。そのような場合には図10-12に示すように，平均分子量は時間とともに増加し，重合反応終了後さらにモノマーを追加すると，再び分子量の増加を伴いながら重合が進行する。これは重合活性種の活性が反応後も保持されていることを示しているから，**リビング重合**と呼ばれ，高分子合成の精密制御に活用されている。

縮合重合や重付加の場合には開始剤の必要はなく，少量の触媒を加えておくとモノマーどうしの反応で2量体となり，ついで3量体，4量体のように段階的に分子量が増大して

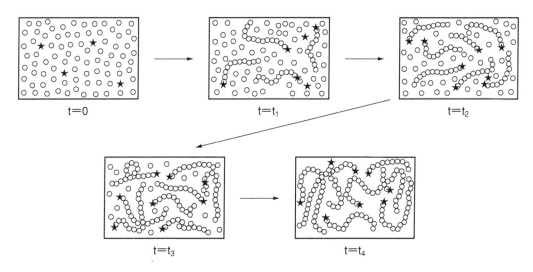

図10-10 付加および開環重合における高分子生成の概念図
○ モノマー ★ 重合開始剤（またはそれから生じたラジカルまたはイオン）または開始剤断片

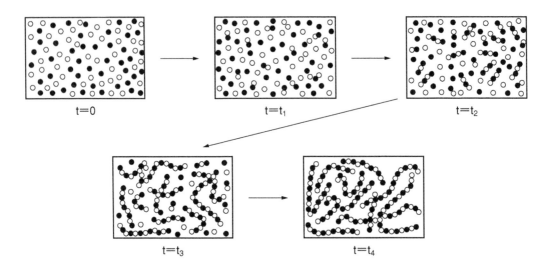

図10-11　縮合重合における高分子生成の概念図
○, ●縮合するモノマー

いく（**図10-11**）。モノマーは完全に消費しても，生じたポリマーの両端に官能基は残っているので，生成する高分子の重合度は，図10-12に示すように，時間とともにさらに増大する。

　付加重合や開環重合のように反応性が高い重合活性種による重合は，連鎖重合と呼ばれている。これに対し重縮合や重付加のように重合末端が通常は官能基で，この反応により段階的に分子量が増大するような重合は，**非連結重合**または**逐次重合**と呼ばれている。連鎖重合によるポリマー生成と非連鎖重合でのポリマー生成には，**表10-2**に対比したような相違点がある。

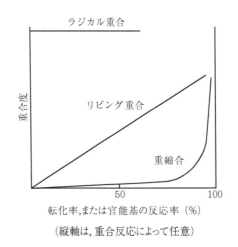

図10-12　重合反応の形式による，転化率に対する重合度の変化の特徴

表10-2 連鎖重合と非連鎖重合の比較

連鎖重合の場合	非連鎖重合（逐次反応）の場合
鎖の成長は成長鎖とモノマーの反応により成長鎖どうしの反応は起こらない。	鎖の成長はポリマーどうしおよびモノマーとの反応で行われる。
モノマーの濃度は反応を通じ順次減少する。モノマーとポリマーが共存する。	モノマーの濃度はすみやかに減少し、低重合体となる。
高分子量のポリマーが重合初期にもできる。*	分子量は重合の進行とともに徐々に増大する。
重合体の分子量は反応の進行にはほとんど無関係である。*	高分子量の重合体を得るには長時間を要す。

*リビング重合では、ポリマー分子量は重合率とともに比例して増大する。

COLUMN

リビング重合の発見

　ブタジエンやイソプレンが金属ナトリウムで重合し，その際生じる成長活性種が寿命が長そうだということは，1936年にロシアのS. Medvedevにより報告されていたが，当時最先端の研究であったラジカル重合とは違いそうだとの記述に過ぎなかった。1956年，M.Szwarcは高真空系（下図）を用いて，ナトリウムナフタレンを開始剤とするスチレンの重合を十分乾燥したテトラヒドロフラン中で行い，停止反応のない高分子合成が均一系でも可能なことを発見した。当時，均一系で停止反応のない高分子合成など考え難い時代であったので，画期的な高分子合成法として注目された。分子量分布が狭く，重合終了後，さらに同量のモノマーを追加すると，分子量が二倍になることや異種モノマーの添加により，ブロック共重合体が生成することにより，成長末端はいかにも生きているような挙動をするので，リビング重合と命名された。

　同じような停止のないスチレンの重合が，同年，大阪大学理学部の広田鋼蔵，飯塚義助らによって，金属ナトリウムによるスチレンの重合で見いだされていた。日本の雑誌には発表されたが，英文では発表されなかったので，海外の人の目に留まらなかったのは残念である。筆者は，広田研究室での卒業研究で，その一端を手伝わせていただいたが，その際，スチレンとα-メチルスチレンとから，16連鎖からなる多段ブロック共重合体を合成した。多段ブロック共重合体になると，その軟化点がランダム共重合体から混合物へ近づくことを報告したが，当時はブロック共重合体の証明が困難で，顧みられない研究結果となっている（広田鋼蔵，飯塚義助，蒲池幹治：高分子化学, 17, 641(1960)）。

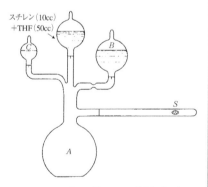

リビング重合に使用された装置の概略
A:反応容器, B:ナトリウムナフタレンTHF溶液,
C:スチレン, S:カクハン子

COLUMN

触媒開発のもたらした夢の実現

1953年，Zieglerは，アルキルアルミニウムとオレフィンの付加反応を研究中に，偶然，アルキルアルミニウムにTiCl$_4$が共存すると，それまで高温高圧でしか重合しなかったエチレンが，常温，常圧で容易に重合することを発見した。翌年，Nattaは，TiCl$_4$をTiCl$_3$に変えて，プロピレンを重合すると，プロピレン単位がイソタクチックに配列した立体規則性高分子になり，触媒の開発によって立体規則性重合が可能なことを朗かにした。この発見に対し，両人にノーベル賞が授与された。

得られたイソタクチックポリプロピレンは結晶性で，その優れた物性は新たな高分子材料として注目され，1957年，Montecatini社により企業化された。工業生産にあたっては，当初は触媒残渣の除去など生産工程に問題があったが，1968年，柏典夫ら（当時三井石油化学）は，TiCl$_4$をMgCl$_2$の結晶面に固定させたMg坦持型Ti触媒（下図）を開発し，それに電子供与体を添加すると，触媒活性が著しく上がるのみならず，得られたポリマーのイソタクチック含量は98～99％になることを発見した。この発見は使用する触媒量の著しい減量のため，生産工程の改善を促した。このことはプロピレンガスを反応槽に導入するだけで，イソタクチックポリプロピレンが分離する気相重合法の確立につながった。生産コストのみならず，環境負荷的にも意義ある発見であり，科学技術者の夢の実現である。

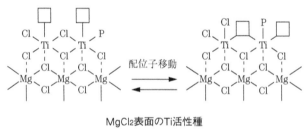

MgCl$_2$表面のTi活性種

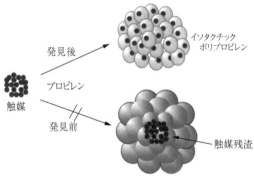

立体特異性リビング重合における立体規則性と分子量調節は，高分子合成化学者の夢である。その実現の例は少ないが，t-ブチル基のグリニア試薬（t-C$_4$H$_9$MgBr）や3価有機ランタニド錯体を用いるメタクリル酸エステルの重合では，重合条件の設定により，立体規則性の高いイソタクチックおよびシンジオタクチックリビング重合が見いだされている。（参考：畑田耕一：精密重合（化学総説18）119（1995）；安田 源：前周期遷移金属の有機化学（化学総説17）170（1993））

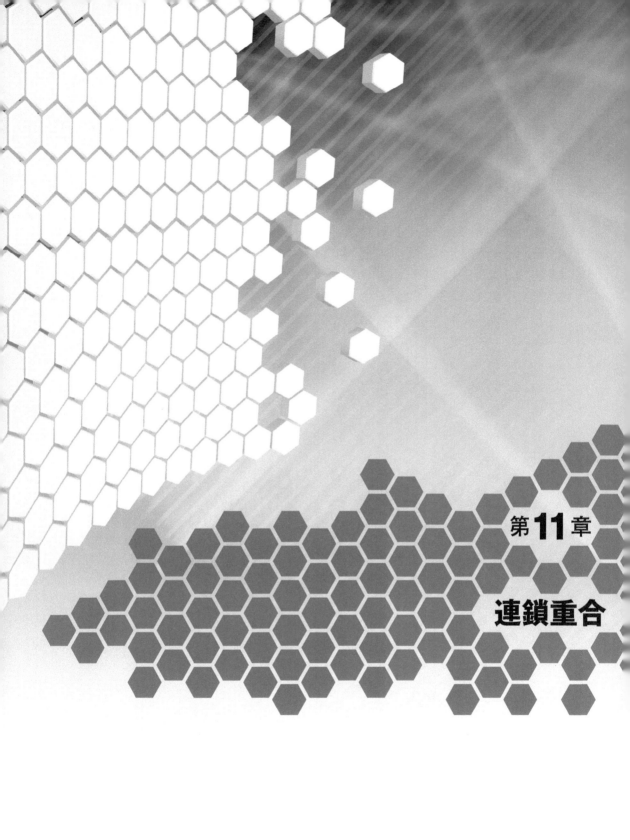

1 はじめに

　連鎖重合は前章に示したように重合開始剤をモノマーが存在する反応系に添加して重合反応を行う。
　一般に開始剤から生じた反応活性種とモノマーとの反応で生じた不安定な反応中間体により，高分子合成が進行する。付加重合や開環重合は連鎖重合によって高分子を生成するが，連鎖重合による高分子生成過程は，黒い手袋を渡しながら先生と手をつないでいく子供達の挙動に似ている（図11-1）。重合に関与する重合活性種やその挙動によって次のように分類される。
　　1）ラジカル重合　2）イオン重合　3）配位重合　4）グループ移動重合
　本章では，おのおのの重合の特徴を解説する。

図11-1　連鎖重合のイメージ
先生と手をつなぐ子供達

2 ラジカル重合

2.1 ラジカルの化学反応性とラジカル重合
　ラジカルとは不対電子を有しており，反応性に富む化学種である。したがって図11-2に示すように，不飽和結合への付加反応の他に，ラジカルどうしのカップリング反応や第三物質からの水素引き抜き反応を起こす。しかし，モノマー濃度，開始剤濃度，重合温度などを適当な条件で選べば，二重結合への付加が優先し，次々と二重結合に付加していくので，高分子が生成する。このような高分子生成反応をラジカル重合と呼ぶ。

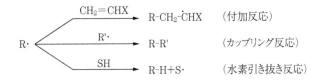

図11-2 ラジカルの反応性

　重合を行うには，重合系にラジカルを発生させることが必要で，そのような試薬を**ラジカル開始剤**という。

　ラジカル開始剤としては通常，過酸化ベンゾイル（BPO）のような過酸化物（式(1)）や2,2′-アゾビスイソブチロニトリル（AIBN）のようなアゾ化合物（式(2)）が用いられている。いずれも加熱や光照射によって容易に分解して，不対電子をもつ化学種が生じる。

(a) 熱および光開始剤

$$C_6H_5\underset{O}{\overset{\|}{C}}-O-O-\underset{O}{\overset{\|}{C}}-C_6H_5 \xrightarrow{\text{熱または光}} 2\ C_6H_5\underset{O}{\overset{\|}{C}}-O\cdot \qquad (1)$$

過酸化ベンゾイル

$$CH_3-\underset{\underset{CN}{|}}{\overset{\overset{CH_3}{|}}{C}}-N=N-\underset{\underset{CN}{|}}{\overset{\overset{CH_3}{|}}{C}}-CH_3 \xrightarrow{\text{熱または光}} 2\ CH_3-\underset{\underset{CN}{|}}{\overset{\overset{CH_3}{|}}{C}}\cdot\ +\ N_2 \qquad (2)$$

2,2′-アゾビスイソブチロニトリル（AIBN）

　加熱や光照射をしなくても，電子移動反応すなわち酸化還元反応を利用すると，ラジカルが生成するので，それを開始剤に用いる場合がある。このような開始剤は**レドックス開始剤**といわれ，常温で使用できる点に特徴がある。その例を下記に示す。

(b) レドックス開始剤

$$HO-OH\ +\ Fe^{2+} \xrightarrow{\text{電子移動}} HO\cdot\ +\ OH^-\ +\ Fe^{3+} \qquad (3)$$

$$C_6H_5\underset{O}{\overset{\|}{C}}-O-O-\underset{O}{\overset{\|}{C}}-C_6H_5\ +\ C_6H_5\dot{N}(CH_3)_2 \xrightarrow{\text{電子移動}} C_6H_5COO\cdot\ +\ C_6H_5\dot{N}^+(CH_3)_2\ +\ C_6H_5COO^- \qquad (4)$$

モノマーの存在下，上記の開始剤からラジカルが生じると，モノマーへの付加反応によって開始ラジカル（RM・）が生じる。ここまでを**開始反応**という。モノマー濃度が生成するラジカル濃度よりも遥かに高くなる条件では，生じたラジカルはカップリング反応で消滅する前に次々とモノマーへ付加して高分子ラジカル（$RM_nM・$）になる。このように高分子になっていく反応を**成長反応**という。成長反応で生じた高分子ラジカルはラジカルの再結合や水素引き抜き反応（不均化反応という）からなる停止反応により消失する。高分子ラジカルはその他に，溶媒などから水素を引き抜き，安定な高分子になると同時に新たなラジカルを生じる。新たなラジカルは通常，再びモノマーへ付加し重合反応は進行するから，**連鎖移動反応**といわれている。したがって，ラジカル重合による高分子生成は，次の4つの素反応に分類できる。

$$開始反応：I \longrightarrow 2R・ \quad (I：開始剤) \tag{5}$$

$$R・ + M \longrightarrow RM・ \tag{6}$$

$$成長反応：RM・ + M \longrightarrow RMM・ \tag{7}$$

$$RMM・ + M \longrightarrow RM_2M・ \tag{8}$$

$$\cdots\cdots\cdots\cdots\cdots\cdots\cdots\cdots\cdots\cdots\cdots\cdots\cdots\cdots$$

$$RM_{n-1}M・ + M \longrightarrow RM_nM・ \tag{9}$$

$$停止反応：RM_nM・ + RMM_m・ \longrightarrow RM_{n+1}M_{m+1}R \quad (再結合) \tag{10}$$

$$RM_nM・ + RMM_m・ \longrightarrow RM_nMH + RM_mCH=CHX \quad (不均化) \tag{11}$$

$$連鎖移動反応：RM_n・ + SH \longrightarrow RM_nH + S・ \tag{12}$$

上記の不均化反応は，MがビニルビニルCH$_2$=CHXとした場合の例である。
　連鎖移動は溶媒のほか，モノマー，開始剤およびできてきたポリマーに対しても起こる。ポリマーへの連鎖移動が起こると，そこから再開始によって枝分れをもつ高分子が生じる。ラジカル重合でポリエチレンを合成する場合，1000気圧以上，150℃にする必要がある。そのような反応条件下では，生じたポリマーからの水素引き抜き反応が起こりやすいので，枝の多いポリエチレンが生じる。

$$R_1\sim\sim CH_2CH_2・ + R_2\sim\sim CH_2CH_2\sim\sim R_3$$
$$\longrightarrow R_1\sim\sim CH_2CH_3 + R_2\sim\sim \underset{・}{CH}-CH_2\sim\sim R_3 \tag{13}$$

　連鎖移動反応が起こるとそれ以上の分子量にならないから，逆に適当な連鎖移動剤を添加して，分子量を調節することが可能である。上記の重合過程を具体的に感じとってもらうため，Xがフェニル基であるスチレンの過酸化物による重合例を**図11-3**に示す。

2.2　ラジカルの実証とラジカル重合の分類
2.2.1　ラジカル重合活性種
　前節のラジカル重合が本当にラジカルを重合活性種とする重合であることを示すいくつかの

第11章 連鎖重合

開始反応:

$$\text{(BPO)} \longrightarrow 2\ \text{PhC(O)O}\cdot \longrightarrow 2\ \text{Ph}\cdot + 2\ CO_2 \quad (14)$$

$$\text{PhC(O)O}\cdot + CH_2=CH(Ph) \longrightarrow \text{PhC(O)O-}CH_2\text{-}\dot{C}H(Ph) \quad (\text{I}) \quad (15)$$

成長反応:

$$(\text{I}) + n\ CH_2=CH(Ph) \longrightarrow \text{PhC(O)O-}(CH_2\text{-}CH(Ph))_n\text{-}CH_2\text{-}\dot{C}H(Ph) \quad (\text{II}) \quad (16)$$

停止反応:

$$(\text{II}) + (\text{II}) \longrightarrow R\text{-}CH_2\text{-}CH(Ph)\text{-}CH(Ph)\text{-}CH_2 R' \quad (再結合) \quad (17)$$

$$\longrightarrow R\text{-}CH=CH(Ph) + H(Ph)C\text{-}CH_2\text{-}R' \quad (不均化) \quad (18)$$

連鎖移動反応:

$$(\text{II}) + SH \longrightarrow \text{PhC(O)O-}(CH_2\text{-}CH(Ph))_n\text{-}CH_2\text{-}CH_2(Ph) + S\cdot \quad (19)$$

不活性ポリマー

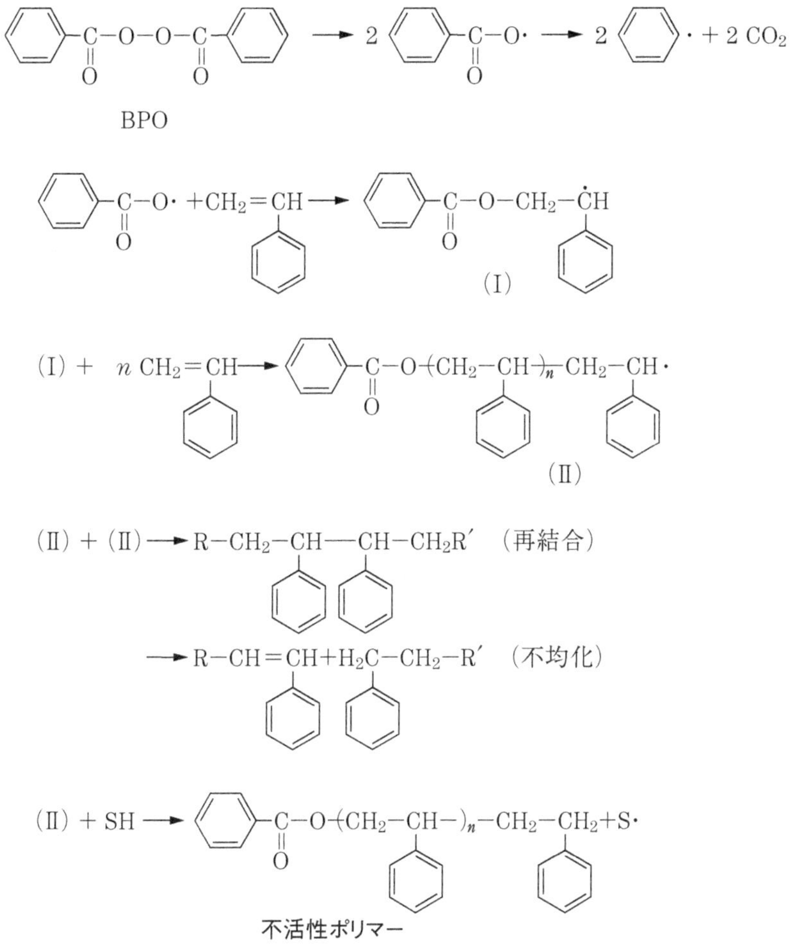

図11-3 スチレンのラジカル重合

この式でSHは溶媒などのように連鎖移動反応を引き起こす試薬、またR, R'= PhC(O)O-(CH₂-CH(Ph))ₙ である。

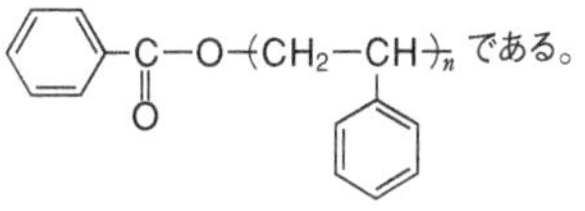

$$(20)$$

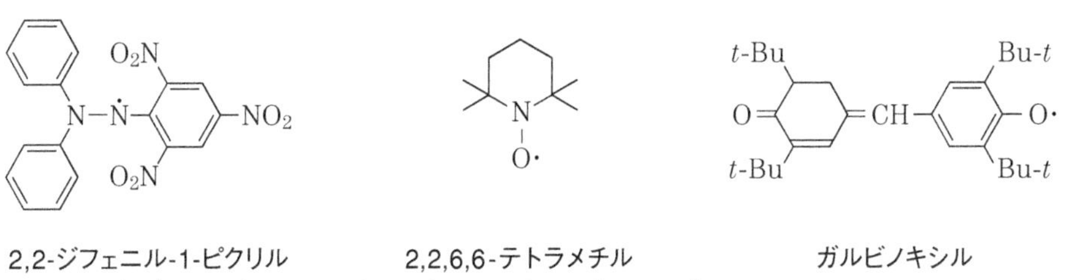

2,2-ジフェニル-1-ピクリル
ヒドラジル（DPPH）

2,2,6,6-テトラメチル
ピペリジン-1-オキシル（TEMPO）

ガルビノキシル

証拠がある。それは、式(20)のようなラジカル捕捉剤を加えて上記のラジカル重合を行う方法である。このような化合物を重合系に加えておくと、生じたラジカルはその化合物とラジカルカップリング反応を起こして消失するから重合は起らない。重合活性種がラジカルであることを化

学的に示したもので，上記のラジカル捕捉剤は**重合禁止剤**といわれている。

ラジカル重合であることをより明白に実証したのは，電子スピン共鳴法による成長ラジカルの観測である。電子スピン共鳴（ESR）の原理は専門書を参照していただくこととして，不対電子をもつ物質の観測に使われている。スチレンの過酸化物による重合系の測定で，**図11-4**に示すようなスペクトルが観測され，コンピュータによるシミュレーションで成長ラジカルに帰属できた。

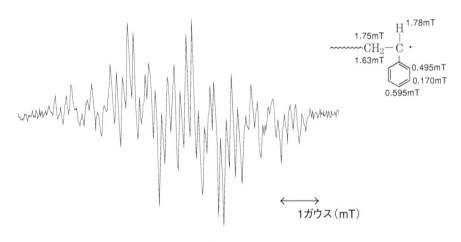

図11-4　スチレンの成長ラジカルのESRスペクトル

2.2.2　ラジカル重合の分類

ラジカル重合による高分子合成は，反応系の状態を考慮して①**塊状重合**，②**溶液重合**，③**懸濁重合**，④**乳化重合**に分類される。

①塊状重合はモノマー自身を加熱するか，開始剤を加えて行う高分子合成である。溶媒を用いないのでポリマーは純粋なものであり，透明度の高い製品が得られやすい。水族館でみられる透明な水槽，昆虫や花を埋め込んだ製品は，この方法でつくられたポリメタクリル酸メチルである。

②溶液重合はモノマーを溶媒で希釈して行う重合法である。重合熱の除去が容易である点に特徴がある。この重合で得られたポリマーは金属塗料，皮革の接着に使われている。

③懸濁重合は開始剤の入った非水溶性のモノマーを，懸濁保護剤が入った水中で撹拌し，1〜数mmの粒子として水中に分散し，粒子内でラジカル重合を行う方法である。重合反応が粒子内で進むので，重合熱の除去が容易である点に特徴がある。この重合法は温度調節がしやすく，ポリマーの取り出しが容易であるから，工業生産に広く利用されている。

④乳化重合はモノマー粒子を界面活性剤で安定なミセルの油滴として水中に分散し，通常は水溶性の開始剤を用いて重合反応を行う（**図11-5**）。水溶性の開始剤を用いることと粒子径が小さいこと（通常0.1〜数μm）が懸濁重合と異なる。水層で発生したラジカルは，ミセル中のモノマー内に達して重合が進行し，次のラジカルが侵入してくるまで停止反応は起こ

らない。そのため，重合度の高い高分子が得られる点に特徴があり，ブタジエンやイソプレンのようなジエン誘導体の重合に利用されている。

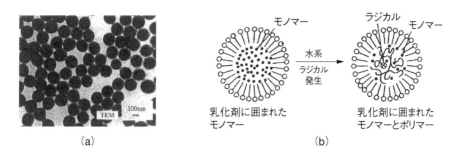

図11-5　乳化重合で得られたポリマー(a)と乳化重合モデル(b)

3　ラジカル共重合

2種あるいはそれ以上のモノマーを混合して重合すると，一般にそれらのモノマー単位からなる高分子が生成する。このように2種あるいはそれ以上のモノマーの重合は共重合，得られた高分子は**共重合体**という。例えば，$CX_2=CHX$ と $CH_2=CHY$ との共重合では下記のような共重合体が生じる。

$$CH_2=CH\ +\ CH_2=CH \longrightarrow \begin{matrix}(\!\!-CH_2-CH-\!\!/\!\!-CH_2-CH-\!\!)_n\\ \ \ \ \ \ \ \ \ \ \ X \ Y\end{matrix} \quad\quad (21)$$

その組成はモノマーの反応性に左右され，目的に応じていろいろな共重合体が合成されている。

3.1　共重合体とその意義

共重合体はそれぞれの成分だけからなる重合体（単独重合体）とは性質が異なるうえ，それぞれの重合体の混合物とも異なる性質を有するから，重合体の改質として広く利用されている（次頁図11-6）。

例えば，ポリエチレンでつくったフィルムは，その強度を利用してレジ袋に活用されているが，その性質を細かく見ると欠点もある。ポリエチレンの袋に金魚を入れて帰宅できるように，目に付くようには水分はもらさないが，実は，水分子を透過できる。酸素や二酸化炭素にいたっては，すかすかといっても過言でない。したがって，ポリエチレン性フィルムで包装した物は，保存中に簡単に酸化されるほか，好気性細菌の増殖も防ぐことはできない。

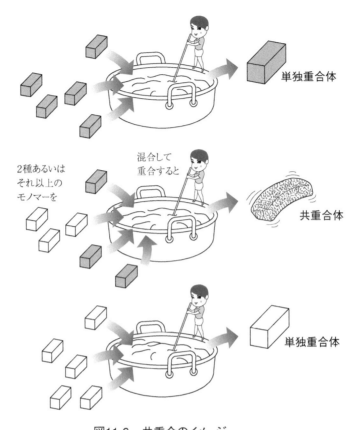

図11-6 共重合のイメージ
単独重合体でできるものと性質が異なるものができる

ところが，エチレンとビニルアルコールの共重合物のフィルムは，ポリエチレンフィルムと違い，水素，二酸化炭素，酸素などのガスがきわめて透過しにくく，長時間の食品包装に広く利用されている。

ポリブタジエンはT_gが-95〜-110℃のゴム状であるが，ベンゼン環を有するスチレン単位が混ざってくると，その量が多くなるにつれてT_gがあがるので，ゴム弾性を残した新たな用途が開けている。とくに，ブタジエン，スチレンおよびアクリロニトリルの三成分の共重合で得られた共重合体は，強い極性のCN基を有するアクリロニトリル単位が加わることにより，硬さが増大するので，すぐれた耐衝撃性を有するポリマーとなる。成分の頭文字をとってABS樹脂といわれ，旅行用トランク，パソコンのハウジング，車両の内外装部品，建材等に使われている。

その他に，共重合体になると，T_gが著しく上昇する例もある。ポリ塩化ビニリデンのT_gは-17℃，ポリアクリル酸メチルのT_gは10℃であるが，50：50の組成からなる共重合体のT_gは40℃，同じ組成の交互共重合体にするとT_gは52℃となり，単独重合体からは予想できないT_gをもつ物質が得られている。

代表的なラジカル共重合の例を**表11-1**に示す。

表11-1 共重合体

ブタジエン／スチレン　ランダム共重合体	合成ゴム，スチレン単位の存在でT_g上昇。組成比 3/1 T_g = −57℃, 1/3 T_g = −18℃
アクリロニトリル／スチレン　ランダム共重合体	スチレンより硬く，耐薬品性，耐熱性が向上。
アクリロニトリル／ブタジエン／スチレン　ランダム共重合体	ABS樹脂。耐衝撃性を有するポリマー。パソコンのハウジング，車両の内外装，建材などに利用
エチレン／酢酸ビニル　ランダム共重合体	柔軟性でゴム弾性が生じる
エチレン／ビニルアルコール　ランダム共重合体	酸素，炭酸ガス，水分子を透過し難いフィルムが得られ，エバール®という商品名で広く利用されている
アクリロニトリル／酢酸ビニル　5：1　ランダム共重合体	アクリル繊維（羊毛の風合）
エチレン／テトラフルオロエチレン　交互共重合体	電線の被覆；低引火性
エチレン／メチルアクリラート　ランダム共重合体	耐熱および耐油性の高弾性物質　主鎖に二重結合がないので耐酸化性もある
塩化ビニリデン／塩化ビニル　ランダム共重合体	繊維（商品名サラン®）

3.2 組成の制御

共重合体の性質はその組成によって異なるから，共重合体の組成の制御は重要な課題である。以下で，組成の制御について定量的に考察する。M_1というモノマーとM_2というモノマーとの共重合反応を考えると，次の4つの成長反応が存在する。ここで[M_1]と[M_2]はモノマー濃度，[$M_1\cdot$]および[$M_2\cdot$]はラジカル濃度，k_{ij} (i, j=1, 2) は成長速度定数を示す。

付加速度

$$\sim M_1\cdot + M_1 \xrightarrow{k_{11}} \sim M_1M_1\cdot \qquad k_{11}[M_1\cdot][M_1] \qquad (22)$$

$$\sim M_1\cdot + M_2 \xrightarrow{k_{12}} \sim M_1M_2\cdot \qquad k_{12}[M_1\cdot][M_2] \qquad (23)$$

$$\sim M_2\cdot + M_1 \xrightarrow{k_{21}} \sim M_2M_1\cdot \qquad k_{21}[M_2\cdot][M_1] \qquad (24)$$

$$\sim M_2\cdot + M_2 \xrightarrow{k_{22}} \sim M_2M_2\cdot \qquad k_{22}[M_2\cdot][M_2] \qquad (25)$$

その詳細は専門書にゆずるが，M_1およびM_2の濃度と得られる共重合体の組成比（$d[M_1]/d[M_2]$）との間には，次式が成り立つ。

$$\frac{d[M_1]}{d[M_2]} = \frac{[M_1]}{[M_2]} \left(\frac{r_1[M_1]+[M_2]}{[M_1]+r_2[M_2]} \right) \tag{26}$$

そこで上記の4つの素反応の速度定数の比 $r_1=k_{11}/k_{12}$ および $r_2=k_{22}/k_{21}$ が分かれば，共重合体の組成は予測できる。r_1 および r_2 は単量体反応性比と呼ばれ，種々のモノマーの組み合わせに対し決定されている。その例を表11-2に示す。

表11-2 単量体反応性非

M_1	M_2	r_1	r_2
スチレン	ブタジエン	0.78	1.39
スチレン	p-メトキシスチレン	1.16	0.82
スチレン	メタクリル酸メチル	0.52	0.46
スチレン	酢酸ビニル	55.0	～0.01
酢酸ビニル	塩化ビニル	0.23	1.68
酢酸ビニル	マレイン酸ジエチル	0.17	0.043
無水マレイン酸	酢酸イソプロペニル	0.002	0.032
アクリル酸メチル	塩化ビニル	9.0	0.083

4 イオン重合

4.1 イオン重合の特徴

前節に示したように，ラジカル重合との大きな差異は，カチオン重合の場合は成長活性種が正電荷をもつ陽イオン，アニオン重合では負電荷をもつ陰イオンからなる点である。それにともなって，以下に示すようにラジカル重合との相違点が存在する。

1) イオン重合に関与する活性種はイオンであり，活性種と反対の荷電をもつイオンが対イオンとして存在する。その対イオンがポリマーの生成速度や立体規則性など，重合反応の制御に大きな影響を与える。
2) ラジカル重合では通常，重合開始種となるラジカルの生成は，重合中じわじわと継続して発生する。それに対しイオン重合では，開始剤が最初から同時に開始反応に関与する場合が多い。
3) 成長末端の荷電間の反発のため，ラジカル重合に見られるような成長種間での二分子停止反応は起こらない。

4）イオン重合の成長末端は電荷を有しているので，中性のラジカルに比べて溶媒和を受けやすく，重合速度や得られたポリマーの立体規則性に顕著な溶媒効果が存在する。

5）ラジカル重合では一般にラジカル発生に大きな活性化エネルギーを必要とする。だが，イオン重合ではイオン発生に大きな活性化エネルギーが必要ではないから，光や放射線を使わなくても低温で重合を行うことが可能である。

モノマーに注目すると，モノマーの二重結合に結合している置換基が，電子吸引性か電子供与性かにより重合性は異なる。例えば，エチレンの水素原子が電子吸引性のCN基と置き換わったアクリロニトリルは二重結合の電子密度が低く，アニオン重合やラジカル重合では高分子が生成する。だが，カチオン開始剤では重合しない。一方，電子供与性の置換基であるアルコキシ基が結合したビニルエーテル誘導体は二重結合の電子密度が高く，カチオン開始剤で容易に重合するが，アニオン重合はしない。

このようにモノマーの置換基の性質により，カチオン重合しか起こさないモノマー，ラジカル重合でしか高分子量にならないモノマー，アニオン重合でしか高分子にできないモノマーがある。それらのモノマー群は**表11-3**のように分類される。この表から明らかなように，高分子合成の際は開始剤の選択が重要となる。

表 11-3　代表的なモノマーの重合性

カチオン重合を起こすモノマー
スチレン（$CH_2=CHC_6H_5$），イソブテン（$CH_2=C(CH_3)_2$），α-メチルスチレン（$CH_2=C(CH_3)C_6H_5$） 3-メチル-1-ブテン（$CH_2=CHCH(CH_3)_2$），ブチルビニルエーテル（$CH_2=CHOC_4H_9$）
アニオン重合を起こすモノマー
スチレン（$CH_2=CHC_6H_5$），アクリロニトリル（$CH_2=CHCN$），アクリル酸メチル（$CH_2=CHCOOCH_3$） メタクリル酸メチル（$CH_2=C(CH_3)COOCH_3$），メチルビニルケトン（$CH_2=CHCOCH_3$） ニトロエチレン（$CH_2=CHNO_2$），α-シアノアクリル酸メチル（$CH_2=C(CN)COOCH_3$） ビニリデンシアニド（$CH_2=C(CN)_2$）など
配位アニオン重合を起こすモノマー
エチレン（$CH_2=CH_2$），プロピレン（$CH_2=CHCH_3$），1-ブテン（$CH_2=CHC_2H_5$） スチレン（$CH_2=CHC_6H_5$），ブタジエン（$CH_2=CH-CH=CH_2$） イソプレン（$CH_2=CH-C(CH_3)=CH_2$）など
ラジカル重合を起こすモノマー
塩化ビニル（$CH_2=CHCl$），酢酸ビニル（$CH_2=CHOCOCH_3$） アクリル酸メチル，メタクリル酸メチル，アクリロニトリル，スチレンなど

大津隆行：「改訂高分子合成化学」，化学同人，p.37，表2-3（1979）に基づき作製。

4.2 カチオン重合
4.2.1 開始剤と重合反応

カチオン重合で高分子が生じるためには，開始剤から生じた陽イオンが不飽和結合に付加し，生じたカルボカチオンがその対イオンと結合する前に，次々と付加を繰り返すような開始剤を用いなければならない。これまで使用されている開始剤は次の三つに分類できる。

1) プロトン酸：$HClO_4$, H_2SO_4, H_3PO_4, Cl_3CCOOH, CF_3SO_3H
2) ルイス酸：BF_3, $AlBr_3$, $AlCl_3$, $SbCl_5$, $FeCl_3$, $SnCl_4$, $TiCl_4$, $HgCl_2$, $ZnCl_2$
3) その他：ヨウ素，三フッ化ホウ素ジエチルエーテラート，$(C_6H_5)_3CCl$, $\overset{+}{C_7H_7}\overset{-}{BF_4}$

プロトン酸はそれ自身にH$^+$が存在するので，式(27)のように，その不飽和結合への付加によって生じた，炭素カチオンの付加反応により重合は開始し，高分子が生成する。

$$H_2SO_4 + CH_2=CH(X) \longrightarrow CH_3-\overset{+}{CH}(X)\cdots\cdots\overset{-}{O}SO_3H \tag{27}$$

しかし，同じプロトン酸でも塩酸は開始剤にならない。それは開始剤から生じる対アニオンがCl$^-$で，求核性が高く，ただちにカルボカチオンと反応するので，HClが二重結合に付加した化合物が生じて高分子にならないからである。一般にプロトン酸による重合では，高分子量のポリマーになりにくい。分子量を上げるには対アニオンの求核性を弱めることが必要になる。

ルイス酸の場合には，それ自体では開始剤にならない場合が多い。そこでカチオンを発生させるために，水，酸，あるいはハロゲン化合物を少量添加することが必要である。これらの添加物は助触媒と呼ばれている。塩化アルミニウム（$AlCl_3$）を開始剤に用いたときを例にとると，式(28)や式(30)に示すように，まず助触媒との間で反応が起こり，カチオンが生成する。生じたカチオンの対アニオンは$AlCl_3$に配位するので負電荷が大きな対イオンに広がるから，プロトン酸の対アニオンよりも求核性が低下するので，高分子量のポリマーになり易い。

助触媒がH_2Oの場合の例

$$AlCl_3 + H_2O \rightleftharpoons \overset{+}{H}\cdots\cdots\overset{-}{AlCl_3}\cdot OH \tag{28}$$

$$\overset{+}{H}\cdots\cdots\overset{-}{AlCl_3}OH + CH_2=CH(X) \longrightarrow CH_3-\overset{+}{CH}(X)\cdots\cdots\overset{-}{AlCl_3}OH \tag{29}$$

助触媒がC_2H_5Clの例

$$AlCl_3 + C_2H_5Cl \rightleftharpoons \overset{+}{C_2H_5}\cdots\cdots\overset{-}{AlCl_4} \tag{30}$$

$$\overset{+}{C_2H_5}\cdots\cdots\overset{-}{AlCl_4} + CH_2=CH(X) \longrightarrow C_2H_5CH_2-\overset{+}{CH}(X)\cdots\cdots\overset{-}{AlCl_4} \tag{31}$$

その他の開始剤としては，すでに炭素カチオンになっているか，カチオンが生じやすいヨウ素や三フッ化ホウ素ジエチルエーテラートなども用いることができる。

$$I_2 + I_2 \longrightarrow I^+ + I_3^- \tag{32}$$

$$BF_3 \cdot O(C_2H_5)_2 \longrightarrow C_2H_5^+ + BF_3 \cdot OC_2H_5^- \tag{33}$$

式(27)〜式(33)に示すように，開始剤から生じたカチオンの二重結合への付加反応によって，重合が開始する。カチオン重合による高分子合成には，対アニオンの求核性が弱いことが必要である。生じた炭素カチオンは，式(34)に示すように，モノマーに次々と付加して高分子となるが，その後は式(35)，(36)のように，停止反応や連鎖移動反応で消失する。

成長反応

$$\sim\sim CH_2-\overset{+}{C}H\cdots\overset{-}{AlCl_3}\cdot OH \xrightarrow{n\ CH_2=CH\ |\ X} \sim\sim CH_2-CH-CH_2-\overset{+}{C}H\cdots\overset{-}{AlCl_3}\cdot OH \tag{34}$$

停止反応

$$\sim\sim CH_2-\overset{+}{C}H\cdots\overset{-}{AlCl_3}\cdot OH \longrightarrow \sim\sim CH_2-CH-OH + AlCl_3 \tag{35}$$

成長反応の停止は1分子的に起こる。

連鎖移動反応

$$\sim\sim CH_2-\overset{+}{C}H\cdots\overset{-}{AlCl_3}\cdot OH \xrightarrow{CH_2=CH\ |\ X} \sim\sim CH=CH + CH_3\overset{+}{C}H\cdots\overset{-}{AlCl_3}\cdot OH \tag{36}$$

成長カチオンのβ位の炭素に結合している水素原子は，モノマーや対アニオンによってH^+として引き抜かれやすいので，連鎖移動反応を受けやすい。したがって，カチオン重合で得られるポリマーは，一般にラジカル重合やアニオン重合で得られるポリマーに比べて高分子量になりにくい傾向がある。しかし，対イオンの求核性を落とす工夫によってリビング重合が可能になった。

4.2.2 リビングカチオン重合

成長カチオンは連鎖移動反応（式(36)）を受けやすいので，その成長種を長寿命に保持することは不可能であると考えられていた。ところが式(37)や式(38)に示すように，プロトン酸にZnX_2のような弱いルイス酸を加えておくと，対アニオン（B^-）とルイス酸との錯体（$B^{\delta-}\cdots MX_n$）が生じ，対アニオンの求核性が下がる。そのため連鎖移動反応が抑制され，重合収率とともに分子量は増加することが見いだされた。このような重合挙動はルイス酸に弱い塩基を少量添加した系でも見いだされた。その一例を次頁の**図11-7**に示す。この場合には，式(38)に示すように，成長炭素カチオンへの酢酸エチルの弱い配位が不安定なカチオンを安定化したため，副反応が抑制されたと考えられている。活性末端の反応性は保持され，他のモノマーを加えるとブロック共重合体の合成も可能となった。このように，反応終了後も高分子末端

プロトン酸の場合

$$\text{CH}_2=\underset{\text{OR}}{\text{CH}} \xrightarrow{\text{HB}} \text{H-CH}_2-\underset{\text{OR}}{\overset{+}{\text{CH}}}\ \overset{-}{\text{B}} \xrightarrow{\text{MX}_n} \text{H-CH}_2-\underset{\text{OR}}{\overset{\delta+}{\text{CH}}}\cdots\overset{\delta-}{\text{B}}\cdots\text{MX}_n \tag{37}$$

$$\xrightarrow{\text{モノマー}} \text{H-(CH}_2\text{-CH)}_{\overline{n}}\text{CH}_2\text{-CH}\cdots\text{B}\cdots\text{MX}_n \quad (\text{リビングポリマー})$$

（δ^+, δ^- は部分的にイオン化した状態を示す。）

安定化剤（MX_n）として，$ZnCl_2$，$SnCl_2$，I_2など弱いルイス酸が使用されている。

ルイス酸の場合

$$\text{CH}_2=\underset{\text{OR}}{\text{CH}} \xrightarrow{\text{H}^+\text{MX}_n^-} \text{H-CH}_2-\underset{\text{OR}}{\overset{+}{\text{CH}}}\ \overset{-}{\text{MX}_n} \xrightarrow{\text{B}} \text{H-CH}_2-\underset{\text{OR}}{\overset{\delta+}{\text{CH}}}\cdots\overset{\delta-}{\text{B}}\cdots\text{MX}_n \tag{38}$$

$$\xrightarrow{\text{モノマー}} \text{H-(CH}_2\text{-CH)}_{\overline{n}}\text{CH}_2\text{-CH}\cdots\text{B}\cdots\text{MX}_n \quad (\text{リビングポリマー})$$

安定化剤（B）として，酢酸エチルやテトラヒドロフランなど弱いルイス塩基が少量添加されている。

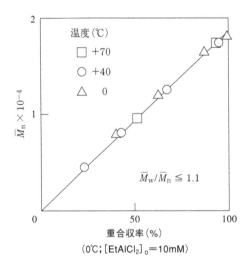

図11-7 添加塩基（酢酸エチル）を用いたイソブチルビニルエーテルのリビングカチオン重合の例（ヘキサン中，$EtAlCl_2$開始剤，重合温度：0〜70℃）

の活性が保持されるような重合は**リビング重合**という。活性種がカチオンの場合は**カチオンリビング重合**という。カチオンリビング重合の発見によって，カチオン重合でしか高分子にで

きないビニルエーテルやイソブチレンの連鎖をもつブロック共重合体の合成が可能になった。
　工学的にはリビングカチオン重合によってスチレンとイソブチレンとのブロック共重合体が作られ，新たなエラストマーとしてスチレンの用途を拡げることに成功している。

4.3　アニオン重合
4.3.1　開始剤とモノマー

　アニオン重合では開始剤とモノマーとの反応によって，生じたカルボアニオンが次々と付加を繰り返すことによって高分子が生成する。開始剤には2つのタイプがある。一つは求核試薬，もう一つは電子移動を利用した開始剤である。

開始反応
$$C_4H_9Li + CH_2=CH(C_6H_5) \longrightarrow C_4H_9CH_2CH^-Li^+(C_6H_5) \tag{39}$$

成長反応
$$C_4H_9CH_2CH^-Li^+(C_6H_5) + n\,CH_2=CH(C_6H_5) \longrightarrow C_4H_9\text{-}(CH_2CH(C_6H_5))_n\text{-}CH_2CH^-Li^+(C_6H_5) \tag{40}$$

a）求核試薬としての開始剤

　もっとも広く利用されている開始剤はブチルリチウム（$CH_3CH_2CH_2CH_2Li$：C_4H_9Li）で，式（39）と（40）のように，テトラヒドロフランを溶媒に用いてスチレンの重合を行うと，重合系はただちに赤色に変化し，すみやかに高分子が生成する。

　グリニヤ試薬（RMgBr）のように求核性がC_4H_9Liよりも低い開始剤ではスチレンやブタジエンは重合しないが，電子吸引性の強い置換基をもつメタクリル酸メチルは重合する。さらに求核性の弱いナトリウムアルコキシド（RONa）のような開始剤ではメタクリル酸メチルは重合しないが，より強い電子吸引基のシアノ基をもつアクリロニトリルは重合する。シアノ基が2個ついたシアン化ビニリデンになると，水やアミンが開始剤になる。このように，モノマーに応じて，利用できる開始剤の範囲が異なる。この点に注目し，鶴田は，開始剤を求核性に応じⓐからⓓまでおおまかに4段階に分け，モノマーをアニオン重合性の増加する順序にⒶからⒹまで4グループに別けると，次頁の表11-4に示すような組み合わせが可能で，開始剤からモノマー側へ実線で結んだ組み合わせだけがアニオン重合を起こすことを示した。

b）電子移動型開始剤

　電子移動反応による開始剤は，ナトリウムのようなアルカリ金属やナトリウムナフタレンが代表的例である。開始剤からモノマーへの電子移動反応でアニオンラジカルが生じ，その

表11-4 アニオン重合におけるモノマーおよび触媒の反応
鶴田禎二：「新訂高分子合成反応」，日刊工業新聞社，p.122(1976)より引用。

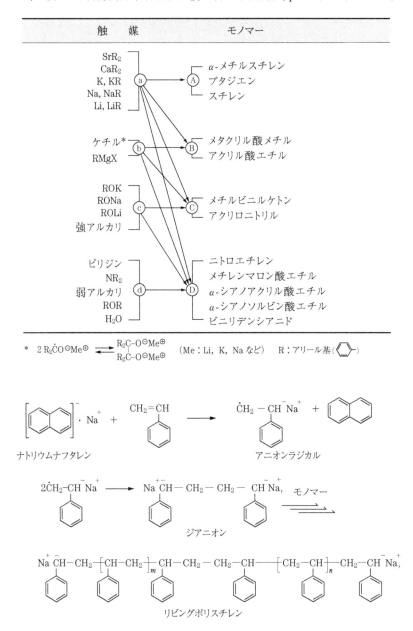

図11-8 電子移動によるスチレンのアニオン重合

ラジカルカップリングで生じたアニオンにより両端に重合が進む。ナトリウムナフタレンによるスチレン重合の例を図11-8に示す。
　アニオン重合ではモノマーによっては，以下に述べるように，成長アニオンが成長鎖の側鎖と

反応して停止する場合がある。その例をアクリロニトリルで示す（式(41)）。成長アニオンがC≡N基と反応し〜〜〜C=N⁻となるが，〜〜〜C=N⁻に開始する能力がないので停止反応となる。

$$\text{〜〜〜CH}_2\text{-CH}(\text{CN})\text{-CH}_2\text{-CH}(\text{C≡N})\text{-CH}^-\text{-C≡N} \longrightarrow \text{〜〜〜CH}_2\text{-CH}(\text{CN})\text{-CH}_2\text{-CH}(\text{C≡N})\text{-CH(C≡N)-C=N}^- \tag{41}$$

4.3.2　リビングアニオン重合

　十分乾燥したテトラヒドロフランを溶媒に用い，先に示したナトリウムナフタレンまたはブチルリチウムでスチレンの重合を行うと，停止反応のない重合反応が見いだされた。重合終了後，ふたたびモノマーを追加すると，重合反応がさらに進行し，その分だけ分子量が増加する。また重合終了後に別のモノマーを加えると生じた高分子の活性末端から，また別のモノマーが重合し，ブロック共重合体が生成する。その例を式(42)に示す。このように，停止反応や連鎖移動反応がなく，重合終了後も高分子鎖末端の活性が保持されたリビング重合が進行する。上記のように活性種がアニオンの場合には**リビングアニオン重合**という。現在，スチレンに限らず，ジエン誘導体やメタクリル酸エステルなど多くのモノマーでリビング重合する例が見い出されている。リビング重合では得られる重合活性種の数が変わらないので，生成ポリマーの重合度（P_n）は（反応したモノマーの分子数）／（全活性種分子数）で表され，分子量分布が狭い点に特徴がある（p.145コラム参照）。

$$n\,CH_2=CH(C_6H_5) \xrightarrow{R:^-Li^+} R-[CH_2CH(C_6H_5)]_{n-1}-CH_2CH(C_6H_5):^-Li^+ \xrightarrow{m\,CH_2=C(CH_3)CO_2CH_3} \tag{42}$$

$$R-[CH_2CH(C_6H_5)]_n-[CH_2C(CH_3)(CO_2CH_3)]_{m-1}-CH_2C(CH_3)(CO_2CH_3):^-Li^+$$

4.3.3　立体規則性

　イオン重合ではポリマーの成長末端は対イオンをともなっているため，成長反応はその影響を受け，モノマーの付加方向が立体的に強く規制されることが多い。一般に無極性溶媒中では対イオンが溶媒和を受けにくいから，イオン対として隣接して存在する。そのためにメタクリル酸メチル（**MMA**）を低温下，トルエンのような無極性溶媒中でアルキルリチウムにより重合すると，対イオンであるLi⁺はテトラヒドロフランに末端および前末端のカルボニル基の酸素原子と配位しているのみならずモノマーのカルボニル基の酸素原子とも配位するので，モノマーの反応する方向が規制され，イソタクチックポリマーが生じる（**図11-9**(a)）。それに対し，極性溶媒のテトラヒドロフランを溶媒にした場合には，対イオンであるLi⁺が

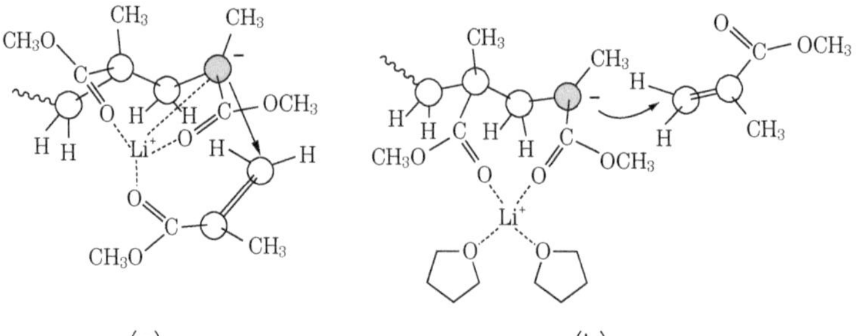

図11-9 (a) 非極性溶媒(トルエン)中におけるBuLiによるMMAの成長反応
(b) 極性溶媒(テトラヒドロフラン)中におけるBuLiによるMMAの成長反応
──→ はアニオン成長種がモノマーへ付加する様子を示す

テトラヒドロフランに配位しており（図11-9(b)），重合するモノマーは規制されないので，シンジオタクチック単位の多いポリマーになる。

その他，イソプレンを炭化水素溶媒中でリチウムやブチルリチウムで重合すると，天然ゴムと同じ構造のシス-1,4ポリイソプレンが生成する。これは成長アニオンと対イオンの間にモノマーがシス型配位し，式(43)のような中間体を通して重合が進行するからと説明されている。

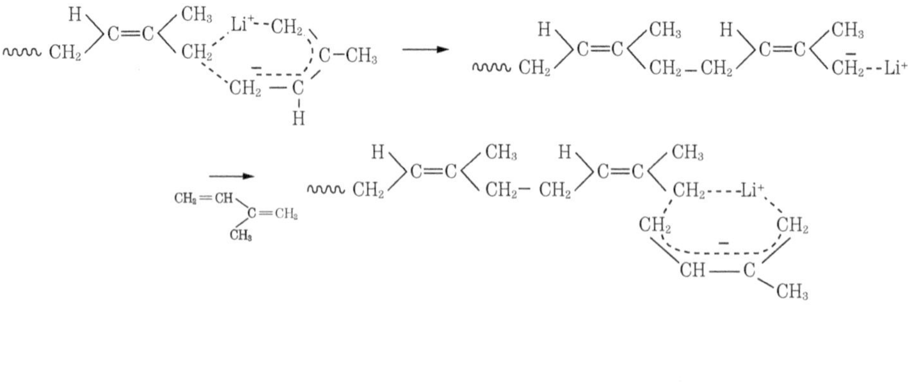

$$(43)$$

先にMMAのアニオン重合の例を示したが，エステルのメチル基がかさ高いトリフェニルメチル基になったメタクリル酸トリフェニルメチルをブチルリチウムで重合すると，側鎖がかさ高いので，その反発で極性溶媒中でもイソタクチックでらせんを巻いたポリマーになる。とくに，非極性のトルエンを溶媒に用い，対イオンの光学活性な配位子となる(－)-スパルテンを加えておくと，不斉中心をもつスパルテンが対カチオンであるLi$^+$に配位し，その影響が生成する高分子構造に及び，らせんの方向が一方向になることが見い出されている。らせんの生成は，この高分子溶液を直線偏光が通過すると，偏光面が大きく回転（旋光度 $[\alpha]_D 350°$）することから明らかにされている（p.40コラム参照）。

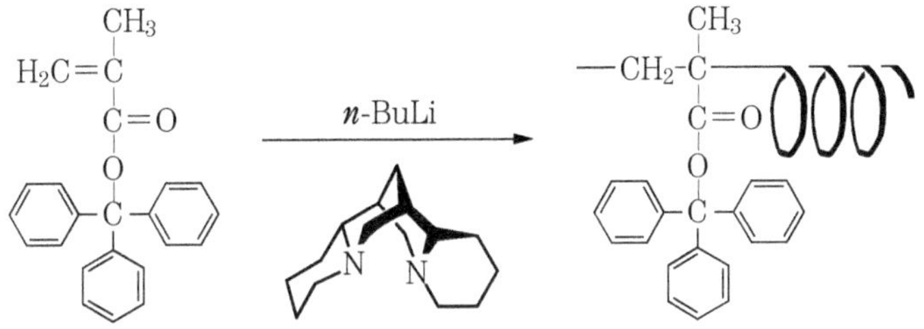

メタクリル酸　　　　　　　(-)スパルテン
トリフェニルメチル

5　配位重合

　プロピレンのように，エチレンの1個の水素がアルキル基で置換されたモノマーは，ラジカル重合やイオン重合のいずれによっても，高分子量ポリマーにならない。プロピレンのラジカル重合ではモノマーの二重結合のとなりのメチル基から水素原子を引き抜き，重合禁止剤になるアリルラジカル($CH_2=CH-\dot{C}H_2$)が生成する。カチオン重合の場合もプロトン移動すなわち連鎖移動反応が起こりやすいので高分子量にならない。また，二重結合の電子密度を考えると，メチル基の存在で電子密度は高くなっているからアニオン重合にも適さないモノマーである。しかし，遷移金属化合物と有機金属化合物から生じる金属錯体を開始剤に用いると，モノマーが遷移金属に配位する場合，その遷移金属に結合している重合活性種の近傍にくるので，付加反応され易い状態になっている。そのため常温でも高分子量ポリマーをつくることが可能である。配位による重合の代表的な例を，$TiCl_4$と$Al(CH_2CH_3)_3$から生じた固体化合物が，プロピレンの重合触媒となる場合で示す。この重合反応では，図11-10に示すように，$TiCl_4$と$Al(CH_2CH_3)_3$から生じた固体化合物が重合触媒になる。その理由は，触媒

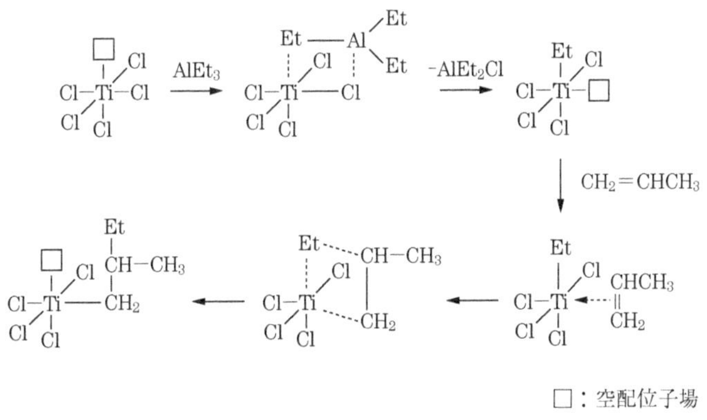

□：空配位子場

図11-10　コッセーによる配位重合の機構（プロピレンを例にして）

の表面（固体）には，□で示した格子欠損部が存在している。そこにプロピレンの二重結合が配位し，隣接したところに存在する成長活性種の攻撃を受け，高分子が生成するといわれている。その際，プロピレンのようにモノマーにメチル基のような置換基がついていると，その嵩高さにより配位する二重結合の方向が決まるので，成長反応に立体因子が加わり**立体規則性高分子**が生成する。

　プロピレンの代わりにエチレンを導入しても，すみやかに重合が起こる。ポリエチレンはラジカル重合でもつくられているが，通常のラジカル重合条件では高分子は生成しにくい。ラジカル重合が起こるためには，1000気圧以上，150℃にする必要がある。そうすると，付加重合のほかに，生じた高分子鎖から水素引き抜き反応も起こるので，枝の多いポリエチレンが生じる。

　モノマーの配位によりその反応性が上がるから、高分子生成の反応条件が温和になり副反応が抑制される。そのために枝の少ないポリエチレンが得られるのである。

　配位重合は固体触媒である必要はない。**図11-11**に示すような，第4族元素すなわちチタニウム，ジルコニウムおよびハフニウムの塩化物にシクロペンタジエンまたはその同族体が配位子として結合している化合物は，溶媒中，メチルアルミノキサン（MAO）の存在下でエチレンやプロピレンを重合する。生じたポリプロピレンは優れた立体規則性を示すのみならず，配位子だけをかえることによりイソタクチックポリプロピレンだけでなくシンジオタクチックポリプロピレンも合成することができるので，高分子の分子設計がより発展し，工業生産に利用されている。この種の触媒は発見者の名をとり，**カミンスキー触媒**として注目されている。

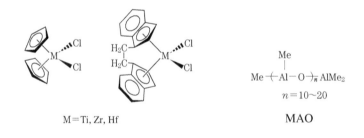

図11-11　溶液中で用いられる配位重合触媒

　カミンスキー触媒にはシクロペンタジエンやその誘導体が用いられるが、配位子の対称性や架橋構造を変えるだけで非立体特異的からイソ特異的に結合した立体規則性高分子やシンジオ特異的に結合した立体規則性高分子まで合成できるようになった。ジルコニウムの場合を例にとり、配位子による立体規則性の変化を**図11-12**に示す。

　金属錯体を用いた配位重合ではモノマーが配位して常温常圧で重合するので，枝のない高分子量の高分子が生じることを強調しておく。その他，$TiCl_4$-Et_3Alを開始剤に用いるとイソプレンのようなジエン化合物も立体規則性重合する。その場合には式（45）のように，イソプレンがシス型に配位して重合するので，天然高分子と同じシス-1,4-ポリイソプレンとな

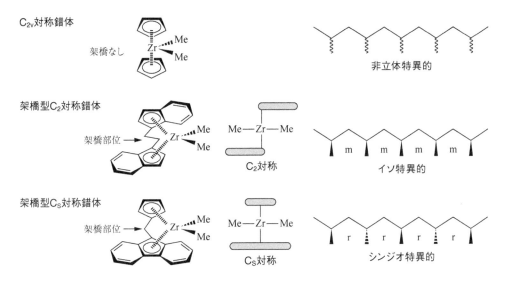

図11-12 メタロセン触媒によって得られる高分子の立体規則性制御

表11-5 チーグラー型触媒による主な立体規則性ポリマー

モノマー	触 媒	立体規則性
イソプレン	TiCl$_4$-AlEt$_3$	シス-1,4
イソプレン	VCl$_3$-AlEt$_3$	トランス-1,4
ブタジエン	VCl$_3$-AlEt$_3$	トランス-1,4
ブタジエン	CoCl$_2$-ピリジン-Et$_3$AlCl	シス-1,4
ブタジエン	Co(*acac*)$_3$*-AlR$_3$-CS$_2$	1,2-シンジオタクチック
ブタジエン	Cr(CNC$_6$H$_5$)$_6$-AlR$_3$	1,2-イソタクチック

* *acac*：アセチルアセトナート

る（表11-5）。TiCl$_4$のかわりにVCl$_3$やVCl$_4$を用いると，トランス1,4単位からなるポリイソプレンとなる。

3章で，ジエン化合物は複数の構造単位をとることが可能であることを示したが，表11-5に示すような配位重合開始剤を用いれば，遷移金属やその配位子を選ぶことにより，一つの構造単位からなる高分子が合成されている。

Ti(OC$_4$H$_9$)$_4$と(C$_2$H$_5$)$_3$Alから調整した錯体を触媒に用いると，アセチレンからもポリマーが生成する。とくにガス状のアセチレンを高濃度の開始剤溶液と接触させると，界面で重合が起こる。その結果，金属光沢を示すポリアセチレンフィルムが生じることが明らかになっ

た．このフィルム状ポリマーの発見は，電気を通すプラスチック，すなわち導電性高分子の発見につながった．この発見者である白川英樹博士にはノーベル賞が贈られた．

　金属—炭素二重結合からなる金属カルベン錯体はアセチレン誘導体が配位し，式(46)のように錯体の組み換えを通して重合が起こるので，その手法を用いていろいろなポリアセチレンやその誘導体が合成されている．

$$M=C \xrightarrow[\text{付加}]{R-C\equiv C-R'} \begin{array}{c}M-C\\||\ \ ||\\C=C\\R'\ \ R'\end{array} \xrightarrow{\text{開裂}} \begin{array}{c}M\ \ C\\||\ \ ||\\C\ \ C\\R'\ \ R'\end{array} \xrightarrow[\text{付加・開裂の}]{nR-C\equiv C-R'}_{\text{くり返し}} +\!\!\!\left[\!\begin{array}{c}\\ \\R\ \ R'\end{array}\!\right]\!\!\!-_n \qquad (46)$$

　金属カルベン錯体の開始剤として，W，Mo，Ruなどの金属錯体が知られている（図11-16参照）．このように金属カルベン錯体を開始剤とする重合は**メタセシス重合**といわれている．モリブデン，タングステン塩化物と有機スズやリチウム化合物を組み合わせた開始剤からさまざまなポリアセチレン誘導体がつくられているが，これも同じような金属カルベンの錯体を経由するメタセシス重合である．その例を式(47)(48)に示す．

$$WCl_6 + 2Me_4Sn \xrightarrow{-2Me_3SnCl} Me_2WCl_4 \xrightarrow{-CH_4} CH_2=WCl_4 \qquad (47)$$

$$MoCl_5 + 2MeLi \longrightarrow CH_2=MoCl_3 + CH_4 + 2LiCl \qquad (48)$$

6 グループ移動重合

6.1 シリル基移動重合

　二フッ化カリウム（$K^+HF_2^-$）のような求核試薬を触媒に用いると，シリルケテンアセタール(1)の存在下ではメタクリル酸エステルやアクリル酸エステルが重合する（式(49)）．この重合では求核試薬（HF_2^-）がシリルケテンアセタールのシリル基に配位することにより，(1)の求核性が高まる．その状態になったものが開始剤となって，モノマーの付加とシリル基の移動が起こり，そのくり返しで高分子が生成する．これは**グループ移動重合**と呼ばれている．MMAの重合例を式(49)に示す．末端はシリルケテンアセタールの構造が保たれるので，リビング重合で別のモノマーを加えてブロック共重合体もつくられている．この重合はアニオン重合では得られないアリル基（$CH_2=CHCH_2$）や，ソルビル基（$CH_3CH=CH-CH=CHCO-$）をもつメタクリル酸エステルや，アクリル酸エステルで高分子が得られる点に特徴がある．

$$（49）$$

6.2 リビングラジカル重合
a）リビング重合への道を拓いたイニファーター

ラジカル重合における連鎖移動反応は通常,分子量を低下させる反応である。だが,式(50)の試薬は,S-SやC-S結合が切れて容易にチオカーバメートラジカルが生じ,開始剤となると同時に連鎖移動剤となる。開始反応や連鎖移動反応で生じたラジカルは,停止反応(このような停止反応は一次ラジカル停止という)にも関与する。この試薬のように開始剤だけでなく,連鎖移動剤さらに停止剤にもなるような開始剤はその英語名(initiation, chain transfer, termination)からini, fer, terをとり**イニファーター**(iniferter)と呼ばれている。このイニファーターの濃度を調節して重合すると,**図11-13**に示すように,成長ラジカルの二分子停止が起こる前に,連鎖移動反応や一次ラジカル停止を起こさせれば,末端にチオカーバメート基を有する高分子が生成する。

$$（50）$$

成長末端はチオカーバメートラジカルとカップリングによって安定化しているが,生じたC-S結合は弱く,熱や光でその結合が再び切れ,生じたラジカルから再び重合が開始される。そのため見掛け上は停止のないラジカル重合(リビング重合)になる(図11-13)。

これは高分子末端のチオカーバメート基の移動にともなう重合で,一種のグループ移動重合と考えられる。この重合法を発見した大津(大阪市大, 2015年没)は,ラジカル重合によってもブロック共重合体の合成が可能なことを示し,ラジカル重合の分野に新たな展望を開いた。これは,ノーベル賞に値する発見であった。

b）ニトロキシルによるリビングラジカル重合（NMP）

式(51)の2,2,6,6-テトラメチルピペリジン-1-オキシル(**TEMPO**)は,成長ラジカルと速やかにカップリングしてC-O結合を形成するので,強力な重合禁止剤であることが知られていた。したがってTEMPO存在下60℃で,スチレンを過酸化ベンゾイルによって重

$$（51）$$

合しようとしても，重合は起こらない。

ところが，100〜120℃に重合温度をあげるとスチレンの重合が起こることが見いだされた。これは図11-14に示すように，100〜125℃では，カップリングで生じた結合が再び切断され

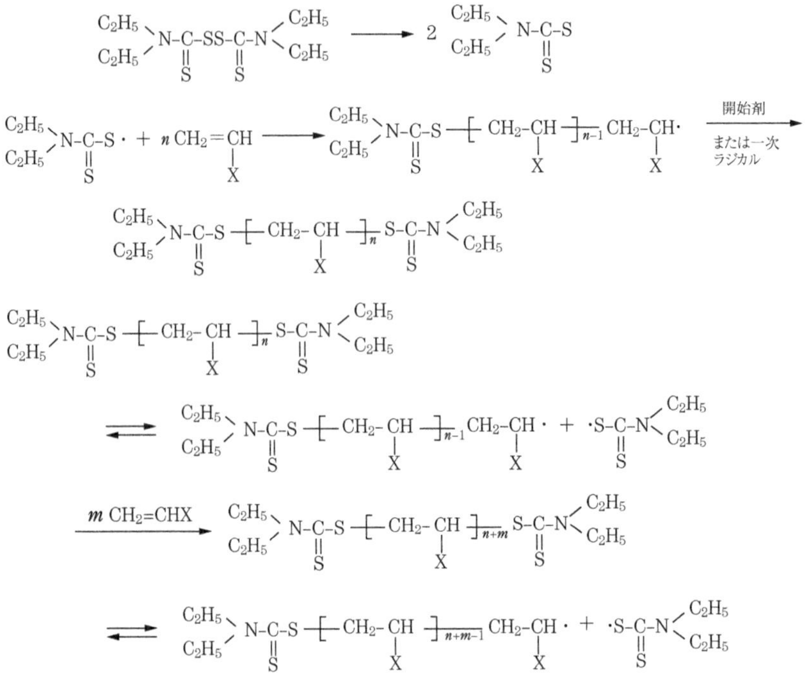

図11-13　イニファーターによる高分子合成

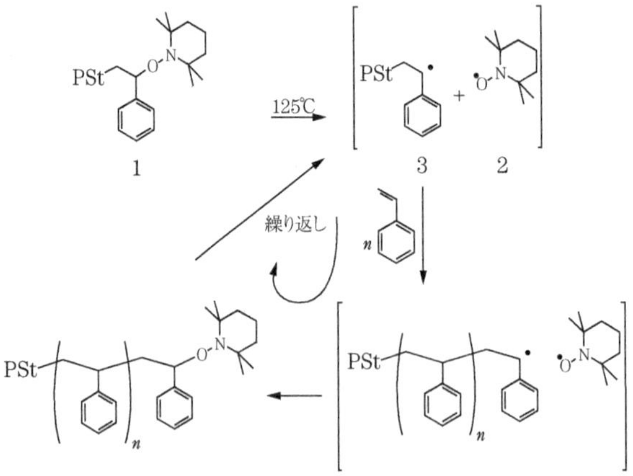

図11-14　ニトロキシドによるスチレンの重合
PSt：ポリスチレン鎖を示す

第11章　連鎖重合

るので，成長ラジカルとTEMPOが再生され，成長ラジカルからは再び重合が起こる。すなわち成長と停止の繰り返しによって高分子鎖が成長するのである。停止が起こって再び成長反応が起こるので，見掛け上は停止のない重合反応となる。これもTEMPOの移動による重合で，1種のグループ移動重合と考えられる。

ニトロキシルによるラジカル重合はnitroxide-mediated radical polymerizationといわれ，その頭文字をとってNMPといわれている。

NMPの展開に利用されている代表的なニトロキシルを図11-15に示す。(1)と(2)はスチレンの重合に有効であるが，アクリル酸など他のモノマーの重合には利用できなかった。その後，(3)および(4)が合成され，アクリル酸エステル，アクリルアミド，アクリロニトリルおよび1,3ジエンのリビングラジカル重合が起こることが分かった。また(5)のような嵩高いニトロキシドを用いると60℃でも重合が進行することも見いだされ，NMPの用途が広がった。さらに，(6)のような光反応基をもった化合物に光を照射し温度を下げた状態でNMPを行おうとする試みがある。

図11-15　ニトロキシル開始剤

6.3　可逆的付加開裂型連鎖移動重合（リビングラジカル重合）

6.3.1　RAFT

通常の連鎖移動反応で生じた高分子からラジカル重合が再開始されることはない。しかし，下記のようなジチオエステルのような連鎖移動剤を用いる場合には，連鎖移動は式(53)のように起こり，高分子末端がジチオエステルになっている。通常の連鎖移動剤であれば，そ

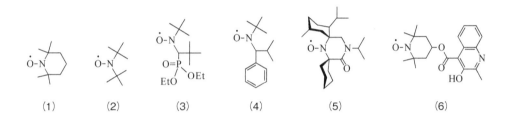

こから再開始することはないのだが，連鎖移動で生じる高分子が同種のチオエステルになるから，それが連鎖移動剤となり再び元の高分子ラジカルが生じて，成長反応が再開される。したがって，このような連鎖移動剤は**可逆的付加開裂型連鎖移動剤**といい，その濃度を調節しておけば，連鎖移動と再開始が何度も繰り返され，式(55)のような平衡が成り立ち，結局，停止反応のないラジカル重合すなわちリビングラジカル重合が進行する（図11-16）。

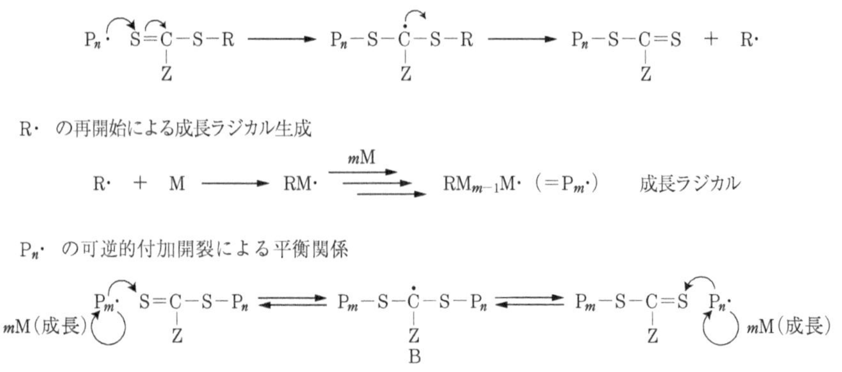

$$P_n\cdot \quad S=C-S-R \longrightarrow P_n-S-\overset{\cdot}{C}-S-R \longrightarrow P_n-S-C=S \;+\; R\cdot \qquad (53)$$
$$Z Z Z$$

R・の再開始による成長ラジカル生成

$$R\cdot \;+\; M \longrightarrow RM\cdot \xrightarrow{mM} RM_{m-1}M\cdot \;(=P_m\cdot) \qquad 成長ラジカル \qquad (54)$$

$P_n\cdot$ の可逆的付加開裂による平衡関係

$$P_m\cdot\;\; S=C-S-P_n \rightleftarrows P_m-S-\overset{\cdot}{C}-S-P_n \rightleftarrows P_m-S-C=S\;\; P_n\cdot \qquad (55)$$
$$mM(成長) B mM(成長)$$

図11-16　可逆的付加開裂型連鎖移動重合(RAFT)

この重合法は，可逆的付加開裂型重合のReversible Addition-Fragmentation Chain Transfer Polymerizationという英語名から頭文字をとり，RAFT重合と名づけられ，現在はいろいろな機能高分子の合成に活用されている。

理解を深めるため，スチレンのRAFTによるリビング重合を図11-17に示す。

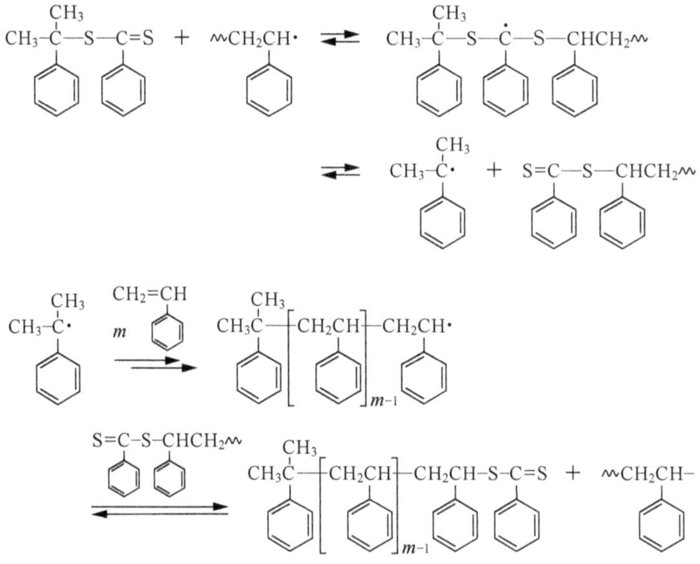

$$(56)$$

$$(57)$$

図11-17　RAFT試薬によるスチレンの重合

これまではチオエステルの場合であったが，図11-18に示すような化合物でもリビング重合になることが見い出され，RAFT試薬として広く活用されている。

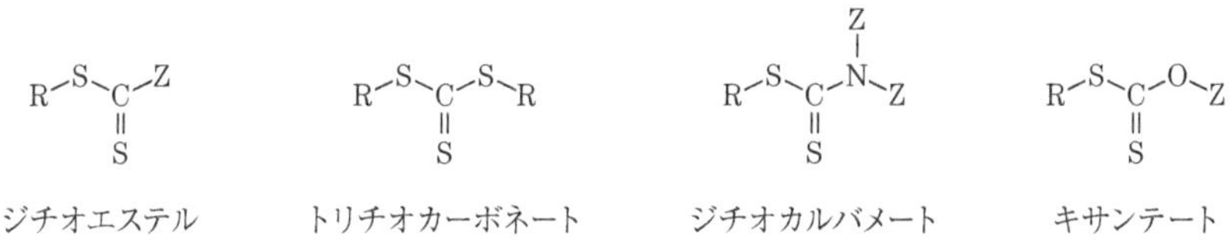

第11章 連鎖重合

ジチオエステル　　トリチオカーボネート　　ジチオカルバメート　　キサンテート

図11-18　代表的なRAFT重合の試薬

6.3.2　TERP (Organotellurium-mediated radical polymerization)

有機テルル化合物（R-Te-Z；Zは図11-19に示す）を用いると，次式に示すようにラジカルの可逆的付加による連鎖移動反応により，いろいろなビニル化合物やジエン化合物のリビングラジカル重合が進行することが見い出された。その重合機構はRAFTと似ているようにみえるが，RAFTと異なり，中間体が生じることなく，一段階で反応が進行する。この重合では

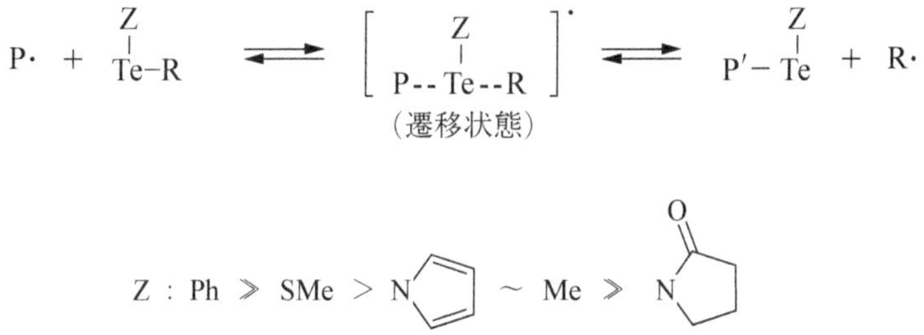

$$P\cdot + \underset{R}{\overset{Z}{Te-R}} \rightleftarrows \left[\underset{R}{\overset{Z}{P\text{--}Te\text{--}R}}\right]^{\cdot} \rightleftarrows P'-\underset{}{\overset{Z}{Te}} + R\cdot$$

（遷移状態）

Z : Ph ≫ SMe > N-pyrrolyl 〜 Me > N-pyrrolidonyl

図11-19　有機テルル化合物（連鎖移動剤）による連鎖移動反応

スチレンやメタクリル酸エステルのような共役モノマーだけでなく，置換基（Z）を変えると反応性が変ることもわかり，酢酸ビニルやN-ビニルカルバゾールのような非共役モノマーも重合する。したがって反応性の大きく異なるモノマーの重合を同一連鎖移動剤を用いて遂次行うことができるので，共役モノマーと非共役モノマーのブロックポリマーも可能になった。その重合反応を図11-20に，ブロックポリマー合成の具体例を図11-21に示す。

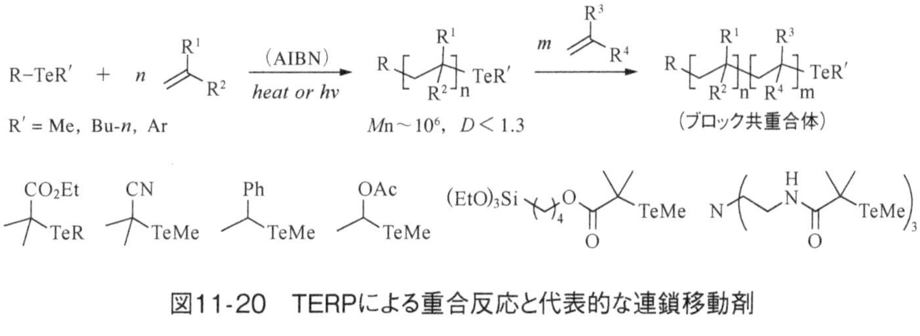

R-TeR' + n CH₂=CR¹R² → (AIBN, heat or hv) → R-[CR¹R²-CH₂]ₙ-TeR'　　Mn〜10⁶, D < 1.3

＋ m CH₂=CR³R⁴ → R-[CR¹R²-CH₂]ₙ-[CR³R⁴-CH₂]ₘ-TeR'

（ブロック共重合体）

R' = Me, Bu-n, Ar

代表的連鎖移動剤：
- CH(CO₂Et)(TeR)
- C(CN)(Me)₂(TeMe)
- CH(Ph)(Me)(TeMe)
- CH(OAc)(Me)(TeMe)
- (EtO)₃Si(CH₂)₄O-C(=O)-C(Me)₂-TeMe
- [N-CH₂CH₂-NH-C(=O)-C(Me)₂-TeMe]₃

図11-20　TERPによる重合反応と代表的な連鎖移動剤

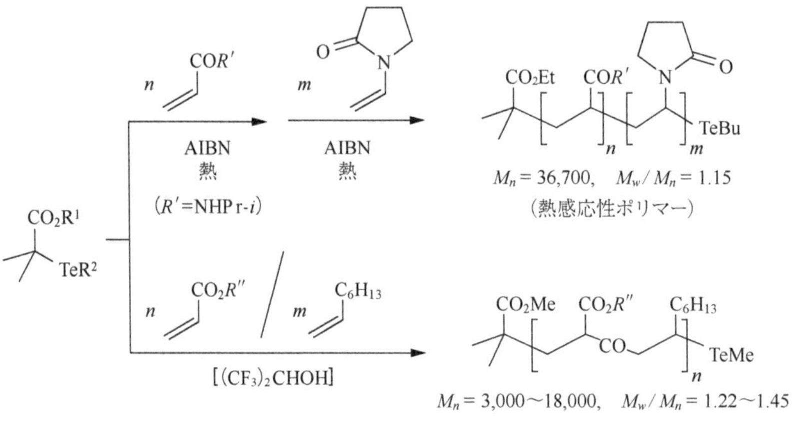

図11-21 TERPによる共役モノマーと非共役モノマーの共重合

6.4 原子移動重合（Atom Transfer Radical Polymerization）

CuCl$_2$やFeCl$_3$のようなCu(II)やFe(III)からなる化合物は通常，ラジカル禁止剤といわれていたが，その低原子価錯体（Cu(I)やFe(II)錯体）はハロゲン化アルキル（RX）の存在下では，次のような低原子価状態と高原子価状態の平衡関係が成立している。

$$R-X + M^n X_n L_m \rightleftharpoons R\cdot\ M^{n+1} X_{n+1} L_m \tag{58}$$

低原子価状態　　　　　　　高原子価状態

ここで，M^nはRu(I)，Cu(I)，およびFe(II)のようなn価の金属イオン，Lは配位子，Xはハロゲン原子を示す。一般に$M^n X_n L_m$と表し，図11-22および23に示すような錯体が用いられている。

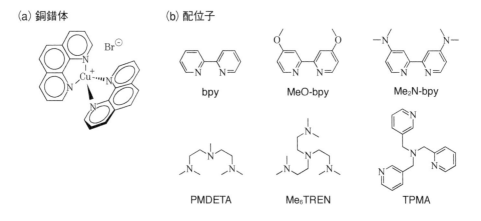

図11-22　代表的なCu(I)錯体触媒と利用される配位子の例

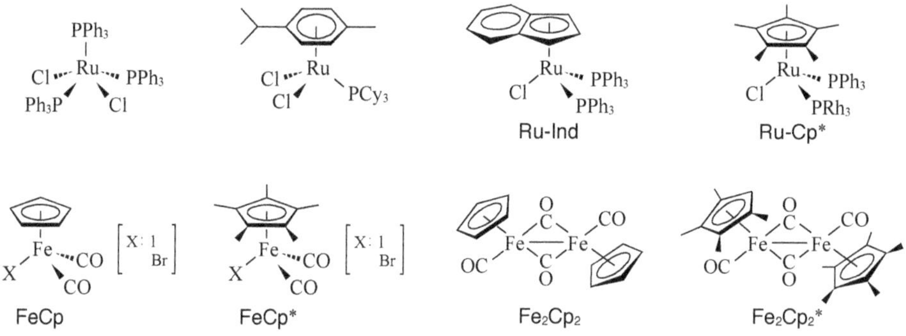

図11-23 代表的なRu(Ⅰ)錯体触媒およびFe(Ⅱ)錯体触媒

この系にスチレンやMMAのようなビニルモノマーが存在すると，アルキルラジカルからラジカル重合が始まる。成長ラジカルは再びハロゲン原子（X）とカップリングして，末端にC—X結合を有するポリマーとなる。この末端にあるC—X結合から，再び成長ラジカルが生じ，成長反応が再発するので，成長と停止が繰り返され重合時間すなわち重合収率とともに分子量が増大する。この場合も見掛け上は停止反応のないリビングラジカル重合であり，原子移動重合または英語の頭文字を取ってATRPと呼ばれている。その一例を図11-24に示す。

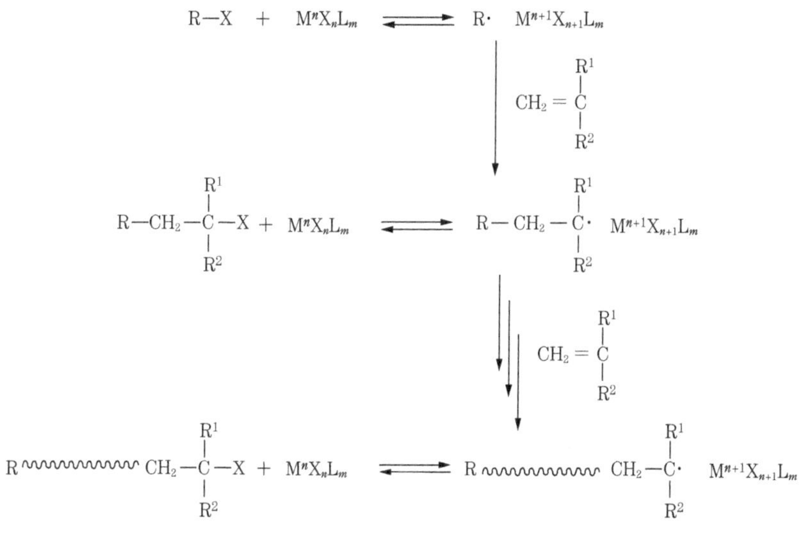

図11-24 原子移動重合（ATRP，M=Cu,Ru,Fe）

理解を深めるためスチレンの銅(錯体による重合例を図11-25に示す。

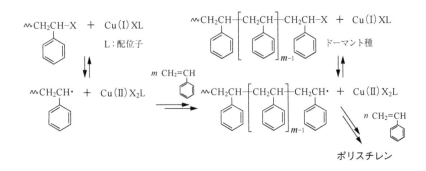

図11-25　Cu(I)錯体触媒によるスチレンの重合

7　開環重合

　開環重合は環状モノマーがカチオン，アニオン，ラジカルなどの活性種との反応によって開環し，新たな活性種が生成することで進行する。
　開環重合で高分子になるモノマーの構造に注目すると，いずれも酸素，窒素，イオウなどのヘテロ原子を含むか，または二重結合を有している。開環重合を化学式にまとめて示すと式 (59) となる。式中Xは表11-6に示した官能基である。
　開始剤は通常，イオン重合の開始剤や金属錯体で，ラジカル開始剤では7.3に示すような特殊なモノマー以外は重合しない。

$$\left[\begin{array}{c}(CH_2)_m\\X\end{array}\right] \longrightarrow +(CH_2)_m-X\!\!+_n \tag{59}$$

ここでXは表11-6に示した官能基である。
　開環重合で高分子の構造に注目すると，上式から明らかなように，モノマーを構成する結合と得られた高分子の結合とは変わらないので，両者に特別な事情がないと重合は起こらないはずである。例えば環状エーテルの重合に注目すると，3, 4員環の重合は容易に起こるが，5員環のテトラヒドロフランの重合は起こりにくい。6員環のテトラヒドロピランは重合しない。7員環になると再び重合する。他の環状モノマーでも似た関係が認められる。代表的な環状モノマーの重合能と，環の大きさの関係を表11-6に示す。これらのことから明らかなように，ひずみの解除が高分子合成の駆動力になっている。

表11-6 環状モノマーの重合性

官能基 -X-	環員数					
	3	4	5	6	7	8
エーテル −O−	○	○	○	×	○	−
イミン −NH−	○	○	×	×	−	−
ラクトン −CO−O−	−	○	○	×	○	○
ラクタム −CNH−O−	−	○	○	×	○	○
オレフィン −CH=CH−	−	○	○	×	○	○

○は重合するモノマー　×は重合しないモノマー

7.1 イオン開環重合

代表的なポリエーテル，ポリアミドの例を以下に示す。

a) カチオン開環重合

開環重合は通常，イオンを生成する開始剤や配位能を有する金属錯体により起こる。カチオン開始剤の場合，式(60)に示すように，開始剤 ($(R_3O)^+A^-$：$[(C_2H_5)_3O]^+BF_4^-$，$[(C_2H_5)_3O]^+SbCl_6^-$ など) から生じたカチオン R^+ が環状化合物のヘテロ原子に結合して，環状のオニウム塩となる。それを環状化合物が求核的攻撃（式(60)）をして，環が開くので高分子末端は環状のオニウム塩として存在する。

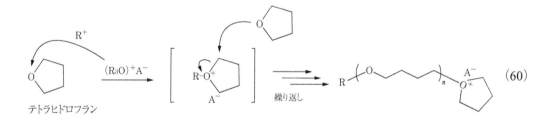

(60)

b) アニオン開環重合

アニオン開始剤による重合の例として，カプロラクタムからのナイロン6の合成を示す（図11-26）。開始剤にNaHを用いると，環状化合物のN−H結合からH⁺がとられる。そこで生じたラクタムアニオンが式(61)に示すように近傍のモノマーのC=O基を求核攻撃（式(61)曲った矢印）して開環を誘発し，その繰り返しで重合する。

ラクトンの場合には，式(62)のように，通常アルコキシドアニオン（RO⁻）のような試薬がカルボニル炭素を求核攻撃し，アシル炭素−酸素結合が切断して再びアルコキシドアニオンを生じる。その求核攻撃で高分子が生成する。ただしプロピオラクトンでは，式(63)のように，アルキル炭素−酸素結合が開裂してカルボキシラートアニオンが成長種となる場合もある。遷移金属錯体や希土類錯体を開始剤に用いた時は配位を通して重合し，高結晶性の高分子が合成されている（図11-27）。

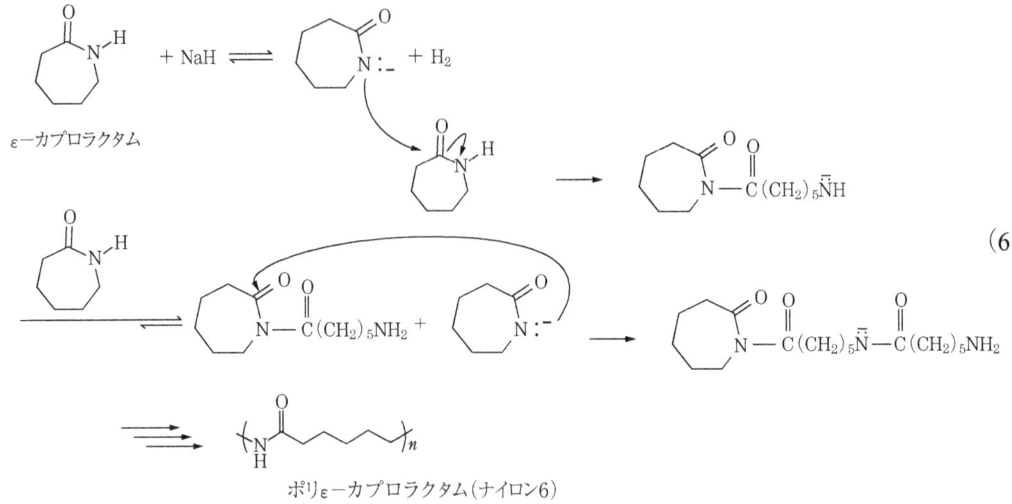

図11-26　ε-カプロラクタムからナイロン6の合成の例

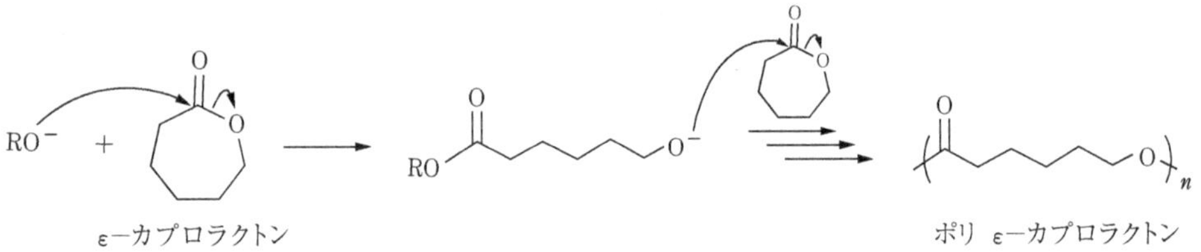

図11-27　ラクトンのアニオン重合の例

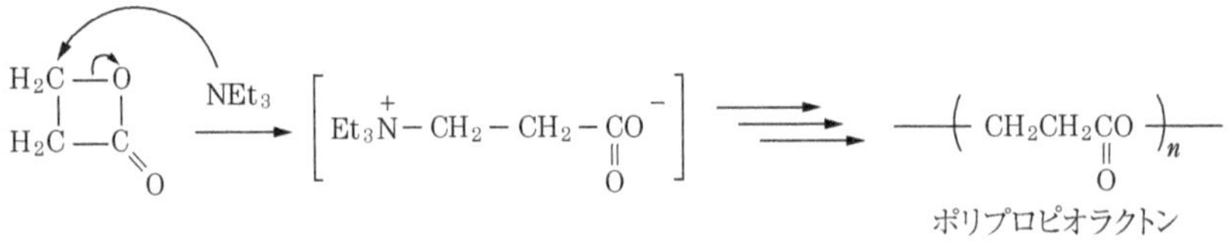

7.2　配位開環重合（メタセシス重合）

　環状化合物に不飽和結合が存在する場合には，配位やラジカルの転移を利用した開環重合の例が知られている．最も広く利用されているのが，式(46)で示したメタセシス重合である．

　メタセシス触媒を用いると，シクロオレフィン誘導体の開環重合により，式(64)に示すような重合が起こり，新たな高分子が生成する．

　図11-28に代表的なメタセシス触媒を示す．この触媒を発見したショバン（Y. Chauvin）博士，シュロック（R. R. Schrock）教授，グラブス（R. R. Grabbs）教授にノーベル化学賞が授与された．

　メタセシス重合の理解を深めるために第1世代グラブス触媒によるノルボルネンの重合例を図11-29に示す．

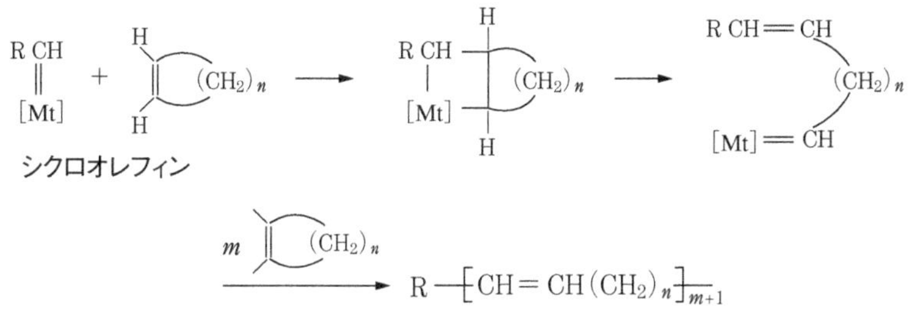

第11章　連鎖重合

$$\underset{\text{シクロオレフィン}}{\overset{R\,CH}{\underset{[Mt]}{\|}} + \overset{H}{\underset{H}{\searrow}}\!\!(CH_2)_n} \longrightarrow \overset{R\,CH\cdots CH}{\underset{[Mt]\cdots CH}{|\quad\quad |}}\!\!(CH_2)_n \longrightarrow \overset{R\,CH=CH}{\underset{[Mt]=CH}{}}\!\!(CH_2)_n$$

$$\xrightarrow{\quad m\,\bigcirc\!\!(CH_2)_n\quad} R\text{—}[CH=CH(CH_2)_n]_{m+1} \tag{64}$$

（実例）

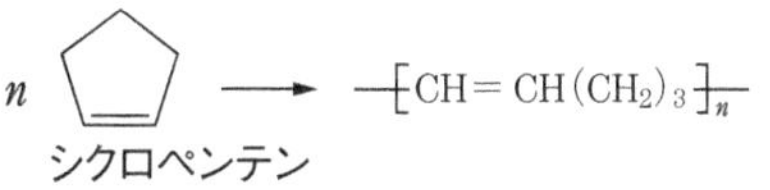

$$n\,\underset{\text{シクロペンテン}}{\bigcirc} \longrightarrow \text{—}[CH=CH(CH_2)_3]_n\text{—} \tag{65}$$

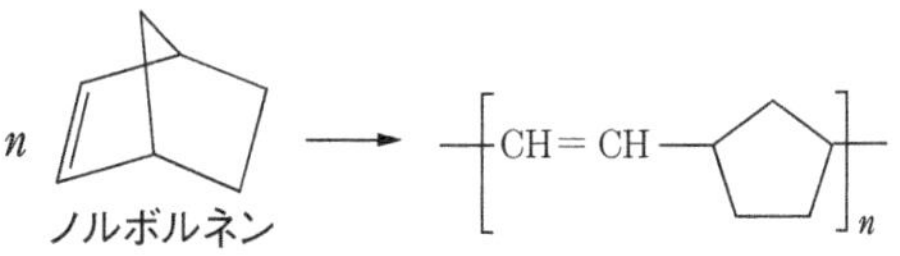

$$n\,\text{（ノルボルネン）} \longrightarrow \text{—}[CH=CH\text{—}\bigcirc]_n\text{—} \tag{66}$$

図11-28　代表的なメタセシス触媒

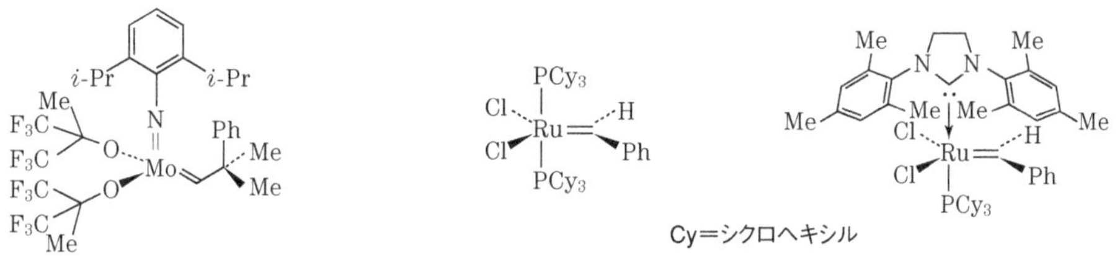

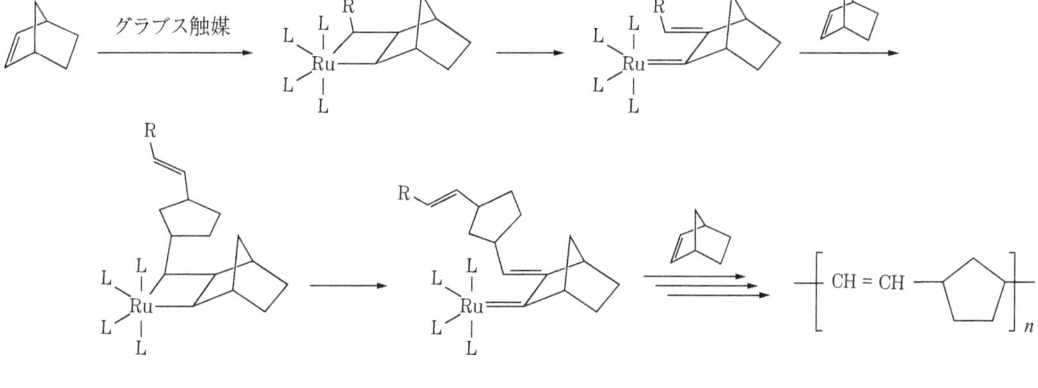

（シュロック触媒　第1世代グラブス触媒　第2世代グラブス触媒）
Cy＝シクロヘキシル

図11-29　第1世代グラブス触媒によるノルボルネン開環重合
L：配位子（ClあるいはP(Cy)$_3$）　R：フェニル基

— 179 —

7.3 ラジカル開環重合

 一般にラジカル的には開環重合は起こりにくいが，ラジカルが二重結合に付加して生じた新たなラジカルが，開環によってより安定なラジカルになる場合には，付加する前に開環し，そのくり返しで高分子が生成する。ラジカル重合で生じた高分子は開環した後の体積収縮が少ない点に特徴がある。

 ラジカル重合で開環重合が起こる例を，式 (67)～(70) に示す。重合するモノマーの構造に注目するとR・の付加で生じたラジカルよりも開環して生じたラジカルが安定になる化合物である。すなわち置換基Zが生じたラジカルを安定化するような場合でオキソメチレン結合かビニル基を有する化合物で見いだされている。

a) オキソメチレン型

(67)

環状ケテンアセタール

(68)

b) ビニル型

(69)

ビニルシクロプロパン

(70)

― 180 ―

第12章

非連鎖重合

1 はじめに

10章で示したようにカルボン酸はアルコールやアミンが共存すると，水がとれてエステルやアミドが生じる。したがって両端にカルボキシル基をもつジカルボン酸と両端にOH基やNH₂基を有するジオールやジアミンとの反応で生じたエステルやアミドは，つねに両末端にカルボキシル基とアルコール性のOHまたはNH₂基が残っているから，次々と縮合反応が進み，高分子が生成する。このような高分子生成反応では，11章で取り扱った連鎖重合と異なり，まずモノマーと同じ官能基を有する安定なオリゴマーになり，それがさらに反応して高分子に成長する。このような重合反応は非連鎖重合あるいは逐次重合といわれている。高分子が生成する過程は**図12-1**に示すように，子供に近くの人と手をつなぐように指示した場合の光景とよく似た挙動である。本章では逐次重合の特徴とその手法を紹介する。

図12-1 逐次重合による高分子生成のイメージ

2 非連鎖重合の特性

2.1 反応度と平均分子量

縮合反応や重付加反応に関与する二つの官能基AとBに注目すると，AとBとの反応でA−Bが生じる。したがってA−Bのような2官能性分子は，AとBの両端で次々と反応が起こり図12-2のように反応し，高分子が生成する。

n個のA−B分子が$(n-1)$回反応してn量体A−(B−A)$_{n-1}$−Bを生じる。この反応を定量的に表す方法を考えてみよう。いまA−Bの反応が進行した度合いを表す指標として，反応した官能基の割合を反応度pと定義する。重合反応が進行して官能基の90%が失われたとすると，この場合のpは0.9である。反応前は$p=0$であるが，すべて反応した時は$p=1$で，pは

— 182 —

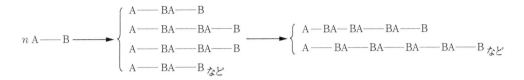

図12-2　2官能性分子の反応

0と1との間の値をとる。

いま反応前の分子数をN_0とすると，pなる反応度になった時の重合系中の分子数Nは次式のようになる。

$$N = N_0(1-p) \tag{1}$$

当初N_0個あった分子が，反応度pの時点でN個になったのだから，この時の数平均重合度P_nはN_0/Nで表される。したがって平均重合度P_nと反応度pとの間には，

$$P_n = N_0/N = N_0/N_0(1-p) = 1/(1-p) \tag{2}$$

数平均重合度と反応度の関係を**表12-1**に示す。数平均重合度1000の高分子を合成するには，反応度が0.999すなわち99.9％のモノマーが消費されねばならない。

表12-1　数平均重合度と反応度の関係

反応進行の割合（％）	0	50	80	90	95	99	99.9
反応度（p）	0	0.5	0.8	0.9	0.95	0.99	0.999
数平均重合度（P_n）	1	2	5	10	20	100	1000

具体例として，酸を触媒とするデカメチレングリコールとアジピン酸によるポリエステルの生成反応に注目する。触媒の量は一定と考えられるから，反応速度は次式で表される。

$$-d[\text{COOH}]/dt = k[\text{COOH}][\text{OH}] \tag{3}$$

グリコールとアジピン酸を等モル量とった時の濃度をcとすると，

$$-dc/dt = kc^2 \tag{4}$$

これを積分すると，

$$kt = 1/c + 定数 \tag{5}$$

官能基の初濃度をc_0とすると，反応度がpのとき，残っている官能基の濃度cは$c=c_0(1-p)$となる．したがって，

$$kt = 1 / c_0(1-p) + 定数 \tag{6}$$

$t=0$のとき，$p=0$であるから，定数$= -1/c_0$となる．また，式(2)より$P_n = 1/(1-p)$であるから，式(6)に入れて書き換えると，

$$P_n = c_0 kt + 1 \tag{7}$$

の関係が成立する．得られるポリマーの重合度を縦軸に，重合時間を横軸にとると，図12-3に示すように，実験値は直線になり，理論とよい一致が見られる．

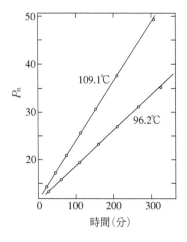

図12-3 デカメチレングリコールとアジピン酸の0.10当量%の
p-トルエンスルホン酸を触媒とした反応

2.2 分子量分布

反応度pは反応したモノマーの割合であるから，モノマー分子が反応した確率に相当する．したがってn量体の分子が生成する確率は，$(n-1)$回反応が繰り返されるからp^{n-1}となる．ところが末端には未反応のAとBとが残っているので，n量体の存在確率は$p^{n-1}(1-p)$で表される．

重合系中のn量体の分子数をN_nとすると，この時点で存在する分子数はNであるから，

$$N_n = Np^{n-1}(1-p) \tag{8}$$

がなりたつ．

式(1)から$N = N_0(1-p)$となるから，式(8)に代入して，

第12章 非連鎖重合

$$N_n = N_0 p^{n-1}(1-p)^2 \tag{9}$$

が得られる。これを重量分率として考えてみよう。モノマー単位の分子量をM_0とすると，n量体の質量はnM_0N_nとなる。したがって，n量体の重量分率w_nはnN_n/N_0に等しいから，

$$w_n = np^{n-1}(1-p)^2 \tag{10}$$

となり，反応度に依存して，いろいろな重合度を有する高分子が生じていることが明らかである。反応度と重量分率との関係を図12-4に示す。反応度が大きくなれば，重量分率は高重合度へ広がっていくのが明白である。

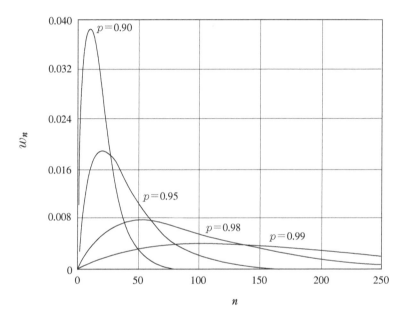

図12-4 反応度の変化による重量分率の変化

2.3 分子量制御

重縮合ではポリマーが生成する過程で，水などの低分子を副生する。しかし，式（11），式（12）のような平衡があるので，高分子を得るには反応中に副生する水などをできるだけ系外へ放出することが大切である。どのくらい右へずらすかは反応度の尺度であり，表12-1に示したように，重合度の制御に不可欠な点である。

$$n\,\text{HOC-(CH}_2)_4\text{-COH} + n\,\text{H}_2\text{N-(CH}_2)_6\text{-NH}_2 \rightleftarrows \left[\text{C-(CH}_2)_4\text{-C-N-(CH}_2)_6\text{-N}\right]_n + 2n\,\text{H}_2\text{O} \tag{11}$$

$$n\,\text{HOC}-\underset{\text{O}}{\|}\underset{}{\bigcirc}-\text{COH} + n\,\text{HO-CH}_2\text{CH}_2\text{-OH} \rightleftharpoons \left[\underset{\text{O}}{\overset{\text{C}}{\|}}-\bigcirc-\underset{\text{O}}{\overset{}{\text{COCH}_2\text{CH}_2\text{O}}}\right]_n + 2n\,\text{H}_2\text{O} \qquad (12)$$

この重縮合により，繊維やフィルムとして広く利用されているナイロン6,6やポリエチレンテレフタラートが生産されている。だが，副生する水を系外へ取り出すために，減圧下で相当高い温度で行う必要がある。

もう一つは反応するモノマーの純度である。通常，モノマーは二つの官能性基を有しているが，モノマーの中に不純物として，一つの官能性基しか含まれていない場合がある。先にも示したように，2官能性のモノマーAとBとの割合が違ったときに得られる高分子の重合度に注目してみよう。例としてA−B分子に，Bが過剰に存在した場合について考える。その際，はじめに系中に官能基Aを含む分子の数がN_A^0，官能基Bを含む分子数がN_B^0存在したとする。その比すなわちN_A^0/N_B^0をr ($r \leqq 1$) とすると，

$$N_A^0 / N_B^0 = r \qquad (13)$$

となる。

いまAの反応度をpとすると，残存するAの数は$N_A = N_A^0(1-p)$となる。その際，同数の官能基Bが消費するので，残っているBの数は$N_B = N_B^0 - pN_A^0 = N_B^0(1-pr) = N_A^0(1-pr)/r$となる。この時点で分子の数をNとすると，

$$N = N_A + N_B = N_A^0(1-p) + N_A^0(1-pr)/r = N_A^0(1-2p+1/r) \qquad (14)$$

したがって数平均重合度は，

$$P_n = (N_A^0 + N_B^0)/(N_A + N_B) = (1+r)/(r-2rp+1) \qquad (15)$$

$r=1$のときには，式(2)と同じ$P_n = 1/(1-p)$となる。一方$p=1$のとき，$P_n = (1+r)/(1-r)$となる。したがって$r=1$のとき$P_n = \infty$となるが，$r<1$のときP_nは低下する。この式は不純物の存在が，重合度すなわち分子量の低下をもたらすことを示す。だが，言い換えるとr，すなわち組成の調節により，分子量を調節することも可能である。

3 重縮合法とその改良

3.1 溶融重縮合

無溶媒で，減圧下，ポリマーの融点以上の温度で行う高分子合成法で，重合反応の際に生じる低分子は系外へ放出するので，反応系に残るのはポリマーである。したがって，ポリマーの単離，精製が容易で，広く工業生産に用いられている。一般に，重縮合で，高重合度にするには，縮合するモノマーの濃度が等しく，原料が高純度であることが要求される。ナイロ

ン6,6の場合には，アジピン酸とヘキサメチレンジアミンとを別々に用いることなく，下記のような1：1の塩を単離，精製し，その溶融重合によってつくられている。

$$\text{HO}_2\text{C}(\text{CH}_2)_4\text{CO}_2\text{H} + \text{H}_2\text{N}(\text{CH}_2)_6\text{NH}_2 \longrightarrow [^-\text{O}_2\text{C}(\text{CH}_2)_4\text{CO}_2^-][\text{H}_3\overset{+}{\text{N}}(\text{CH}_2)_6\overset{+}{\text{NH}}_3] \xrightarrow{\text{加熱}}$$

$$\left[\overset{\text{O}}{\underset{}{\text{C}}}(\text{CH}_2)_4-\overset{\text{O}}{\underset{}{\text{C}}}\text{NH}(\text{CH}_2)_6-\text{NH}\right]_n + (2n-1)\text{H}_2\text{O} \tag{16}$$

ポリエチレンテレフタラートもテレフタル酸ジメチルとエチレングリコールとの溶融重合で合成されている。溶融重縮合は150～300℃で行われるから，この温度で分解しないモノマーやポリマーの場合に限られる。

$$n\;\text{CH}_3\text{OC}\overset{\text{O}}{\underset{}{\|}}\!\!-\!\!\overset{}{\bigcirc}\!\!-\!\!\overset{\text{O}}{\underset{}{\|}}\text{COCH}_3 + n\;\text{HO}(\text{CH}_2)_2\text{OH}$$

$$\longrightarrow \text{CH}_3\!-\!\!\left[\text{OC}\overset{\text{O}}{\underset{}{\|}}\!\!-\!\!\overset{}{\bigcirc}\!\!-\!\!\overset{\text{O}}{\underset{}{\|}}\text{CO}(\text{CH}_2)_2\right]_n\!\!\text{OH} + (2n-1)\text{CH}_3\text{OH} \tag{17}$$

3.2 固相重縮合

固体状態で進行する重縮合反応で，モノマーの結晶を固体状態のまま高分子に変換する場合と，オリゴマーになった段階で融点以下の温度で加熱して高重合体を得る方法がある。固体状態では，末端官能基が集合して存在するため，効率よく高分子量化を達成できる点に特徴がある。前者の例は6-アミノカプロン酸からのナイロン6の生成で，融点以下の加熱で重縮合が進行する。後者の例は，ポリアミドやポリエステルの合成で，他の方法と比べて分子量の高い高分子が得られる。近年，ビスフェノールAとジフェニルカーボナートからのポリカーボナートの工業生産が検討されている。

$$n\;\text{H}_2\text{N}(\text{CH}_2)_5\text{CO}_2\text{H} \longrightarrow \left[\text{NH}(\text{CH}_2)_5\overset{\text{O}}{\underset{}{\text{C}}}\right]_n + \text{H}_2\text{O} \tag{18}$$

$$n\;\text{HO}\!-\!\!\overset{}{\bigcirc}\!\!-\!\!\overset{\text{CH}_3}{\underset{\text{CH}_3}{\text{C}}}\!\!-\!\!\overset{}{\bigcirc}\!\!-\!\!\text{OH} + n\;\overset{}{\bigcirc}\!\!-\!\!\text{O}\overset{\text{O}}{\underset{}{\text{C}}}\text{O}\!-\!\!\overset{}{\bigcirc}$$

$$\longrightarrow \left[\text{O}\!-\!\!\overset{}{\bigcirc}\!\!-\!\!\overset{\text{CH}_3}{\underset{\text{CH}_3}{\text{C}}}\!\!-\!\!\overset{}{\bigcirc}\!\!-\!\!\text{OC}\overset{\text{O}}{\underset{}{\|}}\right]_n + (2n-1)\;\overset{}{\bigcirc}\!\!-\!\!\text{OH} \tag{19}$$

3.3 溶液重縮合

高分子量のポリマーを得るには，均一の状態で重合反応が進むことが望まれる。そのためにモノマーはいうまでもなく，生成高分子を溶解するような，極性の高い溶媒を用いた溶液重縮合が行われている。ジメチルホルムアミド，ジメチルアセトアミド，N-メチルピロリドン，ジメチルスルホキシドなどの溶媒を用いて，室温付近で分子量の高い耐熱性高分子の合成が可能になった。その例として，耐熱性の芳香族ポリアミドの合成やポリイミドの合成を示す。

$$n \; H_2N\text{-}C_6H_4\text{-}NH_2 \;+\; n \; ClCO\text{-}C_6H_4\text{-}COCl \xrightarrow[\text{ジメチルホルムアミド}]{-HCl} [\text{-}HN\text{-}C_6H_4\text{-}NH\text{-}CO\text{-}C_6H_4\text{-}CO\text{-}]_n \quad (20)$$

ポリm-フェニレンイソフタルアミド（ノーメックス®）

(21) ピロメリット酸二無水物 + H_2N-C_6H_4-O-C_6H_4-NH_2 → (ポリアミド酸) → 加熱(200℃), $-H_2O$ → ポリイミド

3.4 界面重縮合

カルボン酸のOH基の代わりにCl基を導入した酸塩化物は，Cl基の電気陰性度が大きいので，カルボニル基の炭素の求電子性が大きくなる。したがって，二塩基酸塩化物とジアミンとを均一な溶液中で混ぜ合わせると，室温でも激しく反応してポリアミドを生成するが，生成ポリマーの分子量が十分上がらないという欠点があった。反応で生じる塩酸がジアミンと反応するので，その反応をうまく除く方法があれば高分子量にできるはずである。米国の化学者モーガン（P. W. Morgan）は界面重縮合によりそれを実現し，重縮合のおおきな展開に貢献した。

二塩基酸塩化物を溶解した四塩化炭素や二塩化メチレン溶液の上にジアミンが溶解した水溶液を静かに加えると，界面が生じる。その際，水層に水酸化ナトリウムを加えて，生じた塩酸を取り除くようにしておくと，界面で速やかに重縮合し，高分子の薄い膜が生じる（式(22)）。界面から，その膜を除くと，次々と新たな界面で重縮合が進行するので，図12-5に示すようにロープ状にポリマーを取り出すことが可能である。

この重合反応はモノマーの割合いを必ずしも1：1にする必要がない。さらに高温でなく

$$\text{ClC-(CH}_2)_4\text{-CCl} + \text{H}_2\text{N-(CH}_2)_6\text{-NH}_2$$
$$\underset{\text{O}\quad\quad\text{O}}{}$$

$$\xrightarrow{-\text{HCl}} \left[\underset{\text{O}}{\text{C}}\text{-(CH}_2)_4\text{-}\underset{\text{O}}{\text{C}}\text{NH-(CH}_2)_6\text{-NH} \right]_n \tag{22}$$

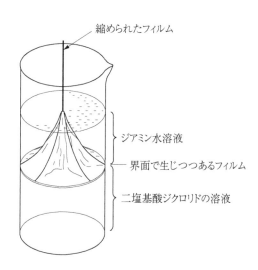

図12-5　界面からポリアミドフィルムを引き出す

ても室温ですみやかに進行する特徴があり，重縮合による高分子合成の範囲を著しく拡げることになった。

ビスフェノールAとホスゲンから，この方法によりポリカーボナートがつくられている。

$$n\text{HO-}\underset{\text{CH}_3}{\underset{|}{\overset{\text{CH}_3}{\overset{|}{\text{C}}}}}\text{-OH} + n\text{ClCOCl} \longrightarrow \left[\text{CO-O-}\underset{\text{CH}_3}{\underset{|}{\overset{\text{CH}_3}{\overset{|}{\text{C}}}}}\text{-O}\right]_n \tag{23}$$

ビスフェノールA　　　　ホスゲン　　　　　　ポリカーボナート

3.5　相間移動触媒重縮合

　水酸化ナトリウムやカリウム水溶液の水層と有機層からなる点では広い意味で界面重縮合と同じであるが，4級アンモニウム塩を触媒に利用する点が界面重縮合と異なる。たとえば，ビスフェノールのナトリウム塩水溶液と芳香族ジカルボン酸塩化物の塩化メチレン溶液は，界面を通して二層に分離するが，水層に4級アンモニウム塩を加えておくと，フェノールのNa^+の一部が4級アンモニウム塩と交換する。対イオンが4級アンモニウム塩になったものは塩化メチレンに溶解するようになるので，有機層に移動する。それが有機層に移動すると，

芳香族ジカルボン酸塩化物とただちに反応し，縮合反応が起こる。その際，塩化メチレン中に生じた4級アンモニウム塩は水層にもどって，ビスフェノールの4級アンモニウム塩となり，再び有機層に移動する。その繰り返しで新たな高分子が合成されている。これは4級アンモニウム塩の二相間移動による重合であるから相間移動触媒重合といわれている。この方法はポリアリラート合成・製造に利用されている。

$$m \text{ HO-} \langle \text{C(CH}_3)_2 \rangle \text{-OH} + n \text{ Cl-CO-}\langle \text{Ph} \rangle\text{-CO-Cl} \xrightarrow[\text{NaOH, H}_2\text{O/CH}_2\text{Cl}_2]{\text{PhCH}_2\text{N(C}_2\text{H}_5)_3\text{Cl}^-} {+}\text{O-}\langle \rangle\text{-C(CH}_3)_2\text{-}\langle \rangle\text{-O-CO-}\langle \rangle\text{-CO}{+}_n \quad (24)$$

3.6 活性化エステル法

酸塩化物は反応性を高くするので，その利用は重縮合による高分子合成の領域を拡げた。だが，カルボン酸（RCOOH）のOH基や酸塩化物（RCOCl）のCl基を，下記のような1-オキシベンゾトリアゾール（a），ベンゾチアゾロン（b）やベンゾオキサゾールチオン（c）に変えると，それの脱離がさらに容易になる。

(a) 1-ヒドロキシベンゾトリアゾール　(b) ベンゾチアゾロン　(c) ベンゾオキサゾールチオン

したがってこのような脱離基を有するエステルやアミドは，活性化エステルおよび活性化アミドと呼ばれている。この方法により温和な条件では高分子生成が困難といわれていた芳香族ジアミンでも，室温で高分子量のポリアミドになることが見いだされた。

$$n \text{ BtO-OC-R-COO-Bt} + n \text{ H}_2\text{N-R'-NH}_2 \longrightarrow {+}\text{OC-R-CONH-R'-NH}{+}_n + 2n \text{ BtOH} \quad (25)$$

$$n \text{ [Bt(S)]NCO-Ar-CON[Bt(S)]} + n \text{ H}_2\text{N-Ar'-NH}_2 \longrightarrow {+}\text{CO-Ar-CO-NH-Ar'-NH}{+}_n + 2n \text{ Bt(S)NH} \quad (26)$$

パラフェニレンジアミン

3.7 酸化カップリング重合

　フェノール性OH，芳香族アミンのNH，アセチレン結合のCHおよび芳香族チオールSHの水素は酸性を示すから，それらの水素をもつ芳香族化合物は，酸素雰囲気下銅アミン錯体によって，以下に示す脱水素重合が起こり，高分子が生じる。2,6-ジメチルフェノールから得られるポリフェニレンオキシドはPPOといわれ，エンジニアリングプラスチックの一つとして広く利用されている。

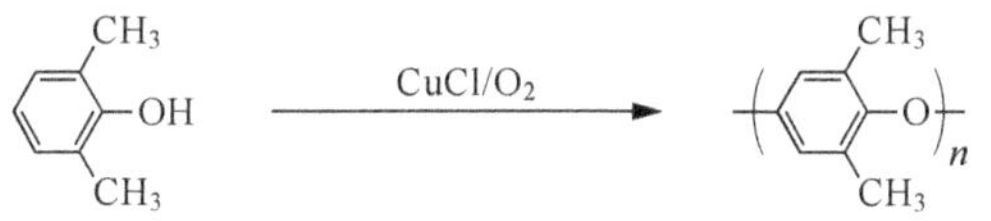

$$\text{(2,6-ジメチルフェノール)} \xrightarrow{\text{CuCl}/O_2} \text{(PPO)} \tag{27}$$

　その他の例を下図に示す。

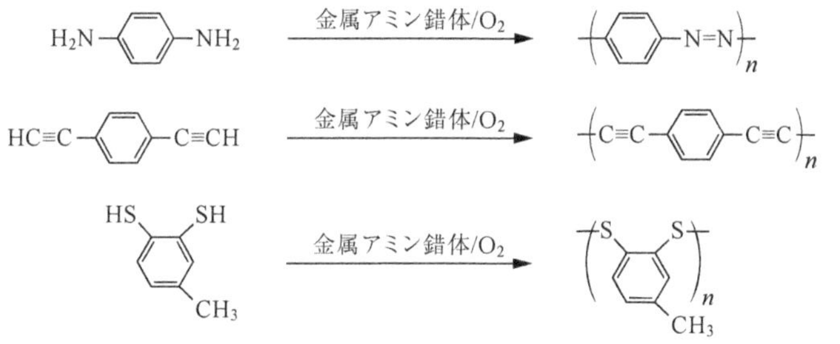

図12-6　酸化カップリング重合の例

3.8 遷移金属触媒重合

3.8.1 クロスカップリング重合

　カップリング反応とは，二つのものを結合させる化学反応の一般名称で，とくに異なる二つのものがくっつく反応の場合，クロスカップリング（cross-coupling）といわれている。パラジウム錯体触媒を用いる鈴木－宮浦反応（有機ホウ素化合物）および右田－小杉－Stille反応（有機スズ化合物）やニッケル錯体触媒（グリニヤール化合物）によってベンゼン環など芳香族炭素をつなぐ新たな化学反応が見出され，その反応を利用していろいろな共役ポリマーがつくられている。その典型的な例を図12-7に示す。

　パラジウム触媒によるクロスカップリング反応の開発に対し，Richard F. Heck，根岸英一，鈴木章の三氏に2010年ノーベル化学賞が贈られた。

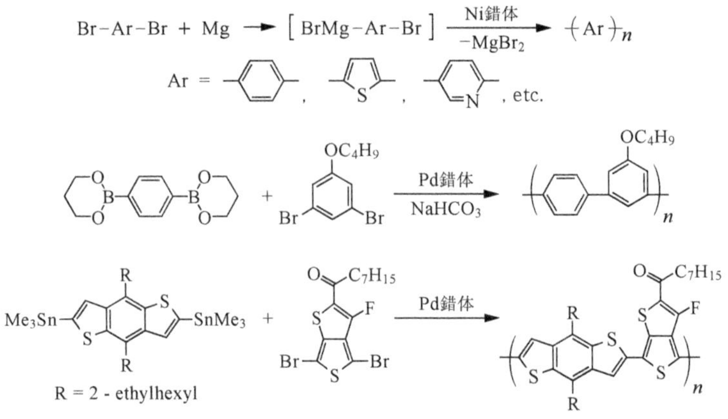

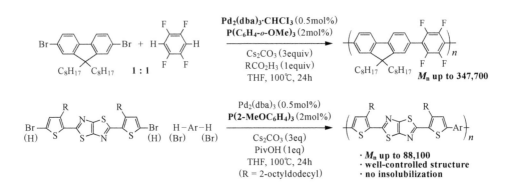

図12-7 クロスカップリング重合の具体例

3.8.2 直接アリール化重合

小沢，脇岡ら（京都大学化学研究所）は，パラジウムの配位子にP(2-MeOC₆H₄)₃を用いると高活性，高選択性で溶媒適合性の高いパラジウム触媒が得られることを見出した。この触媒では3.8.1に示したクロスカップリング重合のようにモノマーをホウ素やスズ化合物にする煩雑さやその精製の工程が除ける上，次式のように脱ハロゲン化水素だけで重合が進行するから，重合に伴う副反応が抑えられ，今後の展開が注目されている。この重合は直接アリール化重合といわれ，以下にその例を示す。

図12-8 直接アリール化重合の例

（脇岡正幸，小澤文幸：有機合成化学協会誌，**75**，810（2017））

この方法によってさまざまなドナー・アクセプター型交互共重合体が得られ，太陽電池を始めとする電池の素材の合成法として注目されている。

第12章 非連鎖重合

4 構造制御

重縮合では，構造制御は困難と考えられていたが，その点も改善され，構造制御が可能になってきた。

4.1 配列規制

自然界にはモノマー単位の長さやシーケンスが，正確に制御された高分子も存在する。だが，合成高分子の場合には，モノマー単位のシーケンスを制御するのは大変困難である。とくに重縮合系では困難である。例えば非対称モノマー $x\mathrm{AA'}x$ と対称モノマー $y\mathrm{BB}y$ が，官能基 x と y との脱離で縮合する時，図12-9に示すように，複数の配列が可能であるが，選択的な配列規制は困難と考えられていた。すなわち，図12-9のようにランダムになると考えられていた。しかし，活性化エステルや活性化アミドなどの利用によって，Aについた x とA'についた x との反応性に大きな差がでる場合には，非対称モノマーの配列が規制された高分子合成が可能である。

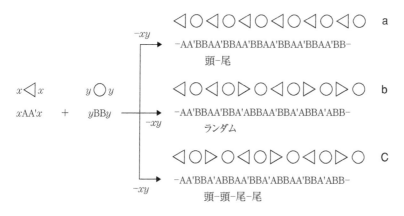

図12-9 非対称モノマーの配列による重合

その一例を，イソフタル酸と2-(p-アミノフェニル)エチルアミンからのポリマー合成で示す。カルボキシル基を活性化するような縮合剤（I）を加えておくと，カルボン酸は活性化アミドに変わる（式(28)）。そのアミドのアミノ基との反応性は，フェネチルアミンのア

ミノ基のほうがフェニル基に直接ついたアミノ基の10万倍大きい。そこでまずカルボン酸は選択的にフェネチルアミン（脂肪族アミン）と反応した後，アニリンとの反応が起こって高分子が生成する。その結果，頭頭尾尾結合を有する配列規制ポリマーが得られる。

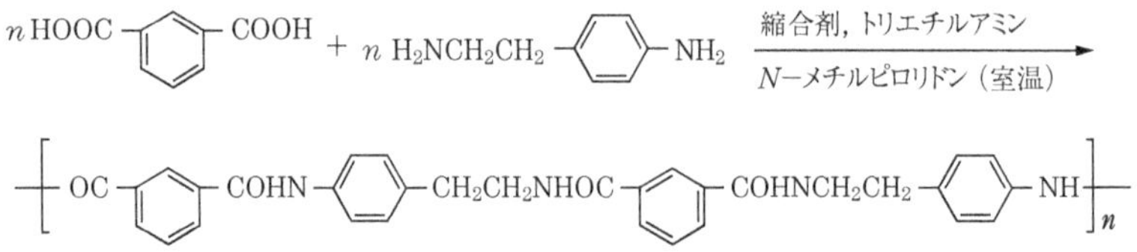

$$n\,\text{HOOC}\!-\!\bigcirc\!-\!\text{COOH} + n\,\text{H}_2\text{NCH}_2\text{CH}_2\!-\!\bigcirc\!-\!\text{NH}_2 \xrightarrow[N\text{-メチルピロリドン（室温）}]{\text{縮合剤，トリエチルアミン}}$$

$$\left[\text{OC}\!-\!\bigcirc\!-\!\text{COHN}\!-\!\bigcirc\!-\!\text{CH}_2\text{CH}_2\text{NHOC}\!-\!\bigcirc\!-\!\text{COHNCH}_2\text{CH}_2\!-\!\bigcirc\!-\!\text{NH}\right]_n \quad (29)$$

4.2 連鎖的重縮合

逐次重合では，反応系中に生成するすべてのオリゴマーおよびモノマーの両末端が結合生成反応に関与して重合が成長する。したがってこの重合様式では，種々の長さのポリマーが生成し，ポリマーの分子量は制御できない。しかし，安息香酸フェニルのような芳香族エステルのカルボキシル基の反応性はパラの位置に電子求引性置換基がついた場合には活性化エステルになるが，アミノ基のような電子供与性置換基が付いたエステルの反応性は低下する（図12-10参照）。

図12-10　カルボニル基の反応性に対する電子求引性基と電子供与性基の影響

電子供与性のアルキルアミノ基がパラ位についた4-(アルキルアミノ)安息香酸フェニルは，エステル基の反応性が低下しており，それ自身から高分子は生じないが，活性エステルであるパラニトロ安息香酸フェニルを開始剤として加えると，下記のようにアミノ基に求電子付加し，パラ位にアミド基をもつ高分子になる。生じたアミド基はニトロ基ほどではないが電子求引性基であるから，生じた付加体は次々とモノマーのアミノ基に付加して芳香族ポリアミドが生じる。

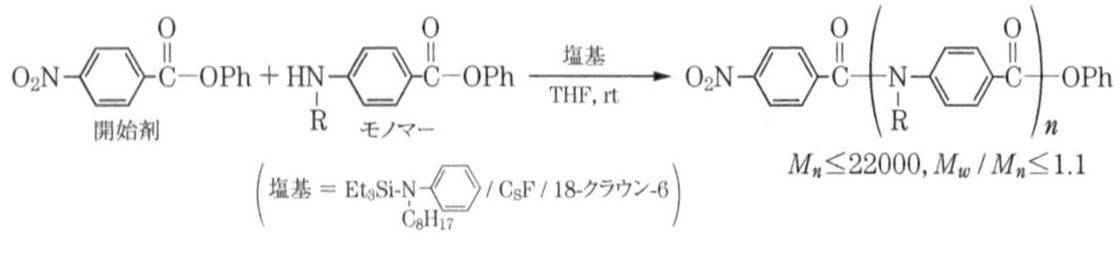

$$\text{O}_2\text{N}\!-\!\bigcirc\!-\!\overset{\text{O}}{\text{C}}\!-\!\text{OPh} + \text{HN}\!-\!\bigcirc\!-\!\overset{\text{O}}{\text{C}}\!-\!\text{OPh} \xrightarrow[\text{THF, rt}]{\text{塩基}} \text{O}_2\text{N}\!-\!\bigcirc\!-\!\overset{\text{O}}{\text{C}}\!-\!\left[\text{N}\!-\!\bigcirc\!-\!\overset{\text{O}}{\text{C}}\right]_n\!\text{OPh} \quad (30)$$

開始剤　　　　　R　モノマー　　　　　　　　　　　　　　　　　　　$M_n \leq 22000, M_w/M_n \leq 1.1$

(塩基 = Et$_3$Si-N(C$_8$H$_{17}$)-⟨⟩ / CsF / 18-クラウン-6)

こうして得られたポリアミドの分子量は仕込みの［モノマー濃度］／［開始剤濃度］比から算出される直線に一致し，分子量分布の指標となる M_w/M_n は1.1～1.2となる（**図12-11**）。これはまさに，リビング重合的挙動であり，連鎖的重縮合と命名されている。この方法で，いろいろなポリアミド合成が期待される。

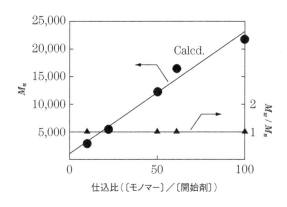

図12-11　リビング的重合挙動

4.3　デンドリマー（樹状高分子）

アクリル酸エステルの二重結合に，アンモニアやアミンのNHの付加と生成物からの脱メタノール，すなわち付加縮合の繰り返しにより，**図12-12**に示すように三次元に高度に制御された樹状高分子であるデンドリマーが合成される。

ここで〜は $-CH_2CH_2CONHCH_2CH_2-$ を示す。

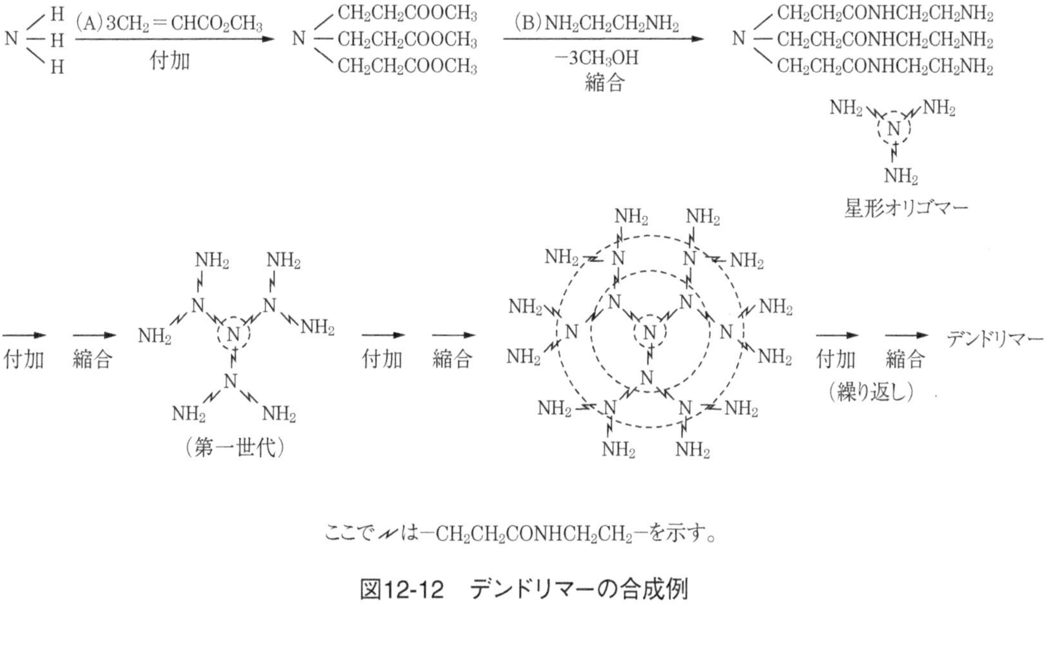

図12-12　デンドリマーの合成例

デンドリマーは図12-13に示すように球状高分子で，その機能が注目されている。その他にもいろいろなデンドリマーが合成され，新しい機能材料の展開が期待されている。

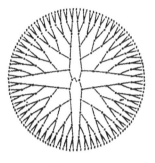

デンドリマー
（直径，約10nm）

図12-13　デンドリマー

上記のデンドリマー合成は，付加と縮合の繰り返しによる合成である。ここで，デンドリマーの一般的な合成法について述べておく。合成には，二つの方法が提案されている。一つは，中心から外に向けて枝を拡げていく方法で，Divergent法といわれる方法である。上記の例はDivergent法の一例である。もう一つは大きなデンドリマーの各成分を先に作り，最後に中心となる３官能性以上の中心分子に結合させる方法で，Convergent法といわれる。

前者の合成法を図12-14に示す。中心になる３官能性（官能基B）以上の分子（これをコア分

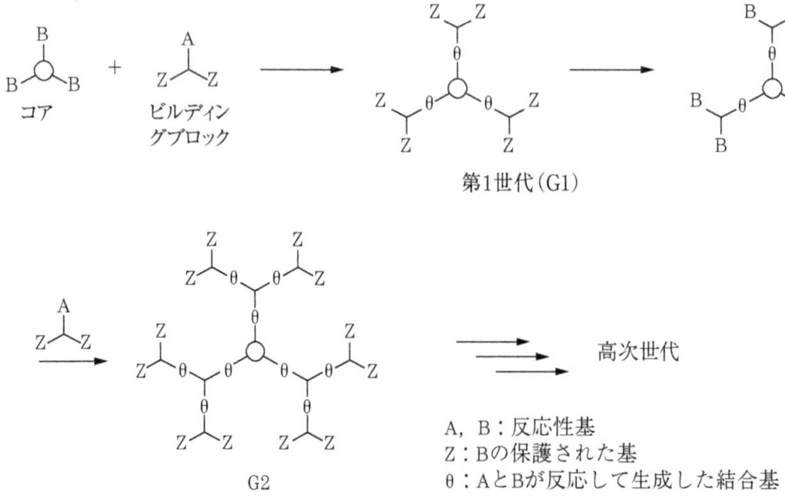

B
B
B
コア
+
A
Z
Z
ビルディン
グブロック
第1世代(G1)
G2
高次世代
A，B：反応性基
Z：Bの保護された基
θ：AとBが反応して生成した結合基

図12-14　Divergent法によるデンドリマーの合成法

子）とその官能基と共有結合をする3官能性以上の分子（これをビルディングブロックという）を用意する。ビルディングブロックは3官能性以上の官能基をもつ分子であるが，その一つの官能基（A）だけがコア分子の官能基（B）と反応するように，他の官能基は保護（保護基Z）しておかなくてはならない。AとBとの反応後，保護基を除くと，B基の数は2倍となる。それにビルディングブロックを反応させたあと，最外殻の保護基を外すという方法を繰り返すことでデンドリマーが得られている。

後者の方法は，2以上反応性基Bと官能基Aを保護した官能基Wを有するビルディングブロックを試薬R-Aと反応させ，Rを結合した後，Wを脱保護してAとする。さらにビルディングブロックに反応させると，Rの数が2倍となり，枝分かれが進んだ分子となる。この反応を繰り返すとデンドリマーの成分（デンドロン）が得られる。これをコア分子と結合するとデンドリマーが生成する（図12-15）。

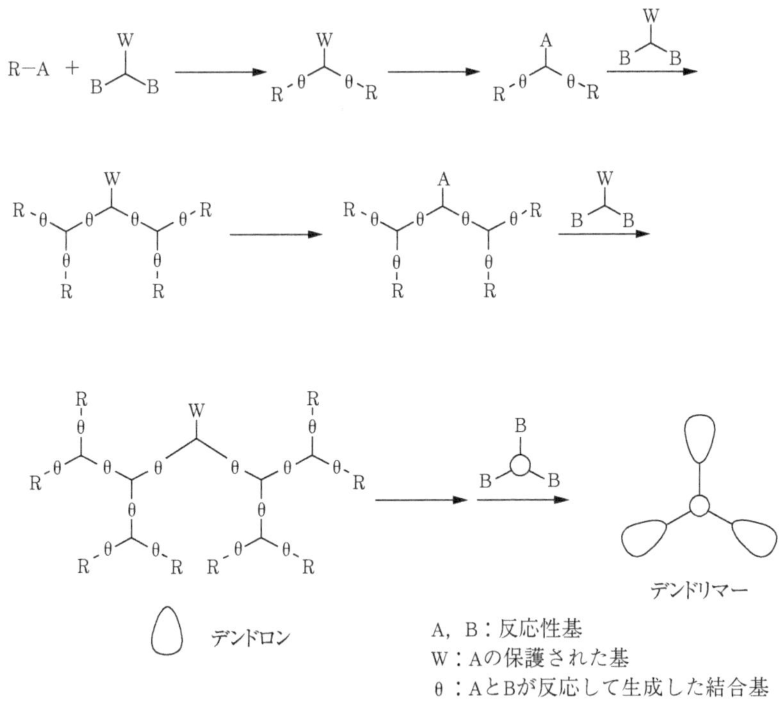

図12-15　Convergent法によるデンドリマーの合成法

Convergent法で得られるデンドリマーの例を図12-16に示す。

デンドリマーの骨格となるものはあまり多くなく，ポリアミドアミン，ポリプロピレンアミン，ポリエーテルの3種がほとんどである。

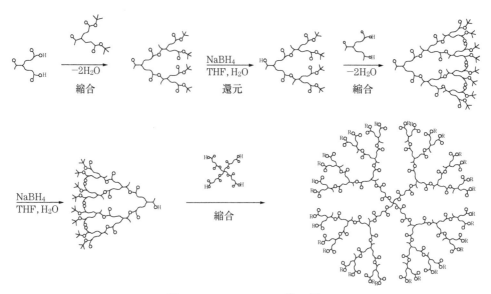

図12-16 Convergent法の例

4.4 酵素触媒重合

　酵素は生体内反応の触媒であり，タンパク質からなる高分子である。高分子鎖をうまく利用して，特異な触媒反応を効率よく行う点で，きわめてユニークな物質である。近年，この酵素を高分子合成触媒に利用する研究，すなわち酵素触媒重合がなされ，位置選択性，官能基選択性など，構造制御された新しい高分子の合成が可能になっている。

　その最初の例はセルロースの加水分解酵素として知られているセルラーゼを逆にセルロース合成に利用した研究である。セルビオースのフッ素誘導体であるフッ化β-D-セロビオシルを基質に用いると，溶媒や重合条件を適当に調節することにより，人工的には合成が困難であったセルロースが合成されている。

(31)

その他，ラッカーゼを用いて，3,5-ジメトキシ-4-ヒドロキシ安息香酸より高収率で高分子が得られている。

$$n \ \text{HO-C}_6\text{H}_2(\text{OMe})_2\text{-CO}_2\text{H} \xrightarrow{\text{ラッカーゼ}} \text{H}\!-\!\!\left(\text{O-C}_6\text{H}_2(\text{OMe})_2\right)_n\!\!-\!\text{CO}_2\text{H} \tag{32}$$

得られた高分子の構造は，式(32)に示すように1,4-フェニレンオキシド単位からなる高分子で，**位置選択的**に反応が進行することが見いだされた。

この研究を下記のようなフェノール誘導体の重合に拡張すると，高分子が生成し，その硬化により高分子塗膜がえられることが見いだされた。その塗膜は天然の漆（**図12-17**）に近い光沢性および膜物性を有することが分かり，永年求められていた**人工漆**として注目されている。

$$n \ \underset{\substack{\text{OH}}}{\text{C}_6\text{H}_3(\text{CH}_2\text{O}_2\text{CR})(\text{OX})} \xrightarrow[\text{O}_2]{\text{ラッカーゼ}} \text{人工漆} \tag{33}$$

X＝H or CH$_3$
R＝（不飽和長鎖アルキル基）

図12-17　漆塗りの箱（S. Kobayashi, et al.: *Chem. Eur. J.*, 7, 4755 (2001) より引用）

その他，油脂の加水分解酵素として知られるリパーゼも，条件しだいで重合触媒になることが見いだされ，ラクトン，ジカルボン酸およびその誘導体／グリコールから，温和な条件でポリエステルが得られている。その例を式(34)および(35)に示す。

$$n \ \underset{(\text{CH}_2)_m}{\overset{\text{O=C-O}}{\bigcirc}} \xrightarrow{\text{リパーゼ}} \left[\text{O}(\text{CH}_2)_m\!-\!\overset{\text{O}}{\underset{\|}{\text{C}}}\right]_n \tag{34}$$

$m = 2 \sim 5$

$$n \ \text{XO}_2\text{CRCO}_2\text{X} + n \ \text{HOR'OH} \xrightarrow[-\text{XOH}]{\text{リパーゼ}} \left[\overset{\text{O O}}{\underset{\|\ \|}{\text{CRC}}}-\text{OR'O}\right]_n \tag{35}$$

X：H, アルキル, ハロゲン化アルキル, ビニル

コラム COLUMN

自己組織化と超分子ポリマー

　生体系では分子間相互作用と特異な空間を巧みに利用して集合し（自己組織化という），特異な機能を発揮している。ヘモグロビンの四次構造や生体組織は複合体形成による機能発現の例である。このように，分子間力で組織化された分子集合体は超分子といわれている。近年，分子間相互作用による超分子形成を利用して新たな高分子の生成が報告されている。シクロデキストリン（CD）とは，下図のようにD-グルコピラノースがα-1,4結合した環状オリゴ糖で，その内側には疎水性の空洞が存在する。グルコース単位が6，7，8個のものを，α-CD，β-CD，γ-CDと呼び，空洞の大きさにあった分子を選び，包接化合物を形成する。例えばα-CDの空洞にはベンゼン環，β-CDの空洞にはより大きなアダマンタンを取り込む。

	α-CD	β-CD	γ-CD
分子量	972	1135	1297
グルコースの数	6	7	8
空洞の直径 (nm)	0.45	0.70	0.85
空洞の深さ (nm)	0.67	0.7	0.7

シクロデキストリン(CD)の構造

　CDの大きな口に存在する6個の水酸基の一つに桂皮酸をエステル結合した6-シンナモイル-α-CD（1）は，他の分子のベンゼン環を取り込むので，それを利用して次式に示すような，新たな線状の超分子ポリマーが得られている。

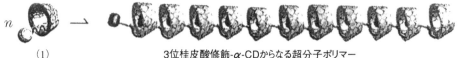

3位桂皮酸修飾-α-CDからなる超分子ポリマー

　β-CDの2級水酸基に桂皮酸を結合したβ-修飾CDと，α-CDの1級水酸基にアダマンタンカルボン酸を結合したα-修飾CDとを1:1で混合すると，α-CDに結合したアダマンタンがβ-CDに取り込まれ，β-CDに結合した桂皮酸がα-CD内に取り込まれるので，α-CDとβ-CDが交互に線状につながった超分子ポリマーも得られ，新たなコンセプトで作られた高分子として今後の応用が期待されている。

3位桂皮酸修飾-α-CDと3位アダマンタン酸修飾-β-CDからなる超分子ポリマー

（参考；原田　明：環状・筒状分子素材の応用技術　第10章，シーエムシー出版，2006）

COLUMN

π共役型高分子の展開 1

　クロスカップリング重合（第12章3.8.1）や直接アリール重合触媒（第12章3.8.2）の開発によっていろいろな共役高分子の合成が可能になり共役型高分子を用いた新たな展開が注目されている。とくに，電子豊富なアリール基（ドナー単位）と電子不足なアリール基（アクセプター単位）が交互に連なったドナー・アクセプター型交互共重合体（DAポリマー）の合成も可能になり，薄膜太陽電池，有機電界効果トランジスタおよび共役高分子マイクロ光共振器のような新たな光材料に代表される次世代有機デバイスの実用化に向けた研究が展開されている。高分子の面白さという観点から，筆者の目を引いた最近の研究の中から，合成，太陽電池，および新たな発想によるデバイス設計に関する3例を紹介しておく。

　合成面では，触媒開発の観点で大きな進展がみられる。有機薄膜太陽電池の開発を助長してきたポリ（3-ヘキシルチオフェン）（PH3T）は最も代表的な高分子である。小澤，脇岡は効率良いパラジウム触媒配位子を見出し，ほぼ定量的にしかも99％以上の構造規則性PH3Tが得られる触媒を見出し，有機薄膜太陽電池のさらなる高効率へ貢献している。

　この触媒によって，以下に示すように，一つの分子鎖に電子ドナーとアクセプターを有する共役型交互共重合体（DAポリマー）が合成され，その展開が期待されている。

$Mn = 42,200$ ($Mw/Mn = 1.9$)
＞99％収率

$Mn = 88,100$ ($Mw/Mn = 3.1$)
89％収率

(R' = 9-heptadecanyl)
$Mn = 78,600$ ($Mw/Mn = 2.6$)
96％収率

$Mn = 51,900$ ($Mw/Mn = 1.9$)
＞99％収率

図1　一つの分子鎖に電子ドナーとアクセプターを有する共役型交互共重合体
（脇岡正幸，小澤文幸：有機合成化学協会誌，75，810（2017））

　廖徳章ら（国立台湾科学技術大学）は図1に示すような側鎖に疎水基と親水基をもつポリトリフェニルアミン（PDTON）を合成し，その酢酸エチル溶液から得られるフィルムを電子顕微鏡で観測すると，10nm程度の球状粒子の集合体であることが分かった。フィルム形成の際，溶媒の酢酸エチルに酢酸を添加しておくと，フィルムの水との親和性が異なることを見出した。その原因を調べると，酢酸の濃度が高いときは親水性置換基を外に向けたナノ粒子，酢酸の濃度が低いときは疎水基が外部を覆ったナノ粒子からなるフィルムであることが明らかになった。前者をA-PDTON，後者をC-PDTONと区別して，π共役型高分子としての電気物性を調べたところ，正孔や電子の移動速度が異なるのみならず，薄膜の仕事関数値も異なるので，図2のように太陽電池の電極に塗布すると，電池のエネルギー変換効率が改善されることを見出した。

コラム COLUMN

π共役型高分子の展開 2

山本洋平ら（筑波大学）は高い電荷輸送特性示すフルオレンとビチオフェンの交互共重合体に対し，ビチオフェン部位にメチル基を導入すると，そのかさ高さにより主鎖のねじれが誘発され，その溶液に貧溶媒を蒸気で導入すると表面積を最小化しようとするため，そろった大きさの球状構造体を形成することを見出した（図3）。

置換基の導入で球状を示す高分子を広げ，それが共役ポリマー球体共振器として利用できることを明らかにした（図4）。共役ポリマー自体が発光特性を有するため，蛍光色素を添加する必要がなく，球体が発光体と共振器の機能を兼ね添えており，今後の展開が注目されている。

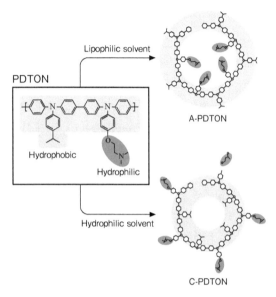

図1　PDTONナノ粒子組織体形成に対する溶媒の影響
（廖徳章ら：Energy Environ Sci, 11, 682 (2018)）

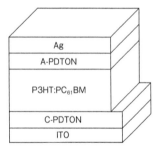

図2　A-PDTONおよびC-PDTONの膜を塗布した太陽電池

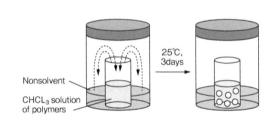

図3　球状構造体製造の概念図
（山本洋平：レーザー研究, 46, 25 (2018)）

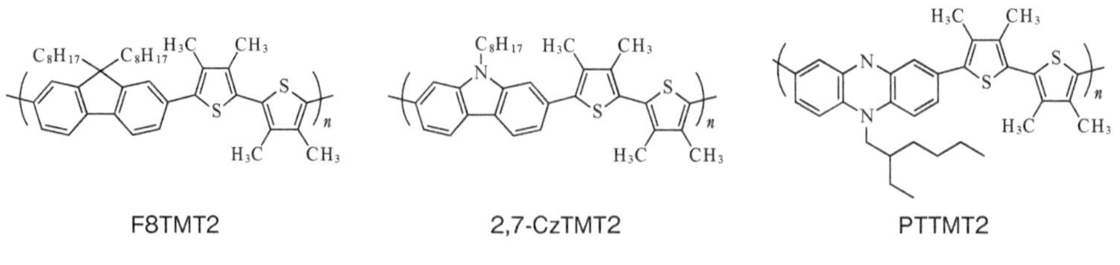

F8TMT2　　　2,7-CzTMT2　　　PTTMT2

図4　共役ポリマー球体共振器に使われているポリマーの例

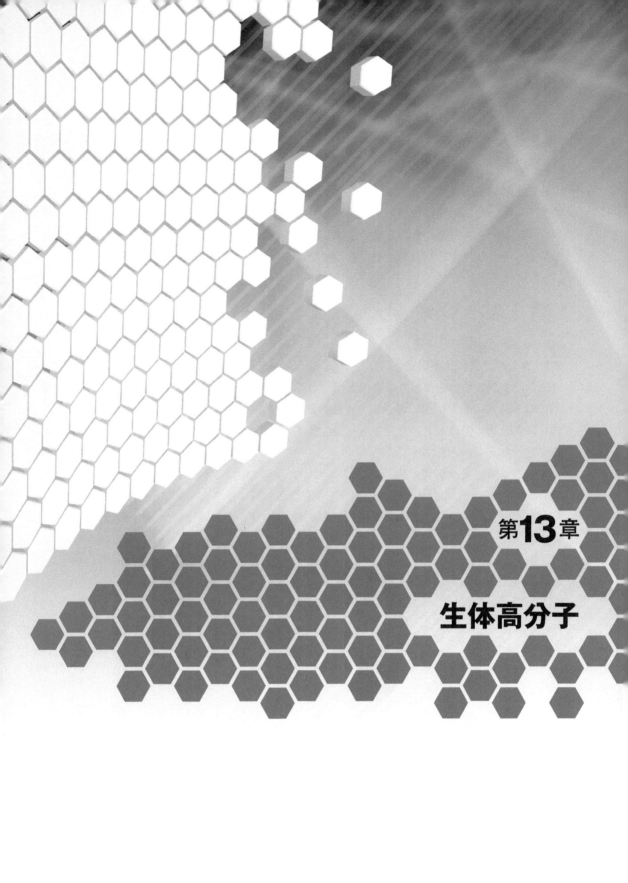

1 はじめに

地球上には多種多様の生物が生存するが、それを構成している基本的な物質はすべてに共通している。その形態維持から生命現象に至るまで重要な役割を演じているのが、タンパク質、核酸、そして糖鎖からなる高分子物質である。これまで高分子物質のおもしろさの例としてそれぞれ断片的に紹介したが、この章ではおのおのを体系的にまとめて解説する。

2 タンパク質

2.1 タンパク質の化学構造

タンパク質は筋肉をはじめ動物の大部分の器官など、生体構造をつくる主成分である。その他にも体内の化学反応に関与する多数の酵素もタンパク質からできている。水を除くと、人体の質量の半分はタンパク質であり、数多くの生物を特徴づけるのはタンパク質といってもさしつかえない（図13-1）。

タンパク質は2章の表2-2に示したように、20種類のアミノ酸が遺伝子の情報（DNAの配列）にしたがってつくられた定序性高分子からなる物質である。アミノ酸配列を見るかぎり、配列に規則性のないランダム共重合体であるが、その配列が一単位でも異なれば、そのタン

図13-1 タンパク質が生体構造をつくる

パク質としての機能が消失するので，定序性高分子物質である。だいたい50個以上のアミノ酸単位が結合し，分子量で5000以上のものは**タンパク質**といわれる。分子量の低いタンパク質にはインシュリンの約5700があり，一方，大きな分子量のタンパク質は骨格筋や心筋の弾性タンパク質であるコネクチンの299万3千が報告されている。ペプチド結合とはアミノ酸の脱水縮合で生じた一種のアミド結合で，それが主鎖に繰り返し存在している点ではタンパク質とナイロンとはよく似た結合を有しているということができる（**図13-2**）。いろいろなタンパク質の分子量については**表13-1**に示す。

リジン，アルギニン，アスパラギン酸，グルタミン酸のように，親水基を側鎖にもつアミノ酸を多く含むタンパク質は水に溶けやすい。反対にアラニン，バリン，ロイシン，イソロイシン，メチオニン，フェニルアラニン，トリプトファンなどの，疎水性アミノ酸を多く含むタンパク質は水に溶けにくく，脂質に親和性を示すようになる。細胞膜のような生体膜に

タンパク質のペプチド結合　　　　ナイロンのアミド結合
R：表2-2参照　　　　　　　　　R：$-(CH_2)_5-$

図13-2　ペプチド結合

表13-1　タンパク質の分子量

	分子量	アミノ酸残基数	ポリペプチド鎖数
インシュリン	5,733	51	2
リボヌクレアーゼ	12,640	124	1
リゾチーム	13,930	129	1
ミオグロビン	16,890	153	1
キモトリプシン	21,600	245	1
アクチン	41,785	374	1
ヘモグロビン	64,500	574	4
アルブミン	68,500	〜550	1
ミオシン	480,000	〜4,000	6
ミオシンのH鎖	223,900	1,835	1
ジストロフィン	428,000	3,685	1
コネクチン	2,993,000	26,926	1

埋め込まれたタンパク質には，疎水性のアミノ酸が多く存在する。その例を**図13-3**に示す。

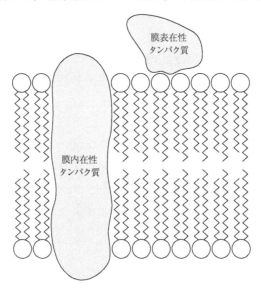

図13-3　細胞膜に埋め込まれたタンパク質

　タンパク質の基礎的性質は，アミノ酸の種類とその配列できまる。この結合順序のことをタンパク質の一次構造と呼ぶ。ペプチド結合に注目すると，N-Hの結合では結合に関与した電子は，H原子よりも電気陰性度の大きいN原子に引きつけられるから，H原子は電気的にプラスに偏っている。一方，C＝O結合に注目すると，電子は電気陰性度の大きな酸素原子に引きつけられるから，酸素原子はマイナスに偏っている。したがってN-H結合の近くにC＝O結合があると，**図13-4**のような水素結合が生じ，互いに引きあい，タンパク質の立体構造に大きな影響を与え，さまざまな機能を有する物質となる。

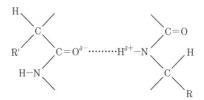

図13-4　ペプチド間の水素結合

　分子内水素結合が優先するようなアミノ酸配列をしている場合には，右巻きのらせん状構造すなわち**α-ヘリックス構造**をとる。分子間の水素結合が優先するような場合にはシート構造（これを**β-シート構造**と呼ぶ）をとるようになる。高分子量のタンパク質はα-ヘリッ

クス構造とβ-シート構造とが組み合わさって立体構造が形成される。その他に，コラーゲンのようにプロリン，ヒドロキシプロリンのような嵩高い置換基をもつアミノ酸の含量が高いタンパク質は，3本の高分子鎖が緩やかならせん状によりそい，三重らせんをつくっているものもある*。このようにタンパク質は，高分子鎖が不規則にからまっているのではなく，一定のアミノ酸配列にしたがい，機能が有効に発現できるような立体構造をとっている。これをタンパク質の**二次構造**という（図13-5）。

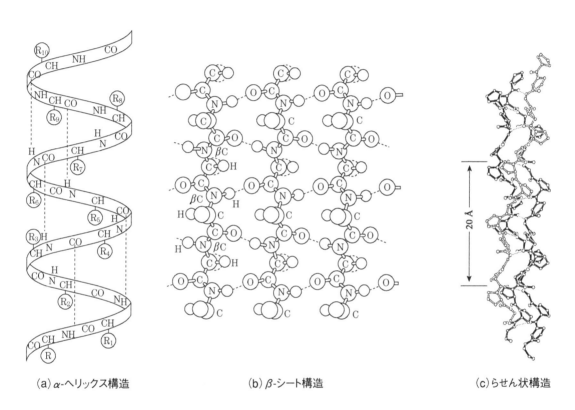

図13-5　タンパク質の二次構造

　水素結合以外にも，図13-6に示すように，側鎖にある置換基間に働くファンデルワールス相互作用，疎水性相互作用，静電的相互作用，ジスルフィド結合などにより，タンパク質に固有の安定な三次元構造（3章図3-13参照）が出現する。これは**三次構造**と呼ばれている。三次構造をつくることにより，いろいろな形のタンパク質が生じ，繊維状や球状となって特異な機能を発現している。

---

*　コラーゲンのアミノ酸配列にはプロリン-ヒドロキシプロリン-グリシン単位の繰り返しが多く存在し，それが特異な三重らせん構造をつくっている（図13-5(c)）。その安定化は，プロリンとヒドロキシプロリンとの水素結合によることが明らかにされている。

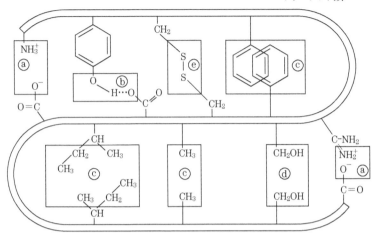

ⓐ静電的相互作用　ⓑ水素結合　ⓒ非極性側鎖の疎水性相互作用（ファンデルワールス力）
ⓓ双極子－双極子相互作用　ⓔジスルフィド結合

図13-6　タンパク質の構造を安定化する種々の分子内結合と相互作用

　筋肉に存在し，酸素の貯蔵や伝達の働きをしているミオグロビンは，典型的な三次構造を形成しているタンパク質の例である（図13-7）。
　三次構造まではタンパク質一分子のつくりだす構造であるが，ヘモグロビンのように4個

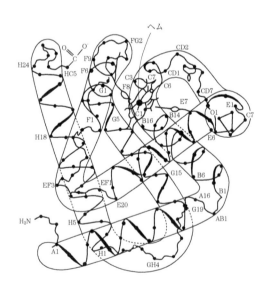

図13-7　X線解析により得られたミオグロビンの分子構造

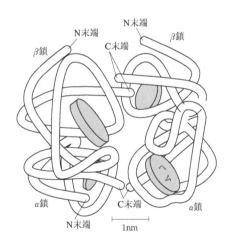

図13-8　ヘモグロビンのつくる四次構造

のタンパク質分子が会合して，特殊な機能を発現しているような場合がある。個々のタンパク質をサブユニットと呼び，サブユニットどうしの立体的関係は四次構造と呼ばれている（図13-8）。サブユニットがさらに複雑な構造をとることによって，タンパク質の機能をさらに高度なものにしている。たとえば，血液の酸素運搬をつかさどるヘモグロビンの場合には，4個のサブユニットのうちの1個のサブユニットに酸素が結合すると，それによるコンフォメーション変化が他のサブユニットのコンフォメーションを変えることで，組織への酸素の供給量を調節している。このように四次構造を構成することによって三次構造ではなしえなかったような複雑な機能が発現している。

2.2 タンパク質の立体構造と機能

タンパク質はその立体構造によって物理的性質が決まる。その立体構造によって**繊維状タンパク質**と**球状タンパク質**の二つにわけることができる。繊維状タンパク質の例としては，カイコがつくりだす絹フィブロインや羊毛がある。絹フィブロインはグリシン，アラニン，セリンのように，側鎖の小さいアミノ酸が85％を占めるタンパク質である。したがって隣りのタンパク質とβ-シート状の配列をとり，強い力学強度を有する絹糸として利用される。

一方，羊毛の主成分はケラチンというタンパク質からなり，セリン，ロイシン，シスチン，グルタル酸およびアルギニンなどのアミノ酸単位が多く，その構成は絹フィブロインとは著しく異なる（**表13-2**）。ケラチンは，側鎖の置換基が大きいので，それが障害となり，絹フィブロインのようなβ-シート状をとることができないが，分子内水素結合によって右巻のα-ヘリックス構造をとっている。その二本鎖が，さらに左巻きのらせん状にねじれ，棒状高分子となっている。羊毛は，そのような高分子がよりそって繊維状となったものである。このように繊維状になったものにはポリペプチド鎖間の隙間がなくなり，水のような小さい分子でさえ入り込むことが困難となる。したがって高等動物の結合組織を構成する主要成分として存在する。毛髪，爪，皮膚などをつくっているα-ケラチン，骨や腱をつくっているコラーゲン，弾性結合組織をつくっているエラスチンがその例である。

血清アルブミンと呼ばれる550個のアミノ酸からなる分子量67000のタンパク質の場合，直線にのびていると仮定すれば約300nmの長さになるが，実際は直径6nmの球状タンパク質である。このタンパク質分子は，グルタミン酸，アスパラギン酸，リジン，ヒスチジン，ロイシン，イソロイシンなど親水性置換基や嵩高い置換基を有するうえ，ジスルフィド結合をつくるシステインも含まれている。親水基が表面をおおった球状をとることにより水溶性になって，特有の機能を発現している。

α-ヘリックスとβ-シート状をうまく組み合わせてできた球状タンパク質は，生体内で特異な機能を発揮している。その代表的なものが酵素である。人は毎日食べ物を摂取して生きている。その食べ物はタンパク質やデンプンなどの高分子物質が多く含まれている。それらは身体の中でそのまま使われるのでなく，酵素の働きによって適当な大きさの分子に分解される（これを消化という）。消化されて小さくなった分子は細胞に吸収され，生命活動の源

表13-2 絹と羊毛の組成

アミノ酸		アミノ酸の割合	
分類	名称	絹（フィブロイン）	羊毛（ケラチン）
脂肪族	グリシン	41.2	5.5
	アラニン	33.0	4.3
	セリン	16.2	10.6
	バリン	3.6	5.7
	トレオニン	1.55	7.15
	ロイシン / イソロイシン	2.0	12.6
芳香族	フェニルアラニン	3.35	4.1
	チロシン	11.4	5.5
S含有	シスチン	0.2	13.0
	メチオニン	0	0.55
ヘテロ環	プロリン	0.7	6.8
酸性	アスパラギン酸	2.75	6.8
	グルタミン酸	2.15	14.5
塩基性	ヒスチジン	0.4	1.2
	アルギニン	1.0	9.8
	リシン	0.5	3.3

となっている。酵素による分解は副生成物のない精巧な化学反応で迅速に進行する点で，一般の化学反応では及びもつかない現象である。一例として，キモトリプシンというタンパク質分解酵素の立体構造とその機能を取り上げてみよう。球状構造をとるキモトリプシン（図3-1, 3-13）には，ところどころに窪みがあり，その窪みに食物として体内に入ったタンパク質を捕らえ，合理的に配置されている官能基によって，芳香族アミノ酸残基に続くペプチド結合を特異的に切断する。キモトリプシンの働きで分解したタンパク質は，体内に存在する他の加水分解酵素によって細胞で吸収しやすいアミノ酸に分解される。

　タンパク質を構成するアミノ酸配列が異なればまったく違った機能を発現するので，酵素のみならず，牛乳のカゼインや卵のアルブミンのような貯蔵タンパク質，ヘモグロビンのような輸送タンパク質，生体制御にかかわる抗体，インシュリンのようなタンパク質ホルモンが存在し，複雑な生命活動を支えている。

2.3　タンパク質の合成
　生体内でのタンパク質合成は細胞内で数百あるいは数千のアミノ酸を特異的な配列につな

げていく，きわめて高度に組織化された高分子合成である。次節に示す，DNAからの塩基配列を認識した3種のRNAの働きによって，タンパク質はつくられる。

20種類のアミノ酸からなるタンパク質を化学合成しようとすると，20種類のアミノ酸の共重合体であるから，重合度100程度の小さなタンパク質であっても20^{100}，すなわち10^{130}という莫大な高分子合成が可能である。したがって生体内の合成がいかに高選択性の精緻な高分子合成であるかが明らかである。

身近に存在するタンパク質を人工的に合成する努力は古くからなされてきたが，定序配列した高分子量のタンパク質合成は困難であった。ある構造をもつタンパク質を実験室で合成するには，一段階ずつの有機合成反応の繰り返しが必要となるのである。したがって，そのような合成は現実的でなく，不可能と考えられていた。そうした考えを現実的にしたのが，アメリカのメリフィールド（R. B. Merrifield，1984年ノーベル化学賞受賞）で，その業績により1984年ノーベル化学賞が贈られた。

2.4 固相合成法

アミノ酸には反応性に富むNH_2基と$COOH$基が存在する。固相合成法ではまずアミノ酸のアミノ基を嵩高い置換基で保護し，酸の部分だけを利用して，不活性の樹脂に結合（これを固定化ともいう）させることから始まる。その際，アミノ基の保護には図13-9に示すようにt-ブトキシカルボニル基，不活性の樹脂としては，クロロメチル基を側鎖にもつ架橋ポリスチレン樹脂が用いられて

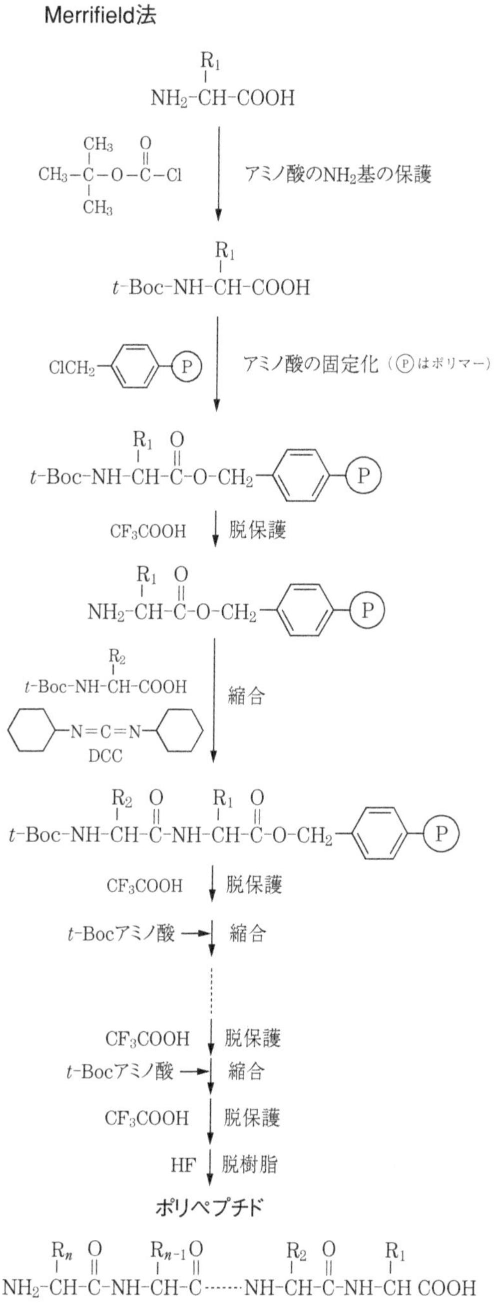

図13-9　固相合成法

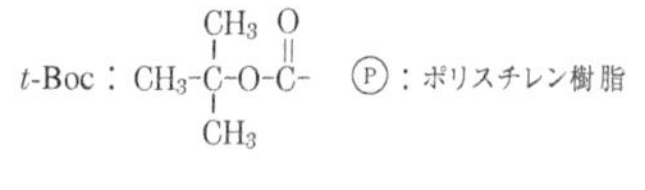

— 211 —

いる。アミノ基を保護したアミノ酸はトリエチルアミン（塩基）の存在下，脱塩化水素によって樹脂に結合する。

　樹脂に結合したアミノ酸の保護基をトリフルオロ酢酸で外すと樹脂に結合したアミノ酸が生じる。次は，この固定化したアミノ酸のアミノ基に次のアミノ酸を結合させるのであるが，その際，いきなりアミノ基を保護したアミノ酸を加えた脱水縮合は起こり難い。カルボン酸を活性化することが必要である。この活性化をするために，ジシクロヘキシルカルボジイミド（DCC）を加えておくと，アミノ酸のカルボキシル基はアシル尿素中間体となり，これが樹脂に結合しているアミノ酸のアミノ基と反応して，高収率でペプチド結合を生じる。以下，この反応の繰り返しにより，望みの配列をしたポリペプチドが得られるようになった。それを，HFによって樹脂から外すと，ポリペプチドが得られる。その過程を図13-9に示す。メリフィールドの固相合成法はペプチドの結合した不溶性ポリマーを縮合反応などを行うたびに洗浄することにより不必要な試薬，副反応生成物を簡単に除去できるので，ペプチド合成に要する時間がきわめて短くてすみ，種々の生理活性ペプチドばかりでなくインシュリンなどのタンパク質の合成にも成功している。

3　核酸（ポリヌクレオチドおよびポリデオキシヌクレオチド）

3.1　核酸の成分

ヌクレオシドとヌクレオチド

　生体内には，図13-10に示すようにアデニン，グアニン，シトシン，チミン，ウラシルという塩基性物質が存在し，生命活動や生体組織の形成に重要な役割を果たしている。

　アデニンやグアニンは，その骨格がプリンに似ているから**プリン塩基**，シトシン，チミンおよびウラシルは，その骨格の類似性から，**ピリミジン塩基**ともいわれる。これらの塩基が5単糖のリボースまたはデオキシリボースと上記の塩基の脱水縮合で作られた化合物をそれぞれ**ヌクレオシド**または**デオキシヌクレオシド**という。その例としてアデニンとリボースとの反応で得られるヌクレオシドすなわちアデノシンを図13-11に示す。

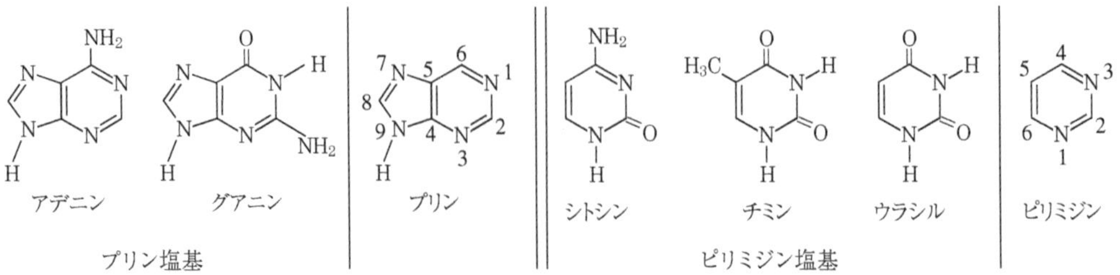

図13-10　生体内の重要な塩基

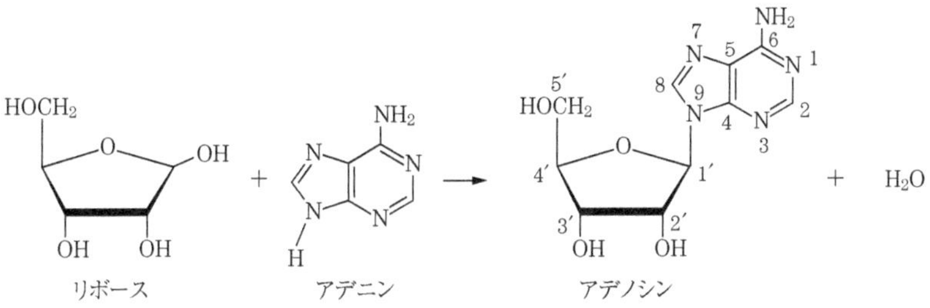

図13-11 ヌクレオシドの1例

同様に，グアニン，シトシン，チミン，ウラシルを塩基成分とするヌクレオシドは，それぞれ，アデノシン，グアニジン，シチジン，チミジン，ウリジンといい，デオキシヌクレオシドの場合は，2'-デオキシアデノシンのように「2'-デオキシ」をつけて表す。

ヌクレオシドやデオキシヌクレオシドを構成する5単糖の5'にあるOH基とリン酸との縮合で生じるリン酸エステルを，それぞれ，**ヌクレオチド**および**デオキシヌクレオチド**という。図13-12にその具体例を示す。

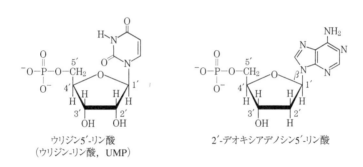

図13-12 ヌクレオチドおよびデオキシヌクレオチドの例

3.2 核酸の化学構造

核酸には，下記に示すように，アデニン (A)，グアニン (G)，シトシン (C)，チミン (T) という四種類のデオキシヌクレオチドが5単糖部位の3'と5'位でリン酸エステル結合によって鎖状に繋がった高分子（図13-13）と，アデニン (A)，グアニン (G)，シトシン (C)，ウラシル (U) が3'と5'位でリン酸エステル結合によって繋がった高分子（図13-14）とがあり，前者は**デオキシリボ核酸（DNA）**，後者は**リボ核酸（RNA）**と呼ばれている。核酸は生命現象の特徴である生体遺伝情報を担っている化合物である。

DNAという高分子鎖の側鎖に存在する4種の塩基の割合は生物種によって異なっているが，どの種でもアデニンとチミンおよびグアニンとシトシンはそれぞれ同量ずつ含まれていることが1949年アメリカの生化学者シャルガフ（E.Chargaff）によって見いだされた。例えば，人ではアデニンとチミンが30%ずつ，グアニンとシトシンが20%ずつ含まれている。DNAの

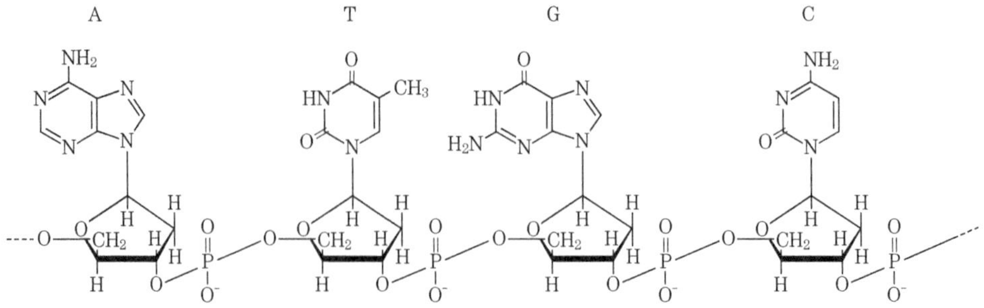

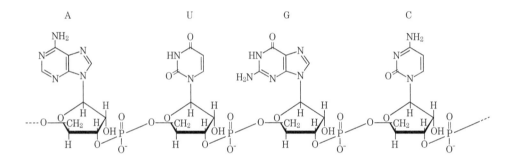

図13-13 デオキシリボ核酸(DNA)の部分化学構造(ポリアニオン型)

図13-14 リボ核酸(RNA)の部分化学構造(ポリアニオン型)

X線解析を行った,**ワトソンとクリック**(J.D.Watson, F.H.C.Crick, 1962年にM.H.F.Wilkinsとノーベル賞受賞)は1953年,DNAがチミンとアデニン,シトシンとグアニンとが図13-15(a)に示すような水素結合をつくって,図13-15(b)に示すような,**二重らせん**構造をとっていることを発見した。その後の研究で,細胞分裂の時にその2本のDNA鎖は1本ずつにわかれ,それを鋳型にそれぞれ新たなDNAが生じることが分かった。その際の塩基配列が遺伝情報として新たな細胞に伝えられることが明らかになった。細胞分裂するとき,それまでらせん構造を作っていた2本のDNAは末端からほどけていくが,図13-16に示すように,ほどけた部分を鋳型とし,DNAポリメラーゼという酵素の働きで新しい相棒が作られるので,二重らせんは二組になる。こうして,DNAの遺伝情報が伝達される。これは,高分子に導入された情報が生命現象にかかわりあっている一例である。まさにDNAは遺伝情報を担っている高分子である。DNAは塩基配列を通して生命活動に不可欠の情報を持っているが,それ自身が細胞内で生命機能を発現することはない*。しかし,細胞内にはRNAが存在し,DNAの情報を正確に受け取り,生体活動を担っている。RNAは,その機能により次の3種類に分類される。まず二重らせんをしているDNAの情報を伝えるメッセンジャーRNA(*m*-RNA),

---

* コラム(新素材としてのDNA(p.259))に示すように高分子物質として利用されている。

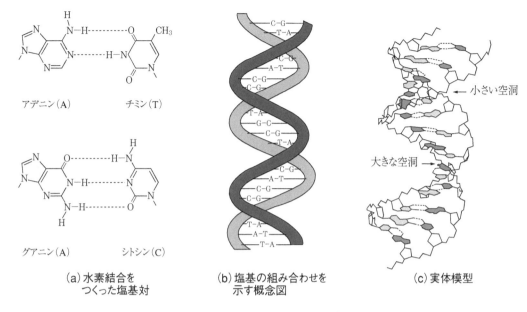

図13-15　DNAの二重らせん構造

タンパク質合成の場にアミノ酸を運搬する**転移RNA**（t-RNA），および細胞内のリポゾームに存在し，タンパク質合成の際に重要な働きをする**リポゾームRNA**（r-RNA）が存在する。一例をタンパク質合成で示すと，まずDNAの情報をt-RNAがもらい，その情報をm-RNAをとおしてリポゾームにあるr-RNAに伝え，その配列にしたがってタンパク質が合成される。その過程をおおざっぱに見れば，**図13-17**に示すような，リレーのイメージがうかぶ。

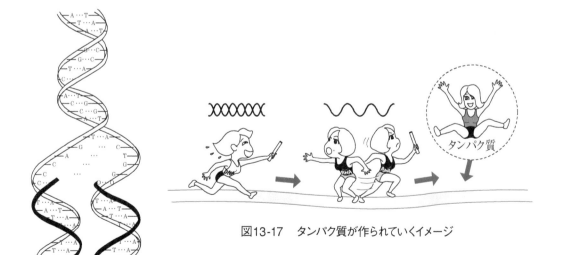

図13-16　DNAの複製

図13-17　タンパク質が作られていくイメージ

4 糖鎖高分子

　糖鎖高分子からなる物質として代表的なものはセルロースとデンプンである。いずれもD-グルコースのみから構成されている高分子量の炭化水素である。セルロースは植物の細胞膜を構成する物質であり，デンプンは植物体内で糖を貯蔵する役割を果たす化合物である。その構造単位に注目すると，セルロースはβ-D-グルコースからなり，デンプンはα-D-グルコースからなる（図13-18）。

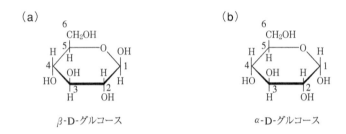

図13-18　D-グルコースの化学構造

　図13-18のグルコースは平面で書かれている。だが，その結合角を考慮すると，平面構造ではなく，椅子形構造である（図13-19）。β-D-グルコースではその置換基はいずれもequatorial（e）であるのに対し，α-D-グルコースではC_1の置換基だけはaxial（a）の位置にある。したがってセルロースではequatorial位の二つのOH基間で連結されるのに対し，デンプンではequatorialにあるOH基とaxialにあるOH基の間で連結されるので，グルコース残基相互間の結合の立体構造に大きな違いが生じている。本来は立体構造で示すべきであるが図13-17のように平面構造で示されている。

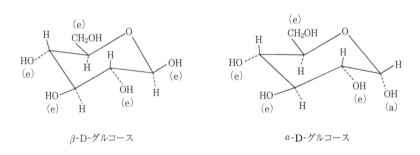

図13-19　D-グルコースの椅子形構造
　　(a)＝axial　　(e)＝equatorial

4.1 セルロース

セルロースは植物の細胞膜の主成分であり,綿花の90％,針葉樹の約60％を占める高分子物質である。先に示したように,セルロースはβ-D-グルコースのC_1とC_4に存在するequatorial位の二つのOH基間で,脱水縮合によって生じた高分子物質である。それは図13-20の構

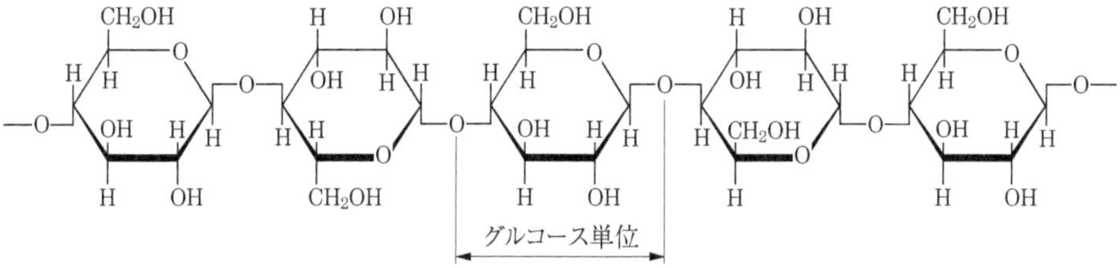

図13-20 セルロースの化学構造

造からなる。X線構造解析の結果,セルロースの水酸基は高分子相互間で水素結合をつくることによって,安定な結晶構造をつくっている。セルロース繊維はまっすぐな高分子鎖が40本も平行にならび,β(1→4)結合したグルコース単位は互いに裏返しに並んで,同一鎖内の水素結合でその位置に固定される。またそれのみならず隣接鎖とも水素結合をつくり,生じたシート間の水素結合により全体の構造が保持される。そのため構成単位は親水性にもかかわらず,水に不溶で,異常な強度を示すことが明らかになった。図13-21では椅子形構造で示したが,分子鎖内,分子鎖間の水素結合の実態が明らかである。

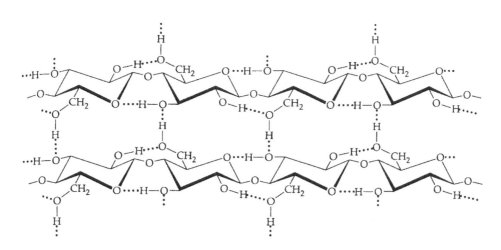

図13-21 セルロース構造のモデル(…は水素結合)

セルロースそれ自身は特殊な溶媒にしか溶解しないので,セルロースの重合度あるいは分子量は,硝酸セルロースや酢酸セルロースなどの誘導体として溶剤に溶かし,浸透圧や粘度

により分子量が決定されている。その結果，木綿，麻などのセルロースは重合度が2000〜3000であり，グルコース基$C_6H_{10}O_5$は分子量が162であるから，分子量は30万から50万である。

　木綿や麻は綿花や繊維から直接取り出した天然のセルロースであるが，木材から非セルロース成分を化学処理で除き，生じたセルロース誘導体からセルロースを再生したものは再生セルロースといわれ，人造繊維あるいはレーヨンといわれて広く利用されている。例えば，ベンベルク人絹（キュプラ）は綿花の種子近くにあるリンター（図13-22）を銅アンモニアレーヨン溶液とし，そこから再生したセルロースである。木材パルプをアルカリ処理したあと二硫化水素（CS_2）を加えてキサントゲン酸ナトリウム水溶液（ビルコースという）とし，再生したセルロースがビスコースレーヨンである。

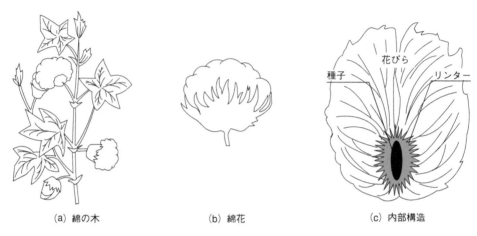

図13-22　ベンベルク人絹のもとになる綿花とその内部構造
花びらは天然セルロースとして利用される。

4.2　デンプン

　デンプンは植物細胞内に大きな集合体や顆粒として存在し，高度に水和されている。デンプンは図13-23の化学式に示すように，α-D-グルコースが$\alpha(1-4)$グリコシド結合で直鎖状につながったアミロースと，これに$\alpha(1-6)$結合で枝分かれした側鎖のついたアミロペクチンの2成分からなる。70℃の温水で膨潤させると，直鎖状高分子であるアミロースだけが溶解抽出され，両者を分離することができる。デンプンにはアミロペクチンの含量が多く，その含量は70〜80％である。

　アミロースは重合度が250〜300であり，グルコース基$C_6H_{10}O_5$の分子量は162であるから，分子量は約4万〜5万である。このアミロースはらせん状に配列する傾向がある。ヨウ素溶液がデンプンと反応すると青色になるヨード呈色反応は，らせんの内にヨウ素原子が入って生じることが明らかにされている（図13-24）。

　α-D-グルコースの1,4連鎖がところどころで$\alpha(1-6)$分岐したアミロペクチンの分子量は数百万に達する。20個の末端を有しており，平均重合度を10000と仮定すると，平均500個

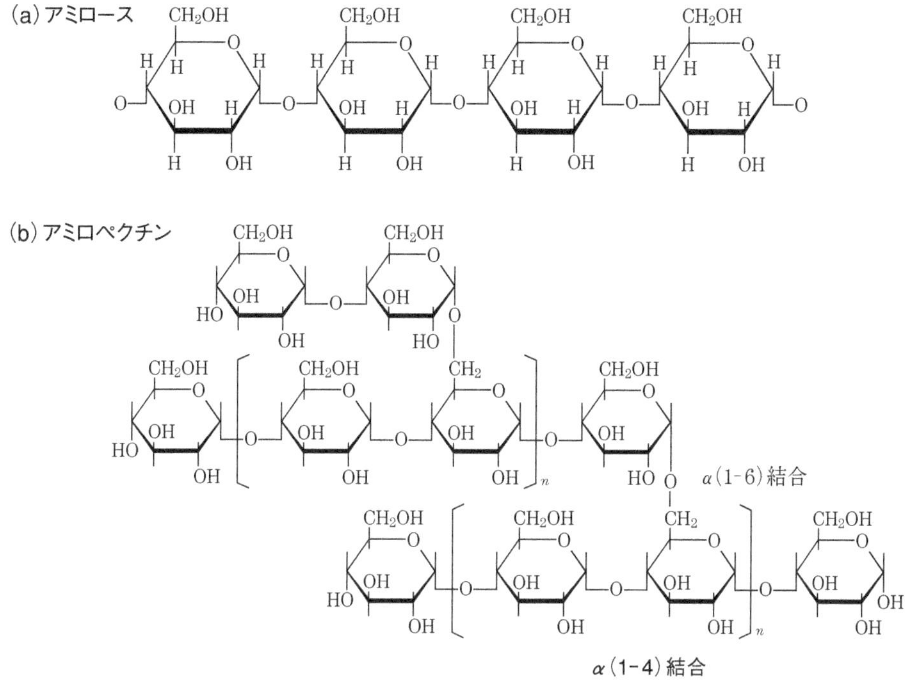

(a) アミロース

(b) アミロペクチン

$\alpha(1-6)$ 結合

$\alpha(1-4)$ 結合

図13-23　デンプンの化学構造

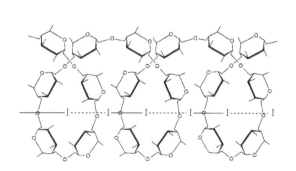

図13-24　アミロース・ヨード付加物の構造の模式図

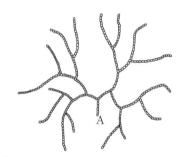

(Aはこの分子中にただ一つだけ含まれている還元性末端基を示す)

図13-25　アミロペクチンの構造の模式図

線状高分子が分岐していることを示している。したがってアミロペクチンは図13-25のような構造といわれている。

4.3　キチンとキトサン

キチンはカニ，エビなどの甲殻類，昆虫，クモなどの無脊椎動物（図13-26）の外骨格の主成分である。加水分解でN-アセチル-D-グルコサミン残基が得られる。また酸加水分解でD-グルコサミン残基と酢酸とが等モル得られる。このことからキチンはN-アセチル-D-グルコサミンが図13-27のように，$\beta(1-4)$結合したポリマーであることが明らかになった。

図13-26　無脊椎動物

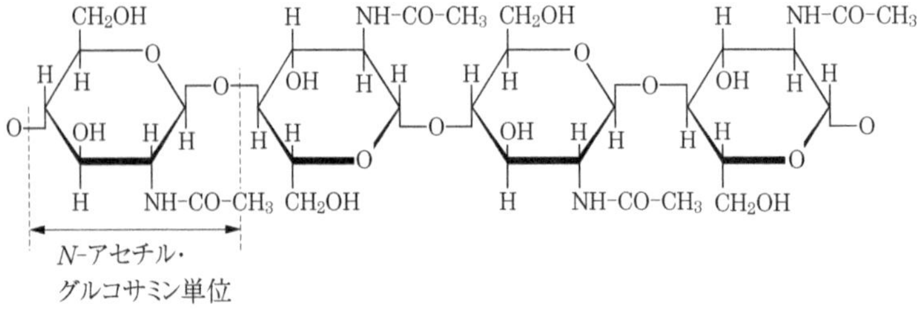

図13-27　キチンの化学構造

　その構造研究によると，キチンはグルコース残基の2の位置のヒドロキシル基がアセトアミド基に置換している以外は，セルロースと同じである。したがってセルロースと同様に繊維にできるが，アミド結合を有するためセルロースよりも難溶性であり，強酸やビスコース溶液にしか溶けない点が異なる。キチンを脱アセチル化したものはキトサンという（図13-28）。キトサンとなると溶解性が大きくなり，酢酸にも溶解するようになる。そのためキチンやキトサンの用途は広がり，繊維だけでなく，フィルム，多孔質ビーズなどの加工も進んでいる。

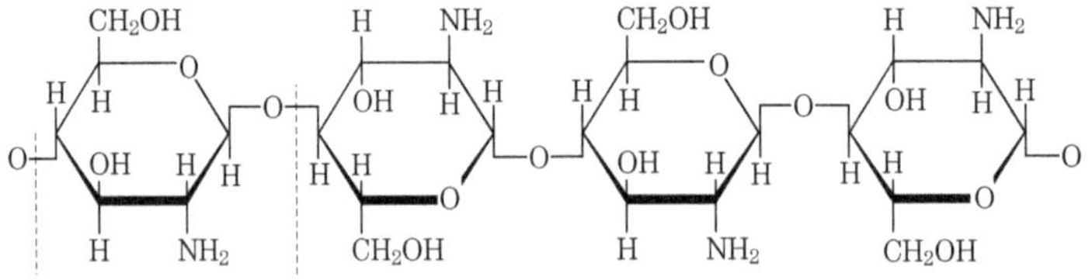

図13-28　キトサンの化学構造

　キチンやキトサンはセルロースと異なり，生体適合性がよく，異物として排除されにくい。そのうえ生体内酵素で分解され，身体に吸収されるので，縫合糸，火傷など創傷面の被覆剤として医用材料として広く利用されている。

第14章

高分子物質の電気的性質

1 はじめに

　身の周りを眺めると，携帯電話，パーソナルコンピュータからポリマー電池，燃料電池に至るまで，高分子の絶縁性や導電性が巧みに活用され，ハイテク時代の重要な役割を果たしている。物質に電流が流れる性質を導電性という。その性質は1cmの距離に単位電界を掛けたときに流れる電流 σ（電導度 Scm^{-1}），またはその逆数 ρ（比抵抗 Ωcm）で示される。物質は電導度の大きさにより絶縁体，半導体，導体に区別されている。具体的には，$\sigma > 10^2$ Scm^{-1} を示すものは導体，$\sigma < 10^{-9} Scm^{-1}$ のものは絶縁体，その中間のものは半導体として分類されている。参考のため，いろいろな物質の電導度を図14-1に示す。

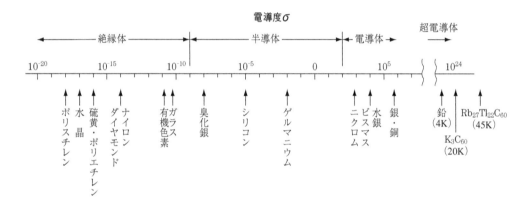

図14-1　物質の電導度

図14-2　高分子の絶縁性，導電性を活用した製品例

現在はいろいろな電気物性を有する高分子がつくられている。高分子には下記のように，金属，半導体にない特異な性質があるので，その特徴が，多くの製品を産み出している（図14-2）。

1）低密度で，重量的には軽い。
2）容易にフィルムになる。
3）分子設計が容易。

2 高分子物質の誘電性

2.1 誘電性

面積（A）の平行極板に電位差（E）をかけると，図14-3に示すように，正と負の極板にそれぞれ$+QA$, $-QA$（クーロン）の電荷が貯えられる。電極の間に絶縁体を入れると，絶縁体には電場をかけてもその中を移動する自由電子がないから電気は流れない。しかし，絶縁体を構成する分子やイオンの中の電子は，正極のほうに平衡位置から少し変位する。したがって絶縁体でも電場方向にプラスとマイナスの電荷が現れる。このような現象を**分極**といい，そのような絶縁体の性質を物質の**誘電性**という。分極は分子中にC＝O基やC－F基のような永久双極子モーメントが存在する場合には，双極子は電場の方向に配向しようとするので大きくなる。このように絶縁体は電場の中に入れると電荷が誘起されるから，**誘電体**ともいわれる。いま極板間に誘電体を挿入すると，誘電体の分極により，電極には新たに電荷$+PA$, $-PA$を生じ，極板上の電荷は$+(Q+P)A$および$-(Q+P)A$に増加する。

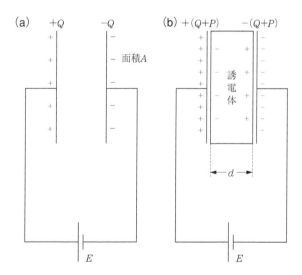

図14-3 極板間が真空の場合（a）および誘電体を挿入した場合（b）の平行板コンデンサの電荷分布の模式図

新たに生じた電荷 (P) を分極電荷と呼び,$P+Q$ と Q との比を誘電率 (ε) という。したがって誘電率とは絶縁体を挿入することにより，何倍の電荷が誘起されるかを示す量である。

$$\varepsilon = (P+Q)／Q \tag{1}$$

多くの汎用ポリマーの誘電率や電導度を**表14-1**に示す。このように高分子化合物は大変よい絶縁体である。電球のソケット，電線の被覆，プリント基板など，電気・電子機器が絶縁体としての機能を十分に果たすためには，次の条件を満たすことが望ましい。

1）導線あるいは導体間に働く電場に耐えるだけの絶縁性を有すること。
2）電流もれを防止するだけの電気抵抗を有すること。
3）発熱で破壊を受けないだけの耐熱性を有すること。
4）機械衝撃に十分耐える力学強度を有すること。
5）湿度，温度，光のような環境変化に影響を受けないこと。

これらの条件を満たすものとして，古くはフェノール樹脂，アルキド樹脂，エポキシ樹脂が用いられてきた（巻末付録の「プラスチックの種類，特徴，用途」参照）。技術開発の進歩に伴い，これまでよりも高温で使用可能な熱硬化性樹脂が必要になってきた。そのため式(2)や式(3)に示すような，主鎖に剛直な芳香環や環状イミド基を有し，末端に複数の二重結合や三重結合を導入したオリゴマーを前駆体として合成し，その重合により熱硬化型耐熱性高分子が得られている。このような高分子の出現により,高分子物質の用途はさらに広がり，各種電気機器，電子素子などの絶縁材料，保護材料，被覆材料などとして広く用いられている。近年は耐熱性が高く優れた可撓性を持つ材料も必要になった。それに応えているのが T_g が低いシリコン系高分子（式（4））で半導体用低応力封止樹脂として利用されている。

表14-1 絶縁性高分子物質の電気物性値

高分子	誘電率	電導度 (Scm^{-1})
ポリエチレン	2.25	10^{-16}
ポリプロピレン	2.2	10^{-16}
ポリスチレン	2.56	10^{-15}
ポリメタクリル酸メチル	3.12	6×10^{-15}
ポリ酢酸ビニル	3.3	6×10^{-15}
ポリアクリロニトリル	4.3	3×10^{-14}
ポリオキシメチレン	3.3	10^{-13}
ポリ塩化ビニル	3.4	3×10^{-15}
ポリフッ化ビニリデン	10	5×10^{-13}
ポリテトラフルオロエチレン	2.1	$<10^{-16}$
ポリビニルアルコール	10	
ナイロン6	4.3	1.6×10^{-13}
ナイロン6,6	3.75	2×10^{-12}
ポリエチレンテレフタラート	3.2	1.4×10^{-15}
ポリカーボナート	3.1	6×10^{-16}
三酢酸セルロース	3.6	10^{-14}
ポリジメチルシロキサン	3	
フェノール樹脂	5.1	10^{-11}
ポリウレタン	3.6	1.3×10^{-13}

2.2 強誘電性

外部から電気的な刺激のない自然状態においても，双極子が同じ向きに並び自発分極している物質に，外部から強い反対方向の電場をかけた時，その双極子の方向が逆転することを**分極反転**という。このような分極反転を起こす性質を**強誘電性**といい，そのような性質をもつ物質を**強誘電体**という。強誘電性を有する物質として，古くはロッセル塩が知られていた。その後，無機，有機物質で数多くの強誘電体が見いだされた。合成高分子物質でもポリフッ化ビニリデン（PVDF）で強誘電性が見いだされ，高分子物質は単なる絶縁体ではなく，新たな機能材料への展開がなされている。PVDFは9章の図9-6のように，三つの分子鎖の形態があり，違った結晶構造が見いだされている。そのなかで大きな双極子モーメントをもつものはⅠ型結晶（図14-4）と対称中心をもつⅡ型を高電場中に置くことによって得られるⅡp型結晶（図9-8）である。これら二つの結晶構造をもつPVDFで強誘電性が確認されている。

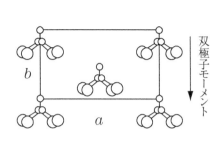

図14-4 強誘電性を示すⅠ型PVDFの結晶構造（共立出版）

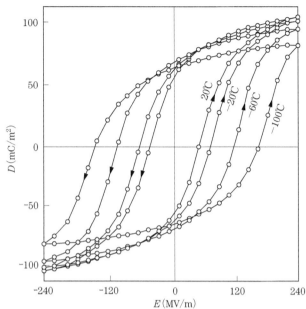

図14-5 PVDFの強誘電ヒステリシス曲線
（T.Furukawa, et al.：*J. Appl. Phys.*, **51**1, 1135 (1980)）

　PVDF Ⅰ型でその特性を説明すると，図14-4に示したように，電場がなくても分極しているが，逆向きの電場を印加していくと自発分極の反転が起こり，飽和現象があらわれる。次に交番電位を印加すると，応答される電気分極は磁化曲線のようにヒステリシス曲線を示す（図14-5）。このような現象が起こるかどうかで強誘電体と単なる誘電体との区別ができる。強誘電体の自発分極も，温度を上げると熱振動が激しくなり，ある温度で自発分極は消失するので，強誘電体から単なる誘電体へ転移する。この温度は**キュリー点**といわれる。
　フッ化ビニリデンとトリフルオロエチレンの共重合体poly（VDF-*co*-TrFE）からも，キュリー点が80～100℃の強誘電体が得られている。
　外力により物質の表面に電荷を生じ（電気分極）る結果，電場を加えると変形するような性質を圧電性という。また物質が温度変化したときに電気分極が起こり，電界を印加すると熱を発生する性質を焦電性という。詳しい説明は成書にゆずるが，Ⅰ型結晶領域をもつPVDFやpoly（VDF-*co*-TrFE）のような強誘電体は圧電性や焦電性を有しており，力学エネルギーや熱エネルギーを電力エネルギーに変換できるので，力を電気に変換するマイクロフォンをはじめ，電話，キーボード，血圧センサー，ディスプレイ装置，スイッチなどに広く活用されている。圧電性や焦電性は結晶性高分子物質に特有な現象ではない。結晶性高分子物質でなくても，永久双極子をもつ極性高分子は，T_g以上の温度で電場を印加し，電場をかけたままで，急冷して双極子の配向を凍結させる（これを**ポーリング**という）と，圧電性，焦電性をもつ強誘電性高分子になることが見いだされている。その他にもシアン化ビニリデン／酢酸ビニル共重合体で，変換効率の高い圧電材料が作られている。

3 導電性高分子

電気伝導性は物質に外部電場をかけたときに、電子またはイオンの移動により引き起こされる現象である。したがって導電性高分子としては、金属のように自由に動き回ることができる自由電子がポリマー中に存在するか、あるいはポリマー中に溶解した電解質のイオンの存在が必要である。一般にσ結合のみからできているような高分子、また二重結合や芳香環が存在しても、部分的に存在するため、構成するπ-電子が自由に動けないような場合には、絶縁体としての機能は発揮するが、導電性高分子としては期待できない。導電性高分子の設計に指針を与えたのがグラファイトの電導性であった。

3.1 導電性高分子

グラファイトは、金属ほどではないが電気伝導性を有する物質として知られている。グラファイトはsp^2の混成軌道を有する炭素原子が六方格子を形成し、1.42Åの結合距離で二次元に広がった高分子である（9章図9-2参照）。

この二次元に広がった高分子は層状を形成し、その面間距離は3.35Åもあり、分子間のπ-電子の重なりはきわめて小さい。グラファイトの電気伝導性に注目すると、π結合が共役二重結合として二次元に拡がっているから、π電子が自由に動ける平面内の電気伝導度は$2.6\times10^4\,\mathrm{Scm^{-1}}$で明らかに伝導性であるが、これに対し垂直方向は$10\,\mathrm{Scm^{-1}}$であった。したがって$\pi$電子の共役が分子内に発達した全共役型高分子物質では、ある程度の電気伝導性が期待できる。このようなグラファイトの知見を基礎に、グラファイトの一部を構成している共役型高分子の合成が行われた。図14-6にみられるように、いろいろな共役型高分子が合成され、その電気伝導性が検討された。最初に検討されたのは、もっとも簡単な構造のポリアセチレンである。多くの化学者がその合成を行ったが、得られたポリアセチレンは通常は不溶不融の黒色粉末であるうえ、その伝導性も小さいものであった。したがって多くの研究者はその研究を断念したが、白川英樹（東京工業大学、後、筑波大学）らはねばり強く研究をつづけ、初めてフィルム状の金属光沢を有するポリアセチレンの合成に成功した（図14-7）。得られたポリアセチレンは重合条件によってシス型として得られる場合とトランス型からなる場合があり、その電気伝導度はシス型で$1.7\times10^{-9}\,\mathrm{Scm^{-1}}$、トランス型で$4.4\times10^{-5}\,\mathrm{Scm^{-1}}$で、外見の光沢から予想した電気伝導度より低かった。その後、図14-6にみられるような共役型高分子も調べられたが電気伝導性を示すものはなかった。

白川、マクダーミッド（A.G.MacDiarmid）、およびヒーガー（A.S.Heeger）は、ポリアセチレンにヨウ素やAsF_5など酸化性の強い物質すなわち電子受容体を浸みこませるか、あるいは還元性物質であるナトリウム、カリウムなどの電子供与体を導入すると、電気伝導度が$10\sim10^3\,\mathrm{Scm^{-1}}$となり、電気伝導度が約1000万倍上がり、導電性高分子になることを見いだした（こ

れらの添加物をドーパントと呼ぶ）（表14-2）。この研究は半導体にしかならないと考えられていた高分子化合物に，電気伝導性が可能であるという新たな道をつくったもので，この業績に対し，2000年にノーベル化学賞が与えられた。その詳細は専門書にゆずるが，ドーパン

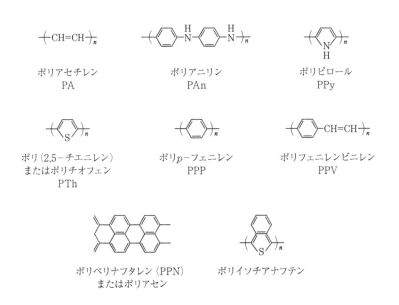

図14-6 グラファイトの六方格子から予想される共役型高分子

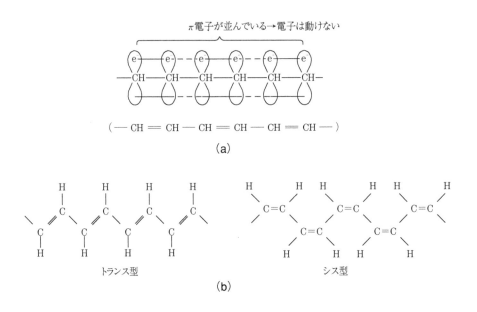

図14-7 トランス型ポリアセチレンのπ-結合 (a) とシス型ポリアセチレンの化学構造 (b)

トが電子供与体（還元剤）の場合はπ-共役型高分子が電子を受け取りアニオンラジカル（負電荷ポーラロンという）に，ドーパントが電子授与体（酸化剤）の場合は高分子から電子を出してカチオンラジカル（正電荷ポーラロンという）になる。ドーピング剤を加えた際のポリアセチレンの変化を**図14-8**に示す。ドーピングする前には半導体にしかなり得なかったが，ドーピングによって共役π電子軌道に電荷が発生するので，高分子鎖を通した電子の移動が可能になり，導電性高分子となるのである。

この研究成果が発端となり，グラファイトの構造の一部を模倣したπ-共役型高分子（図14-6），ポリピロールやポリチオフェンなどの複素環共役型高分子，およびポリアニリンなどの含ヘテロ原子共役型高分子も合成された（**図14-9**）。それらにドーパントを加えること

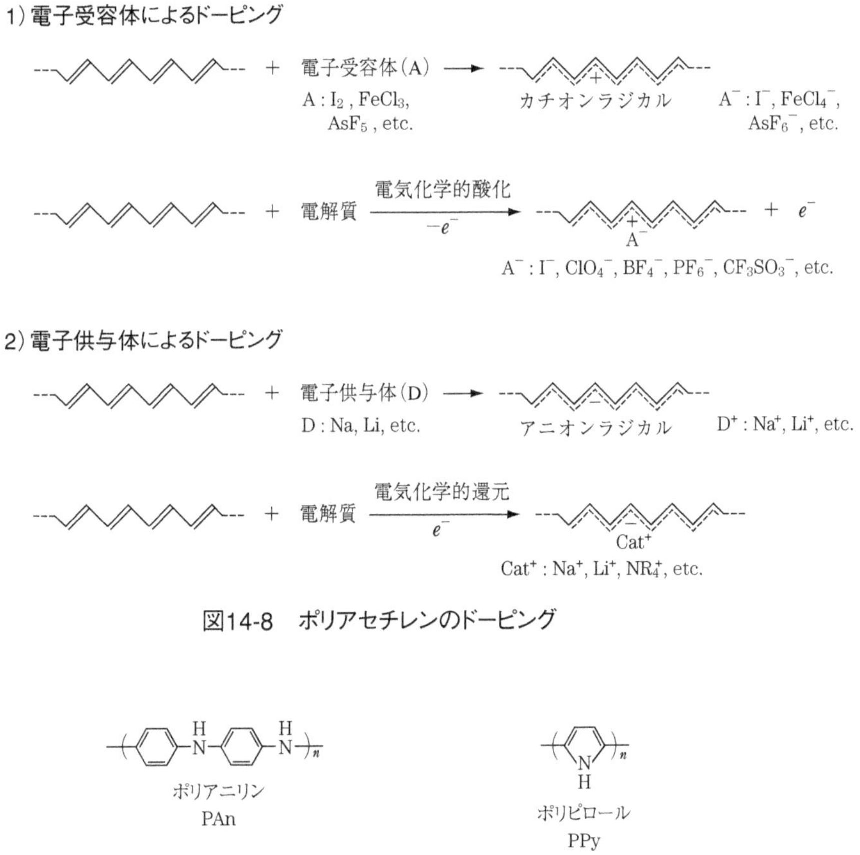

1）電子受容体によるドーピング
＋　電子受容体（A）
A : I2 , FeCl3,
AsF5 , etc.
カチオンラジカル
A⁻ : I⁻, FeCl4⁻,
AsF6⁻, etc.
＋　電解質
電気化学的酸化
−e⁻
＋ e⁻
A⁻
A⁻ : I⁻, ClO4⁻, BF4⁻, PF6⁻, CF3SO3⁻, etc.
2）電子供与体によるドーピング
＋　電子供与体（D）
D : Na, Li, etc.
アニオンラジカル
D⁺ : Na⁺, Li⁺, etc.
＋　電解質
電気化学的還元
e⁻
Cat⁺
Cat⁺ : Na⁺, Li⁺, NR4⁺, etc.

図14-8　ポリアセチレンのドーピング

ポリアニリン
PAn
ポリピロール
PPy
ポリ2, 5-チエニレン
またはポリチオフェン
PTh
ポリ2,5-ピリジンジイル
PPd

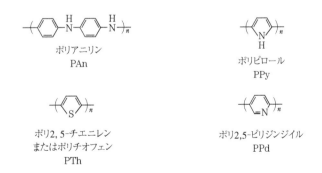

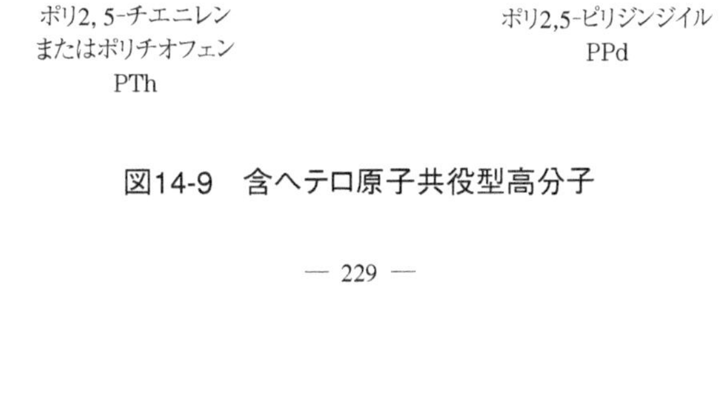

図14-9　含ヘテロ原子共役型高分子

により導電性高分子物質になることがわかった。その例を**表14-2**に示す。その後，電解重合を用いて，ドーピングと高分子フィルムを同時に作製する方法が開発された。

この重合で得られた導電性高分子を電池の電極物質として使用したポリマーバッテリーが作られている。その一例として，ドーパントの導入によりポジティブポーラロンを形成しているポリアニリンを正極，リチウム（Li-Al合金を使用）を負極としたコイン形電池を**図14-10**に示す。正極と負極との間に電解質として$Li^+BF_4^-$を含有したセパレータを置き，両電極を導線でつなぐと陰極の電子がLiの方からポリアニリンの方へ流れる。その結果，陰極のLiはLi^+として電解質へ移り，電子が流れてきた正極のポリアニリンからは不要になったBF_4^-も電解質へ移動するので，結局，電解質の$Li^+BF_4^-$の濃度が増加する。こうして，$Li^+BF_4^-$を生じながら，放電が起こる。逆に，電位を外部からかけて，電子の流れを逆にすると，$Li^+BF_4^-$のLi^+はLi電極へ移動してLiとなる。一方，BF_4^-はポリアニリン極側へ移動し，ドーパントとして電極に入るので両電極は元の状態へ戻る。すなわち，**充電**である。充放電の際に起こっている電極の化学変化を**図14-11**，**図14-12**に示す。この電極では，充電電位を3.5V以下にしておくと100％の効率で充電できるので，充放電が可能な，二次電池がつくられ，ポリマーバッテリーとして広く利用されている。

表14-2　直鎖状共役型高分子物質のドーピングによる電気伝導性の発現

導電性高分子	ドーパント	ドーパント濃度[a]	電気伝導度(室温) (Scm^{-1})
トランス型ポリアセチレン	I_2	0.41	$1.6×10^2$
	Na	1.12	$8.0×10$
	AsF_5	0.40	$2.2×10^5$
シス型ポリアセチレン	I_2	0.45	$5.5×10^2$
	AsF_5	0.40	$1.2×10^3$
ポリ(パラ-フェニレン)	AsF_5	0.4	$5×10^2$
	K	0.57	7.0
ポリ(パラ-フェニレンビニレン)	AsF_5	0.75	3
ポリアニリン	HCl	0.5	5
ポリピロール	BF_4^-	0.25	$1.0×10^2$
ポリチオフェン	ClO_4^-	0.15	$2.0×10^2$
ポリ(パラ-フェニレンスルフィド)	AsF_5	～1	1

a) ドーパント濃度は構造単位当たりのモル数を示す。

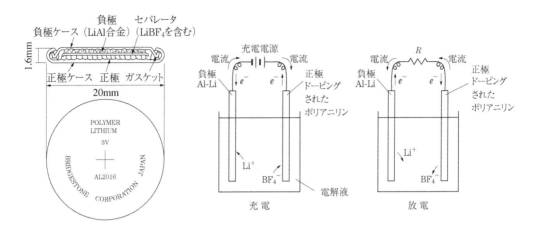

図14-10 コイン形ポリマー・
リチウム二次電池の構成
負極：リチウム・アルミニウム合金　正極：ポリアニリン

(山本隆一,松永玖：「ポリマーバッテリー」,
高分子学会編,共立出版　p.15 (1990)より引用)

図14-11 ポリマー・リチウム二次電池内での
充放電での電極反応の概念図
e^-：電子

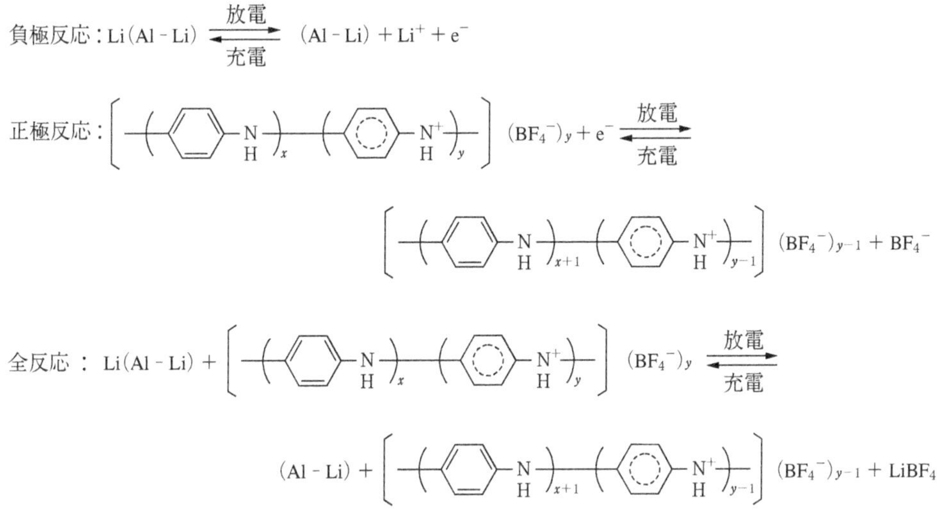

図14-12 コイン形ポリマー・リチウム二次電池の充放電反応
x＝アニリン単位の数，y＝ドーピングされているアニリン単位の数

　近年，共役系高分子の主鎖にドーパント機能を果たす側鎖が化学的に結合した自己ドープ型導電性高分子が創製された。その中で，東ソーが開発した骨格がポリチオフェンで側鎖の末端にスルホ基を導入した高分子は，スルホ基がチオフェンを酸化して電子を奪うドーパントとしての機能を果たし，200 S/cmの電導度を示すことが見出された。この自己ドープ型の

導電性高分子（図14-13）は SELFTRON という商品名で市販され，タッチパネル，高分子有機EL，コンデンサー，太陽電池としての利用が進められている（化学と工業 71, 101 (2018)）。

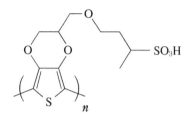

図14-13　自己ドープ型導電性高分子

3.2　高分子EL

大画面・薄型ディスプレイはテレビ，パソコン，スマートフォン，デジタルサイネージなどさまざまな生活空間で利用され，現在の情報化社会では欠かせない存在になっている。その一端を支えているのが有機EL（エレクトロルミネッセンス，図14-14），中でも高分子ELである。エレクトロルミネッセンス（電界発光）とは物質が電界のエネルギーを受け取り，それを特定波長の光として放出する現象で，発光する物質が有機化合物であれば有機EL，無機化合物であれば無機ELと呼ばれる。

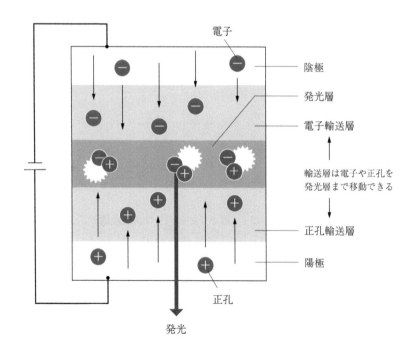

図14-14　エレクトロルミネッセンスの原理

第14章 高分子物質の電気的性質

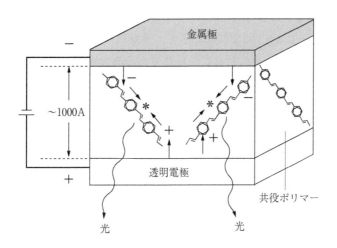

図14-15 高分子EL素子

　高分子がEL素子として初めて用いたのはポリビニルカルバゾールであったが，その特性は低く，ディスプレイに利用されるようにはならなかった。その後，下記に示すような共役系高分子が合成され，それらを素子とする高分子有機ELが誕生した。一例として，PPVを用いた高分子EL素子を図14-16に示す。正極である透明電極（インジューム・スズ酸化物），

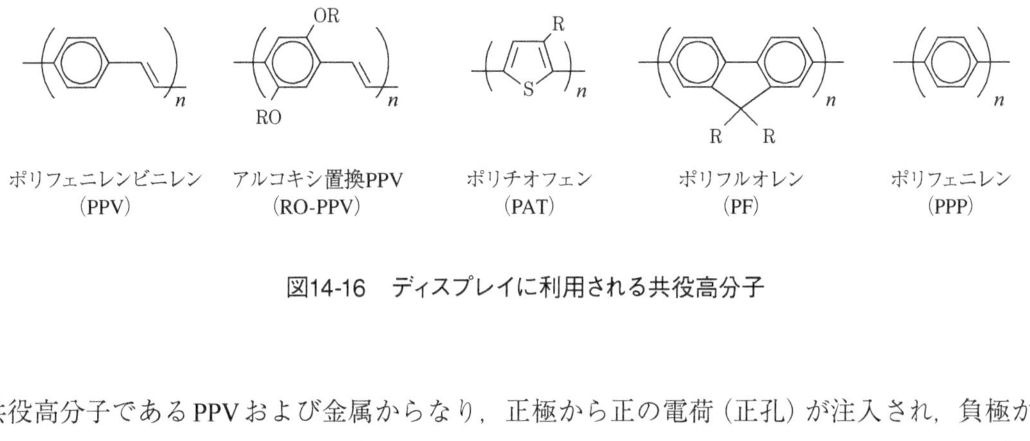

ポリフェニレンビニレン	アルコキシ置換PPV	ポリチオフェン	ポリフルオレン	ポリフェニレン
（PPV）	（RO-PPV）	（PAT）	（PF）	（PPP）

図14-16 ディスプレイに利用される共役高分子

共役高分子であるPPVおよび金属からなり，正極から正の電荷（正孔）が注入され，負極からは電子がPPVに流れ込む。正極の注入によってPPVはカチオンラジカルになる。一方，負極から注入された電子はアニオンラジカルになる。これが内部に拡散し，一つの分子上で結合して励起状態を生成し，発光に至る。共役高分子は鎖状分子でその長さは数百オングストロームであり，結合に関する電子が分子全体に広がっているから，電子は速やかに正孔に取り込まれ，励起状態を生成しやすい利点がある。
　その他にもさまざまな高分子EL素子が作られ，生活に潤いを与えている。高分子ELは加工しやすいという利点があるだけに期待は大きい。

3.3 イオン伝導性高分子

　前節で取り上げた高分子はπ-共役型高分子で，多数のπ-電子が電気伝導に関与して生じた導電性高分子であった。だが，それ自身が絶縁体である高分子も，電解質と親和力を有する場合には電解質が混ざるので，電場の中におかれるとガラス転移点以上の温度では，高分子鎖のミクロブラウン運動によってイオンの移動も可能である。このような高分子は電荷担体（キャリア）がイオンであることから，イオン伝導性高分子といわれる。例えば$LiClO_4$やNaIをポリエチレンに分散しようとしても，均一に分散した高分子物質はできない。しかし，$LiClO_4$やNaIをポリエチレンオキシド，ポリプロピレンオキシドあるいはポリエチレンカーボナートと混ぜると，原子レベルで均一に分散した物質が得られ，透明なフィルムも作製できる。このポリマーフィルムの両端に電場をかけると，図14-17に示すように，加えた電解質の量や温度にしたがって10^{-8}から10^{-3} Scm^{-1}の電気伝導度を有する**高分子固体電解質**が得られる。その電気伝導度の大きさは，電解質の添加量にかかわらず，温度が高くなるほど伝導性は増大している。これは温度が高くなるほど分子運動が活発になりイオンが移動しやすくなるからである。一方，電解質の添加量には適量があり，多すぎても電気伝導性は低下している。これは，アルカリ

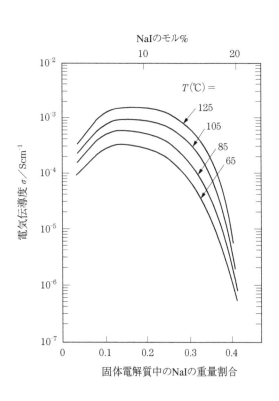

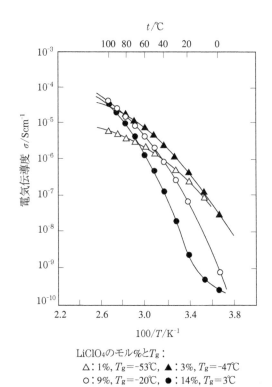

図14-17　ポリエチレンオキシド-NaI高分子固体電解質の電気伝導度、NaIの添加量による変化

図14-18　ポリプロピレンオキシド-$LiClO_4$高分子固体電解質の電気伝導度，電解質の温度および濃度依存性

金属イオンがポリマー中のエーテル酸素と配位するので，その濃度が増えると高分子鎖の運動性が低下する。すなわち，T_gが上昇するので，イオンの移動度が減少するためである。

LiClO₄を添加したポリプロピレンオキシドの電気伝導度のアレニウスプロットを図14-18に示す。この場合も添加量には最適値が存在する。また，温度依存性に注目すると，その挙動は上に凸で，温度が低くなり高分子鎖のミクロブラウン運動が小さくなるにつれて，イオン伝導の活性化エネルギーが大きくなることを示している。これらの結果をもとに，配位と分子鎖ミクロブラウン運動によってイオンが移動していく概念図を図14-19に示す。

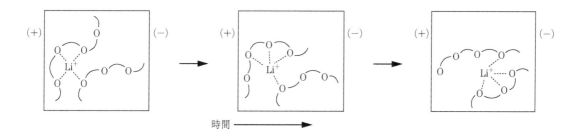

図14-19　高分子鎖のミクロブラウン運動によるLi⁺イオンの移動

高分子固体電解質は，電池，エレクトロクロミック表示素子，静電気防止膜などとして利用されている。高分子固体電解質フィルムを用いた電池を図14-20に示す。

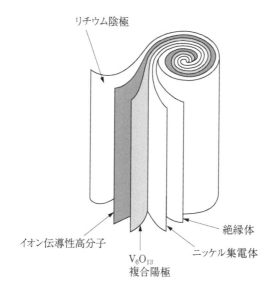

図14-20　高分子イオン伝導体を用いたリチウム固体二次電池

ナフィオンは炭素－フッ素からなる疎水性テフロン骨格とスルホン酸基をもつパーフルオロ側鎖から構成されるパーフルオロカーボン材料で，テトラフルオロエチレンとパーフルオロ[2-(フルオロスルフォニルエトキシ)プロピルビニルエーテル]の共重合体である。長鎖の非架橋性高分子で，一般的には以下の構造式で表される。

$$\left[\left(CF_2CF_2 \right)_m \begin{array}{c} F\ F \\ |\ \ | \\ C-C \\ |\ \ | \\ O\ F \end{array} \right]_x$$

$$CF_2$$
$$F-\underset{CF_3}{\overset{|}{C}}-O-CF_2CF_2-SO_3^-H^+$$

　ナフィオンは多くのカチオンや極性化合物に対して透過性をもち，アニオンや無極性化合物に対しては透過性をもたない。その上，ナフィオンはテフロンのもつ優れた化学的安定性・耐熱性と，スルホン酸基のもつ選択的透過性・強酸性とを併せもつから，ナフィオン膜は固体高分子電解質として電池に用いられ，とくに燃料電池の性能の最適化には高温低湿における高い導電性の膜としてその実用化に貢献している。

コラム COLUMN

燃料電池を支える高分子

火力発電やガソリンエンジンなど化石燃料を用いたエネルギー変換システムにより，人類は豊かな生活を実現した。しかし，そのエネルギー変換システムが化石燃料に頼っている限り，何れは枯渇する上，排出ガスによる地球温暖化や酸性雨などの環境問題の深刻化は不可避である。とくに，世界人口の増加に伴うエネルギー消費の拡大を考慮すると，人類の存亡に関する切実な問題である。燃料電池は，近年，その解決に一役を担うものとして，世界中で，その普及が進められている。

燃料電池とは，水素やメタノールを空気や酸素で燃焼する際に発生する熱エネルギーを，熱源として利用するのではなく，電気化学的に反応させることにより，直接電気エネルギーに変換するシステムで，燃料と酸化剤を連続的に供給して，エネルギーを連続的に取り出せる点が，従来の電池と異なる。その意味では電池というより，一種の発電機といえるものである。

その発見は1839年のグローブの研究に遡る。水素ガスと酸素ガスからなる白金電極を希硫酸につけると，水の発生と同時に電流が流れることを発見した。その後，メタノールなど水素以外の燃料でも研究が進められていたが，製作上の技術や材料に問題もあり，他の電池のように，実用に供することはなかった。電池としての利用が注目されるようになったのは，1952年イギリスで長年，燃料電池の研究に取り組んできたベーコンが電解質に水酸化カリウムを使ったアルカリ燃料電池に始まる。その後，電解質にリン酸を用いるリン酸型燃料電池や，高分子電解質や高分子電解質膜を用いた高分子固体燃料電池が作られた。折しも，宇宙開発が始まり，そのエネルギー源になるのみならず，水の供給源にもなることから，現在のスペースシャトルに利用されている。

水素と酸素から得られる燃料電池の概略を下図に示す。陰極（燃料極）には水素，陽極（空気極）には酸素が供給され，下記の反応が燃料電池内で起こり，その際に生じるエネルギーを電気として取り出す仕組みになっている。

$$2H_2 + O_2 \rightarrow 2H_2O + 電流$$

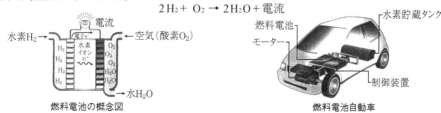

燃料電池の概念図　　燃料電池自動車　　（ナフィオン膜）

以上のように，燃料電池の実用化は宇宙開発に始まったが，環境問題に対する意識の高まりと共に，地球に優しいエネルギー供給源として注目され，高分子固体燃料電池が開発されて，無公害自動車の実現に利用されるようになった。高分子電解質の膜として四フッ化エチレンとスルホン酸モノマーの共重合体やそれから得られるナフィオン膜が利用されている。最近は，家庭の生ゴミや畜産廃棄物を利用した燃料電池システムの開発も始まっている。

コラム COLUMN

リチウムイオン二次電池の普及に貢献したポリエチレン

リチウムイオン二次電池は携帯電話，ノートパソコン，デジタルカメラ，スマホに使用されており，現代社会の必需品である。

図1 リチウムイオン二次電池を使用している身近な製品

リチウムイオン二次電池は正極にLiCoO$_2$，負極にカーボン（グラファイトなど）を使用し電解質にLiPF$_6$などを溶解させたカーボネート化合物などの可燃性の有機溶媒を用いている。円筒型電池の構造を図2に示す。

この電池の実用化にあたって直面した欠点は，有機溶剤，Li化合物を使用しており，電池の使用次第ではLiが生じ，発火の危険性があることであった。発火を防止するため開発されたのが多孔質ポリエチレンで，図3に示したように溶融あるいは溶液状態の基礎研究をもとに作られた。

それをセパレータに用いたときポリエチレンの融点（130℃）を越えると多孔質が消滅するので，電流が流れなくなる。これで安心して使えるリチウムイオン二次電池が開発された。

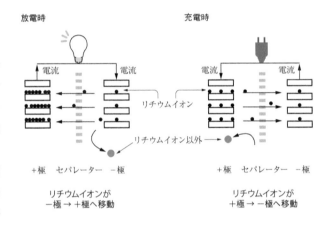

図2 リチウム二次電池の放電と充電

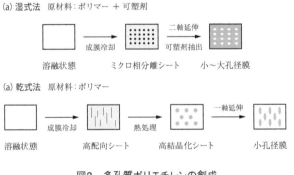

図3 多孔質ポリエチレンの創成

第15章

生活環境と高分子

1 はじめに

20世紀における自然科学の発展は目覚ましく，未曾有の豊かな物質社会が出現している。その原動力として大きな役割を果たしてきたのが，1920年代における高分子化合物の実証とそれを契機に登場したさまざまな合成高分子の出現である。合成繊維，合成ゴム，合成樹脂（プラスチック）の製造に端を発した高分子工業は，それを原料面で支えた石油化学工業の大きな発展をうながし，両者は車の両輪となって飛躍的発展をとげた。このような化学の発展は次々と新たな機能性高分子を産み出し，耐衝撃性，耐熱性などでは天然物を凌駕する高性能の構造材料も出現している。

高分子材料で作られた製品が日常生活を豊かにしているが，消費がますます進み，このまま発展していけば，資源・エネルギーの枯渇，地球環境問題，廃棄物処理などの問題は避けられなくなる。このような事態の解決のためには，リサイクルを考慮した高分子の合成とその活用が望まれる。そしていま環境調和型高分子の開発が盛んに行われている（図15-1）。

図15-1　微生物分解のイメージ

2 生分解性高分子

2.1 生分解性高分子と化学構造

ポリスチレン，ポリエチレンテレフタラートは，プラスチック，繊維，あるいはフィルム

として広く利用されているが，これらの高分子物質は土壌に埋めても分解しない。すなわち腐らない高分子である。一方，ポリ乳酸やポリカプロラクトンは生分解性の高分子で，環境調和型高分子として知られている。その化学構造を比較すると，ポリスチレンは芳香環を有する炭化水素からなるポリマーであり，ポリエチレンテレフタラートはポリ乳酸やポリカプロラクトンと同じポリエステル結合を有するが，主鎖に芳香環をもっている点が異なる。木材の一成分であるリグニンのように酸素原子と直接結合した芳香環（すなわちフェノール誘導体）が存在する場合を除くと，一般に，芳香環は生分解性には好ましくない置換基である。

ポリ塩化ビニルやポリプロピレンも広く活用されている高分子であるが，生分解されない。一般にビニル化合物やジエン化合物の重合体，すなわちC-C結合を主鎖とする高分子の生分解は困難で，その分解には化学的手段が必要になる。唯一の例外はポリビニルアルコールで，微生物による分解が可能である。一方，主鎖がエーテル結合からなるポリエチレングリコールになると生分解する細菌が多数見いだされている。また，多数のC-C結合からなるが，ところどころにアミド結合 $-\text{NHCO}-$ をもつナイロンでも，生分解を引き起こす細菌が見いだされている。このことから高分子の生分解には主鎖または側鎖に酸素原子や窒素原子の存在が不可欠のようである。

高分子の生分解性発現に対する化学構造の影響は顕著で，主鎖にエステル基を有する脂肪族ポリエステルやペプチド結合からなる高分子は酵素的に加水分解されやすい。ついで糖鎖結合，ウレタン結合，脂肪族エーテル結合，メチレン連鎖の順に分解性は低下する。

現在までに実用化された生分解性高分子に注目すると，ポリ乳酸やポリカプロラクトンのように化学合成で高分子化したものと，デンプンやセルロースといった天然高分子を高分子のまま改質して利用する方法がある。その他，ポリリジンのように微生物を用いた生分解性高分子の合成も注目されている。現在の生分解性高分子物質をその原料，合成法で分類すると表15-1のようになる。

表15-1　生分解性高分子の分類

原料	合成方法	生分解性高分子の例
糖 有機酸 アミノ酸 炭酸ガス	微生物	ポリエステル セルロース ポリグルタミン酸 ポリリジン
	植物・動物	セルロース アミロース キチン
	化学合成	ポリ乳酸 ポリアスパラギン酸
化石資源		ポリエステル

2.2 化学合成

　化学合成による生分解性高分子としてもっとも注目されるのは，脂肪族ポリエステルである。だが，一般に融点が低く，縮合重合では分子量が高くならず脆いので，実用物性という観点から問題があった。しかし，図15-2に示すような環状エステルの開環重合では分子量が10万以上の高分子量のポリエステルが得られ，ポリグリコール酸，ポリ-L-乳酸，ポリ-ε-カプロラクトンなどは，医用材料，農林水産材料，繊維などに利用されている。

　生成ポリマーは土壌の中で微生物によってCO_2とH_2Oに分解されるので，CO_2を活用すれば図15-3のようなリサイクルが成り立つ。

　その他，開環重合を利用していろいろな共重合体がつくられている（図15-4）。そのなかでε-カプロラクトンとε-カプロラクタムとの共重合で得られるコポリエステルアミドは，優れた機械的性質があり，機能性を有する生分解性プラスチックとして注目をあびている。

図15-2　環状エステルの重合

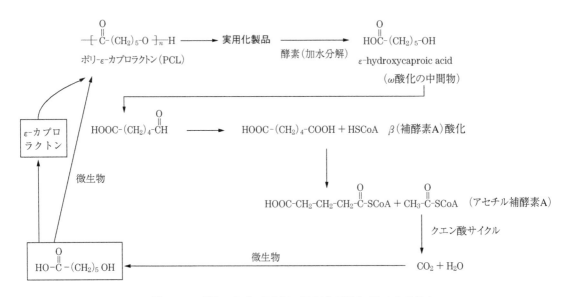

図15-3　ポリ-ε-カプロラクトン（PCL）のリサイクルシステム

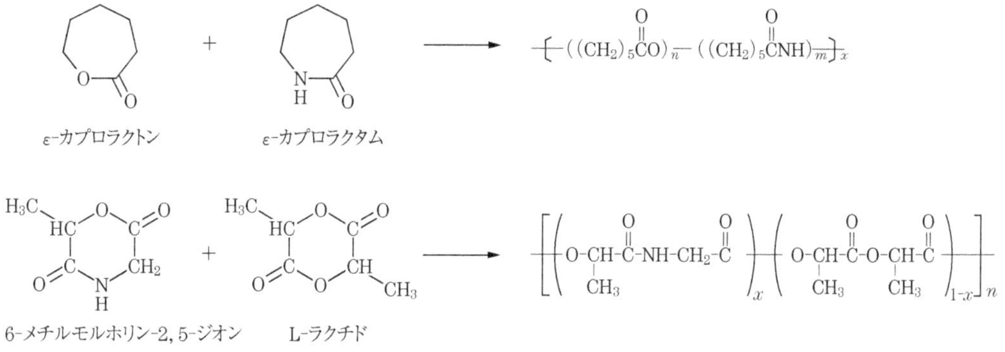

図15-4 開環共重合によるコポリエステルアミドの合成

前述したように縮合重合で得られる脂肪族ポリエステルは古くから生分解性高分子物質として期待されていたが，高分子の分子量が高くならず脆いので，実用物性という観点から問題があった。しかし，重合触媒の改良などにより，エチレングリコールや1,4-ブタンジオールとコハク酸とから，分子量数十万で，繊維形成能を有する高分子の合成も可能になり（図15-5），繊維，フィルム，プラスチック製品として市販されている（図15-6）。

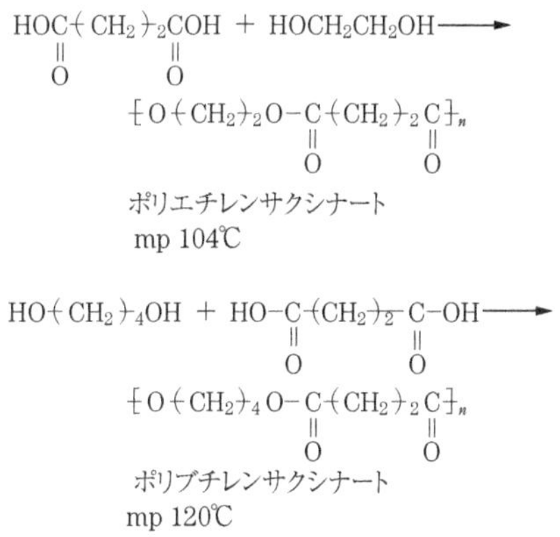

図15-5 脂肪族系ポリエステルの代表例　図15-6 脂肪族系ポリエステルのペレット，および成形品
（昭和高分子㈱の提供）

2.3 天然高分子の活用

セルロースはそれ自体では溶融せず，熱可塑性もないので，成形加工できない。だが，セルロースを化学的にエステル化やエーテル化した誘導体にすると成形可能になる。それらは現在，繊維やプラスチックとして利用されている。その生分解性に注目すると，セルロースはセルラーゼにより分解するが，そのOH基を完全にアセチル化した三酢酸セルロースは生

分解しにくくなる。しかし，酢酸の置換度を2.5程度にしてOH基を一部残したものは生分解性があり，生分解性プラスチックとして市販されている。

ポリビニルアルコールには生分解性があることを先に示した。このポリビニルアルコールと本来生分解性であるデンプンとの混合物に，適当な量の植物油を加えると，互いの高分子鎖の間に相互作用が生じる。その結果，両ポリマーが分子レベルで侵入しあった構造をとるので，ポリエチレンのような汎用ポリマーと同等の力学強度を有するうえ，紙と同程度の生分解性をもつ。このような特性があるので，この高分子混合物の工業生産がなされている。

その他，木材の一成分であるリグニンやリグノスルホン酸などとエチレングリコールやいろいろな構造のジイソシアナートとの反応で，スポンジ状のものから硬いプラスチックまでの生分解性プラスチックが合成され，その展開が注目されている（図15-7）。

図15-7　糖蜜，リグニンからつくられた生分解性プラスチック
（福井工業大学　畠山兵衛教授提供）

2.4　微生物を使った高分子合成
2.4.1　糖鎖高分子

微生物がつくる高分子として，セルロース，プルラン，カードランなどの糖鎖高分子（図15-8），脂肪族ポリエステル，ポリグルタミン酸やポリリジンなどがあげられる。

セルロースは植物が作るものと思われているが，微生物にもセルロースを作るものがある。微生物の産生するセルロースはバクテリアセルロースといい，食酢を作る酢酸菌によって産生されるセルロースの利用が注目されている。酢酸菌は培地に存在するグルコースを体内に吸収し，それを鎖状に結合して高分子を合成する（図15-8(a)）。その化学構造は植物セルロースと同じである。菌は菌体の表面にある百数十個の小さな穴よりセルロースを出すが，菌体外に出たセルロースは複雑に絡み合い，緻密な不織布のようになっている。菌体を除くと，純粋なセルロースが得られる。

カードランは微生物が作る多糖で図15-8(b)に示すようにグルコースの1,3位のOH基を用いてβ-1,3-グルコキシド結合で連なった重合度400〜500の鎖状の高分子で，水に加えて加熱

すると寒天状に固まる性質がある。塗料の増粘剤や結着剤に利用されている。

　プルランは黒酵母によって産生される高分子で，その構造はアミロースに似ているが，図15-8(c)に示すように，1,4結合に加えて1,6結合からなる多糖類であり，無味，無臭の白色粉末で，有機溶媒には溶解しないが，水に溶ける。プルランの水溶液に熱を加えても，ゲル化は起こらない。したがって，水溶液からフィルムや繊維状に成形できる。

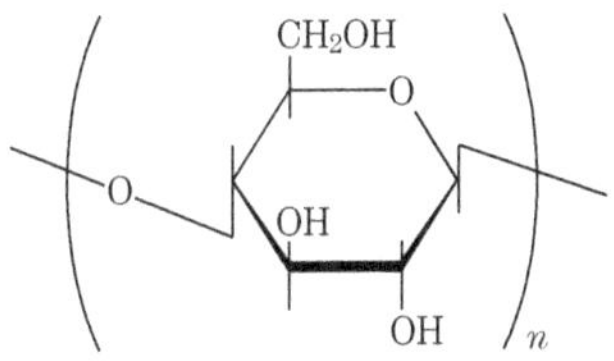

(a) セルロース 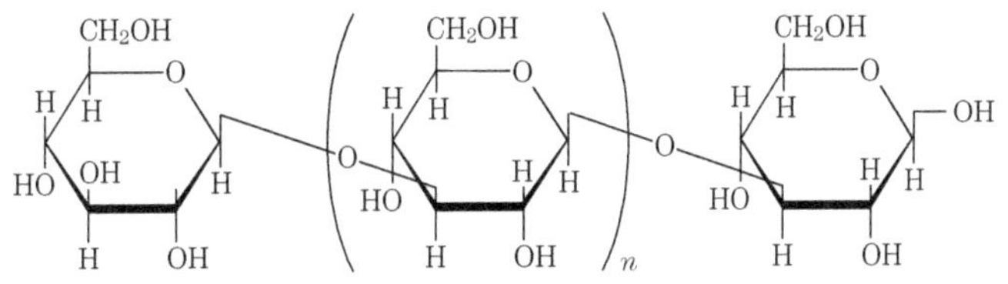　　(b) カードラン

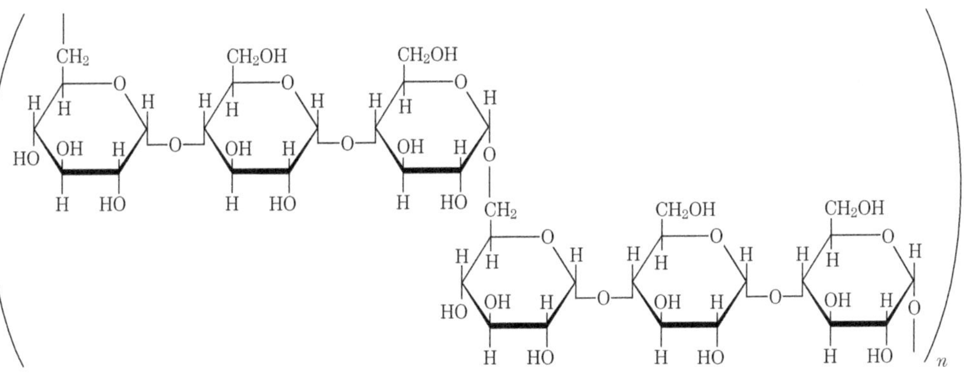

(c) プルラン

図15-8　代表的な多糖類の構造

　微生物が作る生分解性高分子には，多糖類の他に，アミノ酸の高分子が存在する。納豆菌が産生するねばねばした粘質物はポリグルタミン酸であり，食品分野や化粧品，医薬，塗料などへの利用が検討されている。また，抗生物質の作る放線菌が産生する物質はポリリジンを作ることが見いだされ，安全度の高い塩基性ポリマーとして，医薬，農薬，電子材料分野での応用が検討されている。

2.4.2　ポリエステル

　ポリエステルが微生物からも得られることは1925年に見いだされていたが，バイオポリエステルは結晶性が高すぎるため，高分子材料としては注目されることはなかった。ところが，水素細菌に，炭素源（細菌の食物）としてプロピオン酸とグルコースを与えると，3-ヒドロキシブタン酸（3-HB）と側鎖を持つ3-ヒドロキシバレリン酸（3-HV）とが共重合したポリエステルが得られ，微生物を使った発酵法による高分子合成として注目されるようになった

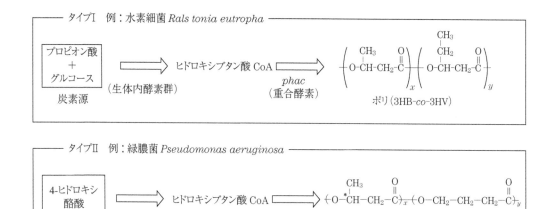

図15-9　細菌によるポリエステル合成

（図15-9）。また，炭素源として吉草酸を与えると3-HV単位が95%の共重合ポリエステル，吉草酸と酪酸の混合物からは，その割合いに応じて3-HV単位の分率が0〜95%の幅広い組成範囲の共重合ポリエステルが発酵法で生産できることが明らかになった。何れも50%以上の高い結晶性を有し，3-HV分率によって70〜178℃の融点を持っているから，弾性に富むゴム状物質から硬いプラスチックまで幅広い多様な物性を示す素材となるので，発酵法によるポリエステル生産が注目を浴びるようになった。

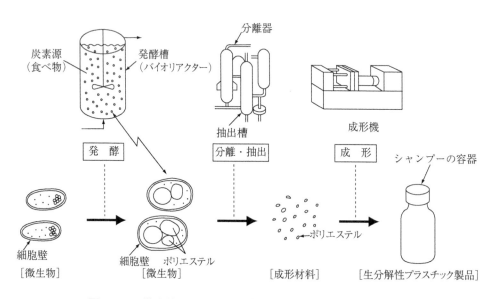

図15-10　微生物から生分解性プラスチックを生産
（土肥義治編：「生分解性プラスチックのおはなし」日本規格協会　p.65より引用）

微生物から生分解性ポリエステルが生産される工程を図15-10に示す。まず，微生物に炭素源を入れて培養すると，最初はそれを食べるが，食糧が過剰にあると，微生物は飢餓時に備えてポリエステルを作り細胞内に貯蔵する。これは微生物による物質生産であり発酵と呼ばれる現象である。この発酵をバイオリアクター（発酵槽）で行い，その後，細胞から分離・抽出することによりポリエステルが得られている。

2.4.3 植物由来原料によるポリカーボネート

植物由来原料を用いた生分解性樹脂の製造が工業化され，環境負荷の低い物質生産としてその用途が広がっている。その例を以下に示す。

植物のもつ糖類の発酵を利用して得られるコハク酸と1,4ブタンジオールの直接縮合で得られたポリブチレンサクシネートは融点（T_m）が114℃の脂肪族ポリエステルである。そのポリエチレンに似た性質をもっている上，常温での生分解性，天然繊維との相溶性がよいといった特徴が注目され，農業用フィルムやワンウェイ食器類，発泡製品に使用されている。

グルコースをソルビトールにし，それから得られる複素環式ジオールすなわちイソソルバイドに注目し，それを脂環式ジオールおよびジフェニルカーボネートと共重合することによって得られる植物由来のポリカーボネートが合成された（図15-11）。このポリカーボネートは含酸素脂環式を有するため，きわめて透明度が高く，ガラスの代替えになる光学特性，耐久性，表面特性など優れた新機能をもつ，新たなエンジニアリングプラスチックとして幅広い分野への展開が注目されている。

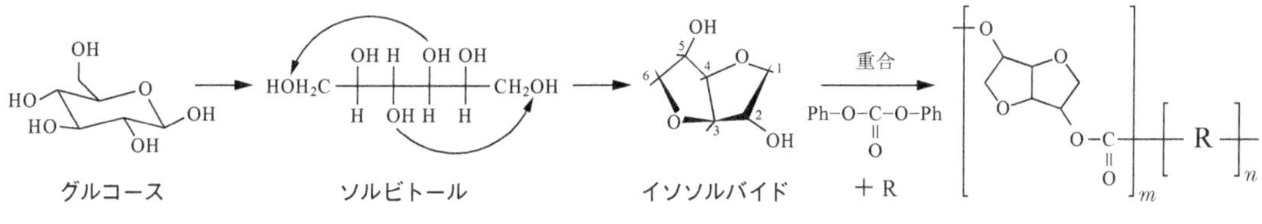

図 15-11 グルコースから作られるポリカーボネート
Rは脂環式ジオール

Rの組成を変えることにより，環境配慮素材であるだけでなく，優れた成形性や耐薬品性，表面硬度，剛性を有するバイオプラスチックとして，一般用途から自動車・エレクトロニクス用途など幅広い市場で用途展開が進められている。

3 高吸水性樹脂と砂漠の緑化への期待

3.1 ゲル

　夏の楽しみな食べ物にゼリーがある。これはぶよぶよした固体で，日頃慣れ親しんでいるプラスチックとは異なる感触である。なぜこのようなことが起こるのだろうか？　溶解という現象を思い出してもらいたい。少量のポリスチレンの粉末をベンゼンの中に入れると，しばらくして透明な液体となる。すなわちポリスチレンはベンゼンに溶解したのである。ところが，同量のポリスチレンをメタノールの中に入れても，ポリスチレンの粉末は何の変化もしない。つまり溶解とは，ポリスチレンのからみあった分子鎖の間にベンゼン分子が入りこみ，高分子鎖をばらばらにしてしまう現象なのである（図15-12（a））。もしポリスチレンのそれぞれの分子鎖が共有結合でつながれているとどうなるだろうか？　ベンゼンはポリスチレンの固体の中に入り，高分子鎖を引き離そうとするが，分子鎖は共有結合で結ばれているからばらばらになれない。さらに高分子鎖の間は細孔のようなものであるから，浸透圧の関係で溶媒が入り，結局，ぶよぶよな固体となる（図15-12（b））。

　このように，固体が溶媒を吸い込んで膨潤しているが，それ自身に流動性はない物質形態をゲルという。したがって，多量の溶媒を吸収した膨潤ゲルは固体と液体の中間の状態にあり，その化学組成や物理的要因によって，ぶよぶよの状態から硬い固体までいろいろな状態で存在する（図15-12）。定義からすれば，ゲルの骨格となる三次元網目構造は，高分子である必要はないが，高分子で構成されているものが圧倒的に多い。身のまわりにはいろいろなゲルが存在する。寒天やこんにゃく，豆腐などはゲルの例で，何れも高分子からなるゲルである。

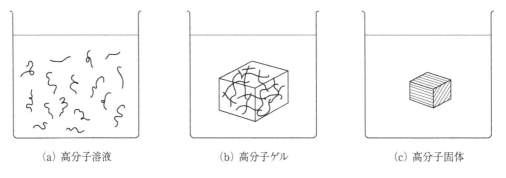

(a) 高分子溶液　　　　(b) 高分子ゲル　　　　(c) 高分子固体

図15-12　溶液，ゲル，固体の概念図

　このように多くのゲルは，高分子鎖間の橋架けによってもたらされる。その橋架けは必ずしも共有結合，イオン結合，配位結合などのような化学結合によるのではなく，異なる鎖の

特定の単位間の水素結合のような二次的な結合力やからみあいによっても可能である（図15-13）。膨潤させている溶媒が水の場合にはヒドロゲル，有機溶媒の場合にはオルガノゲルと呼ぶ。

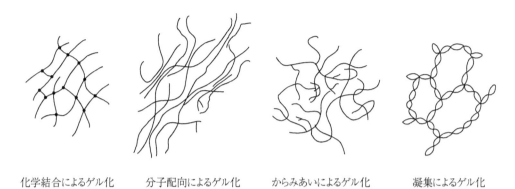

化学結合によるゲル化　　分子配向によるゲル化　　からみあいによるゲル化　　凝集によるゲル化

図15-13　ゲルの形成

ソフトコンタクトレンズはポリメタクリル酸ヒドロキシエチルを主成分とする架橋高分子物質で，ヒドロゲルの例である。

3.2　高吸水性ポリマーの利用 ─ 紙おむつから砂漠の緑化まで

デンプンにアクリロニトリルをグラフト共重合した後，アルカリ加水分解して得られたポリマーや架橋したポリアクリル酸ナトリウムは，三次元構造を形成し，数千倍の水を吸収する（図15-14）。しかも，いったん水を吸収したヒドロゲルは，多少の圧力をかけても離水しないという優れた保水性をもつユニークな高分子物質である。これは高吸水性ポリマーといわれている。この特性を活かして，紙おむつなど衛生材料，農・園芸土壌保水剤に利用され

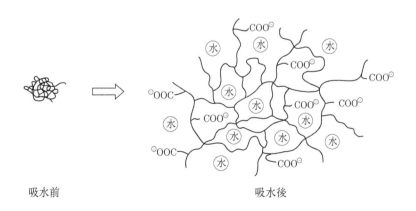

吸水前　　　　　　　　　吸水後

図15-14　吸水の模式図

ている。このゲルを土に混合すると，通気性と保水性がよいので，植物の生育が著しくよくなることが見いだされた（図15-15）。このような高吸収性ポリマーに生分解性を付与すれば，ポリマー間に保持した水が土壌中で徐々に放出されるためのみならず，高分子は土壌中で分解されるので，砂漠の緑化への応用が期待されている。そのためには生分解性があり，リサイクルできるデンプンやセルロース，ポリビニルアルコールの活用が鍵である。

図15-15　**大根の植生栽培**：吸水した水の保持力に優れた高吸水性ポリマーは土壌の保水剤として活躍。将来は，経済産業省のグリーンアース計画への利用に期待がかかる。左：高吸水性樹脂を使用した場合，右：使用しなかった場合

4　分離膜

　高分子を膜に成形し，分離膜として広く利用されている。架橋ポリスチレンにイオン交換基を導入したイオン交換樹脂や多孔性ポリスチレンゲルなどを膜にしたものは均一でなく，膜に貫通する孔があるため，**多孔質膜**といわれている。多孔質膜の細孔の孔径は$5\mu m \sim 1nm$で，膜を貫通する孔が多数存在する。多孔質膜は，大腸菌の微生物の分離から卵アルブミンのようなタンパク質の分離に用いられている。一方，このような孔がなく，$1nm \sim 0.1nm$の分子間隙からなる高分子膜は**非多孔膜**と呼ばれている。非多孔膜は高分子鎖の間隙を通した気体分子の分離に利用され，その分離は透過する分子の膜中の拡散し易さと膜への溶解度に依存する。したがって膜を構成する高分子の化学構造が重要である。
　このように，高分子膜には細孔や間隙があるので，物質を選択的に輸送させる機能を有する。そのうえ隔壁によって相を分けることができるから，孔の大きさの制御によって，いろいろな分離膜として活用されている（図15-16）。

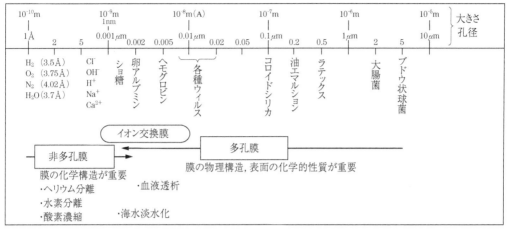

*　気体分子径はファンデルワールス直径を示す。

図15-16　分離膜と膜分離

4.1　気体の浄化

　環境問題の解決に高分子膜が大きな役割を果たすことが期待できる。一見同じようなフィルムに見えても，分子レベルでは高分子鎖の間に間隙があり，その間隙の大きさは高分子鎖を形成する化学構造によって異なる。気体に注目すると，N_2, O_2, CO_2, CH_4 など，おのおの分子の大きさが異なる。そのためその大きさにより，上記の間隙を通り抜けるかどうか，すなわち拡散が可能かどうかで分離できる。もう一つは高分子膜に対する気体の親和力，すなわち溶解性である。この溶解性と拡散性が分子によって異なることを巧みに利用して，高分子膜による気体の分離が可能である（**図15-17**）。例えばポリジメチルシロキサンからなる高

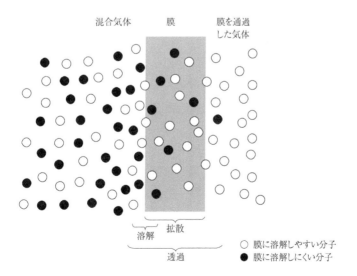

図15-17　溶解・拡散機構による膜透過

分子膜を用いると，酸素と窒素の透過係数比（P_{O_2}/P_{N_2}）が約 2 となり，酸素の含有率の高い気体が得られる．とくに，酸素と親和性を有する二重結合を持ち，側鎖にかさ高いトリメチルシリル基をつけて，分子間隙を大きくしたポリ（トリメチルシリル）プロピンから得られた高分子膜では，P_{O_2}/P_{N_2} が約 5 になることが知られている．このような膜を通して酸素濃度が高くなった空気を用いると燃焼効率を高めることができるので，火力発電の際に発生する二酸化窒素（NO_2）の発生を抑える試みがなされている．

地球温暖化の原因として大気中の CO_2 の増加が注目されている．そこで廃棄ガスから CO_2 を分離する膜の開発が望まれている．それに応える膜として，例えば主鎖にポリエチレンオキシドとポリイミドを有する高分子膜で，CO_2 に対する優れた選択性が見いだされている（図15-18）．

また CO_2 と特異な親和性を有するキャリア膜を用いた液膜分離法も注目されている．取り出した CO_2 は深海底へ沈め，固定化することが考えられている（図15-19）．

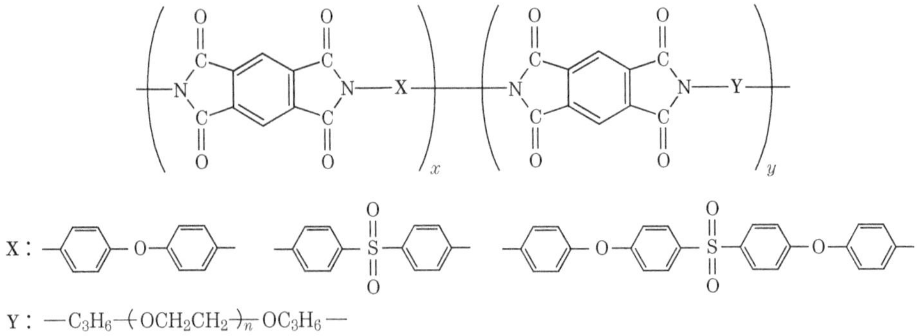

図15-18　ポリエチレンオキシド（PEO）含有ポリイミド

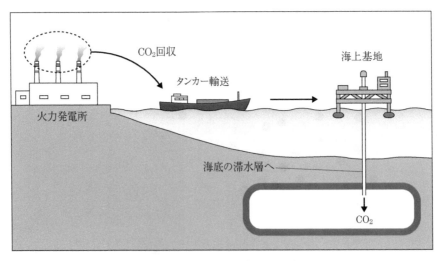

図15-19　CO_2 の深海底への固定化
(参考：川上浩良：工学のための高分子材料化学, サイエンス社 (2001))

4.2 水の浄化

工業が発達するにつれて，水の需要はますます増大している。地球上には豊富な水があり，水は無限の資源であるが，その多くは海水である。したがって海水を淡水にする技術が注目されていた。しかし，浸透圧の関係で，通常は真水と海水を水だけを通す膜で仕切ると，水のほうが海水のほうへ移動する（図15-20(a)）。それならば海水側に浸透圧以上の圧力を加え，適当な高分子膜を用いれば，膜に海水を通すだけで淡水が得られるはずである（図15-20(b)）。現在はこの逆浸透の原理を用いて，大規模な海水淡水化装置が開発され，活用されている。

その際の逆浸透膜に用いられる高分子物質には，溶質は透過しないが，水の透過性が大きいことが望まれる。水の透過に注目すると，親水性の高い高分子がよい。だが，親水性が大きいと膜が水で膨張し溶質も透過するようになるから，ほどほどの親水性であるうえ，加圧に耐える力学強度，耐薬品性がなければならない。現在，逆浸透膜として利用されているのは図15-21の酢酸セルロースや芳香族ポリアミドで，塩の除去率が99.5％以上に達している。

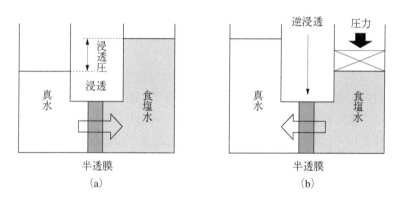

図15-20　浸透圧の発生と逆浸透法の原理

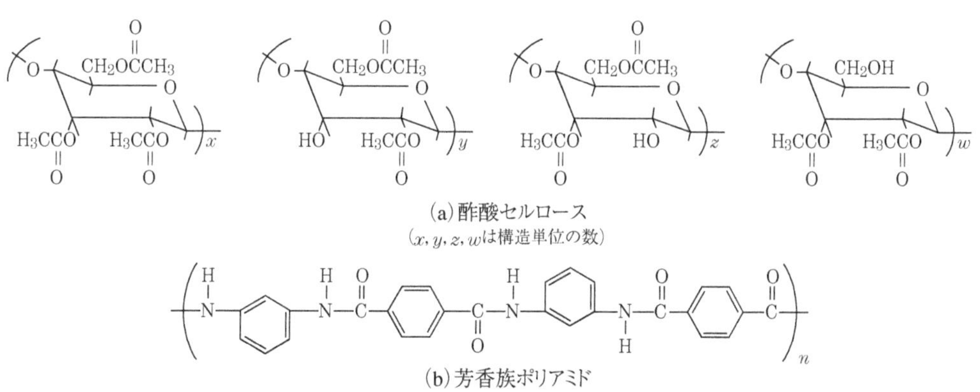

(a)酢酸セルロース
(x, y, z, wは構造単位の数)

(b)芳香族ポリアミド

図15-21　逆浸透法に用いられている高分子

5 二酸化炭素から作られる高分子

　石油，石炭の大量消費で，化石資源の枯渇の危機に加えて大気中の二酸化炭素の濃度が増大し，地球の温暖化という現象が表れ，その削減が地球環境問題の重要な課題の一つになっている。その解決の一つとして，近年，二酸化炭素を高分子化に利用し，リサイクルを通して，化学資源として有効に利用する方法が注目されている。

5.1 モノマーとしての二酸化炭素

　二酸化炭素が高分子合成の一成分となることが見いだされたのは1969年に遡る。井上祥平（東京大学）らは，ジエチル亜鉛と水の等モル混合物を触媒として，二酸化炭素とプロピレンオキシドから交互共重合体すなわちポリプロピレンカーボナートが得られることを見いだした。

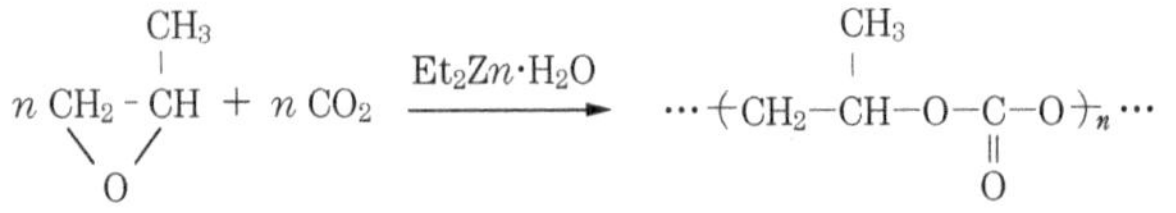

$$n\ CH_2\text{-}CH(CH_3)\text{-}O + n\ CO_2 \xrightarrow{Et_2Zn \cdot H_2O} \cdots\text{-}(CH_2\text{-}CH(CH_3)\text{-}O\text{-}C(=O)\text{-}O)_n\text{-}\cdots \tag{1}$$

　その後，二酸化炭素の利用として多くの注目を浴び，**図15-22**に示すような有機金属触媒の開発により，二酸化炭素とプロピレンオキシドやシクロヘキセンオキシドとの交互共重合によって分子量が10〜15万の交互共重合体が得られるようになっている。

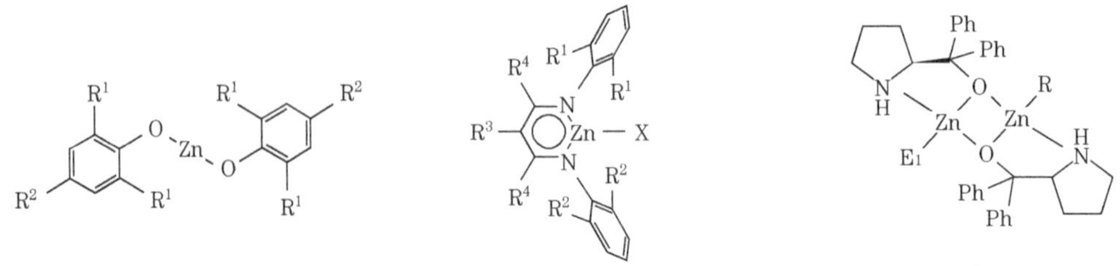

(a) $R^1=Ph, R^2=H$
   $b\ R^1=R^2=Me$

(b) $a\ R^1=R^2=Pr, R^3=H, R^4=Me$
   $b\ R^1=Et, R^2=Pr, R^3=H, R^4=CF_3$

(c) $a\ R=CH_2CH_3$
   $b\ R=OCH_2CH_3$

図15-22　代表的な有機亜鉛触媒

　得られたポリプロピレンカーボナートのガラス転移温度は35〜40℃で，シートやフィルムに成形可能であり，またフィルムは酸素透過性が低いので，食品包装材としての利用が期待されている。リパーゼによって加水分解が起こり，生分解性高分子であることも明らかにされている。したがって，医療用の高分子としての活用も期待されている。しかし，T_gが低く，その利用は限られていた。その後，シクロヘキセンオキシドでT_gが115℃で，分解温度が

300℃以上の交互共重合体が定量的に得られ，ポリスチレンに似た物性を示すことから，ポリスチレンの代替品として今後の展開が期待されている。

触媒として，不斉炭素を有する有機金属触媒（図15-21（c））を用いた際には，光学活性のないアキラルなモノマーから光学活性の高分子が生じ，不斉誘導重合が起こることが見いだされた。そのポリマーを加水分解すると，生じたシクロヘキサンジオールがキラルなR, R体で鏡像体過剰率が80％，すなわち，R, R体が90％のジオールであり，明らかに不斉誘導重合が起こっていることが実証された。得られたポリマーの^{13}C-NMRスペクトルによって，イソタクチックが90％の立体規則性高分子であることも明らかにされている。

$$\text{アキラル} + CO_2 \longrightarrow \text{光学活性ポリカーボナート（アイソタクチックポリマー）} \xrightarrow{94\%収率} \text{光学活性 鏡像体過剰率80\%} \tag{2}$$

5.2 二酸化炭素から作ったエンジニアリングプラスチック

ポリ（ビスフェノールAカーボナート）は，透明性，耐衝撃性，耐熱性，寸法安定性，自己消火性などの特徴を持つので，エンジニアリングプラスチックとして，広く利用されている。そのプラスチックは，12章に示すように，毒性の高いホスゲンとビスフェノール（Bis-A）とから合成されていた。この方法は，環境汚染という観点からみると，問題のある生産法で，非ホスゲン法の開発が望まれていた。近年，二酸化炭素を出発原料として，無駄な物質のでない合成法が確立し，工業生産が行われている。前節では二酸化炭素を直接高分子合成に使うやり方であったが，触媒によっては重合はまったく起こらず，二酸化炭素とエチレンオキシド（EO）から定量的に環状のエチレンカーボナート（EC）が生成する。ECとメタノール（MeOH）とからジメチルカーボナート（DMC）をつくり，そのフェノールとのエステル交換により得られたジフェニルカーボナート（DPC）を合成し，得られたDPCとビスフェノールAとの溶融重縮合により高分子を得る方法である。各反応で副生する化合物は前段階の原料であるので，図15-23に示すように，高分子生成までの反応をひとまとめにすることができる。

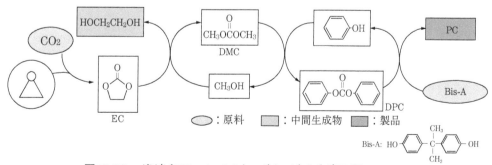

図15-23 ポリ（ビスフェノールAカーボナート）の生産工程（旭化成提供）

この方法は，一見複雑そうにみえるが，おのおのの反応過程で生じる生成物は，前段階に返して，その反応の原料になるので，ポリカーボナートの生成に必要な原料はエチレンオキシドと二酸化炭素とビスフェノールAである。生成するものは，目的のポリカーボナートとエチレングリコールである。エチレングリコールはエチレンオキシドの原料になるので，リサイクルが可能で，二酸化炭素を用いた優れた工業生産法として，今後さらに市場が広まることが予想されている。

6 高分子物質の転移と刺激応答性

　多くの物質は低温では溶解しないが，温度をかけると溶解する場合が多い。しかし，高分子の中には，低温で溶解し，高温にすると逆に不溶化するような系が存在する。すなわち，高温にしていくと，ある温度で白濁して沈澱が生じたり，ゲルになったりたりする場合がある。このような現象を起こす温度は下限臨界溶液温度（LCST）といわれている。たとえば，ポリ-N-イソプロピルアクリルアミド（PNIPAAm）はLCST以下では，アミド部位と水との強い相互作用により，すなわち高分子鎖の水和によってランダムコイル状のコンフォメーションをとって溶解しているが，LCSTを越えると脱水和を起こし，疎水性相互作用により高分子鎖は凝集し白濁する（図15-24）。低温から高温へ上げる時，LCSTで高感度に脱水和し，急激な相転移が起こるような場合には温度応答性を示す高分子物質が生成する。

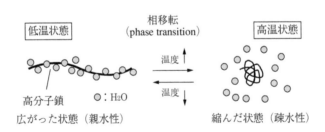

図15-24　温度に応答した構造変化の概念図

　高分子鎖の水和によって生じる現象であるから，LCSTは種々のモノマーとの共重合によって制御できる。N-イソプロピルアクリルアミドの場合には，疎水性のメタクリル酸ブチルとの共重合体では低温側へシフトし，逆に，親水性のジメチルアクリルアミドとの共重合体ではLCSTは高温側へシフトする。また，共重合体では，その組成によってLCSTを調節することも可能である。高分子水溶液の光の透過率を指標にて測定した濁度と温度との関係例を図15-25に示す。

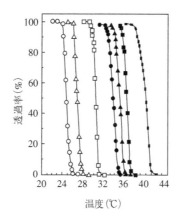

図15-25 PNIPAAm-ブチルメタクリレート(BMA)共重合体およびPNIPAAm-ジメチルアクリルアミド(DMAAm)共重合体水溶液の温度変化に対する透過率変化
BMA組成(mol%):(○)4.8, (△)2.8, (□)0.9,
DMAAm組成(mol%):(●)6.4, (▲)8.1, (■)11.9, (■)17.2
吉田 亮:「高分子ゲル」高分子学会編, 共立出版p.20(2004)

このような現象を起こすポリマーは, ポリ-N-置換アクリルアミド(PNIPAAm)類のほか, ポリエチレングリコール／ポリプロピレングリコールの共重合体, ポリエーテル類, セルロース誘導体が挙げられる。

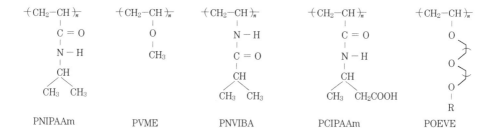

図15-26 感熱応答を示す高分子

これらのポリマーの片末端にNH_2やCOOH基を導入することにより, ガラスやシリカなどの表面にグラフトさせたり, 酵素や抗体などの表面を修飾することが可能になったので, 鋭敏な温度応答性を利用して, 前者は分子スイッチ, 後者は細胞の接着・脱着の制御による分離システムへの応用が進められている。

近年, リビングカチオン重合の開発によって, 分子量分布が狭い単独重合体やブロック共重合体(図15-27)も可能になり, これまでよりも鋭敏な感熱応答性の相分離やゾル-ゲル転移を示す例が見いだされている。

リビングカチオン重合で得られたポリ（2-エトキシエチルビニルエーテル）(Poly (EOVE))の水溶液は20℃付近で急激に系全体が白濁して相分離を起こすが，その挙動はきわめて高感度で，かつ可逆的であることが見いだされ，熱応答に対し，分子量分布を狭くすることがきわめて重要なことが明らかになった。

PolyEOVEに親水性の置換基をもつポリ（2-ヒドロキシエチルビニルエーテル）Poly (HOVE)連鎖をつないだブロック共重合体Poly (EOVE-b-HOVE)では，組成を適当に調節すると，Poly (EOVE)の示した相分離は起こらないが，相分離を起こす20℃で急速な粘度上昇が起こり，再び20℃以下にすると粘度はもとの状態に戻った。すなわちゾル-ゲル転移が観測された。この現象は同一組成のランダム共重合体では観測されない。ブロック共重合体では，LCST以上ではEOVE鎖は凝集しようとするが，親水性のpoly (HOVE)が広がろうとするから，疎水鎖が架橋点を形成し，物理ゲルを形成するのである。組成を調節すると数十nm程度の球状ミセルが形成されることも見いだされている。

LCSTの異なる感熱応答性高分子鎖からなるブロック共重合体では，温度の上昇に応じてゾル-ゲル-ゾルになるような系が得られる例も報告されている。たとえば，2-(2-エトキシ)2-エトキシエチルビニルエーテル）(EOEOVO)と2-メトキシエチルビニルエーテル（MOVE)から得られたブロック共重合体poly (MOVE-b-EOEOVE)では，両者の高分子鎖のLCSTすなわち41℃と70℃の間の限られた温度範囲（42～55℃）でゲルになり，ゾル-ゲル-ゾルと転移が起こる。

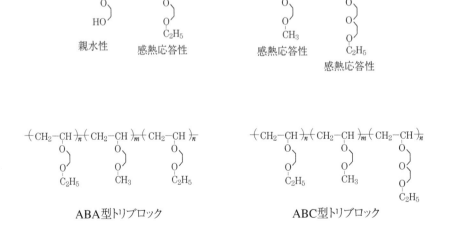

図15-27　ブロック共重合体の構造
青島貞人：高分子, 50, p.446 (2001)

新素材としてのDNA

　DNAはデオキシリボ核酸(13章参照)といわれ,細胞内に存在してタンパク質合成の情報源となっている高分子である。DNAはまさに生物の遺伝子本体であり,生命科学の中心に位置する物質であるため,分子生物学,生化学などの分野で多くの研究が行われてきた。近年,このDNAを機能性高分子と捉え,そのさまざまな物質に対する特異性,選択性が新たな材料設計に活用されている。

　DNAは相補的な塩基対によって二重らせん構造を形成しており,らせんの外側にリン酸基が存在するため,化学構造という観点からみるとポリアニオンである。その結果,カチオン性の分子はDNAと強く相互作用する。この高分子のもう一つの特徴はらせん内側に存在する塩基対が積み重なっていることである。その結果,下図に示すように,これらの塩基対の積み重なりの間に平面構造をした化学物質が平行挿入すなわちインターカレーションを起こすことが知られている。このようなDNA分子の特性を汚染物質除去材の開発に繋げた成果を紹介する。

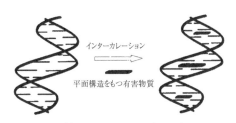

DNA二重らせんのインターカレーション

　これまで,年間1万トン以上のサケの白子が廃棄物として捨てられていた。そこから,DNAを取り出すと,年間1千トン以上になる。廃棄物の活用という点から,DNAを素材化することは意義深い。しかし,DNAは水溶性であるうえ,周りにはDNAを分解する酵素が存在する。さらに,取り出したDNA製品の機械的強度が弱く,材料としては使用不可能な素材と考えられていた。この欠点が,コラーゲンやキトサンとの複合体作製や紫外線照射による架橋により解決され,複合体は医用材料,光架橋したDNAは紫外線照射DNAといわれ,ダイオキシンやPCB,などの環境ホルモン除去材として新規素材になっている。

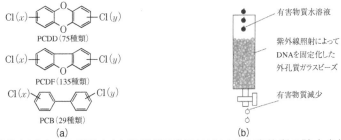

各種ダイオキシンの構造(a)と紫外線照射DNAによる有害物質の除去(b)

(参考：西　則雄ら,高分子,52,134(2003))

コラム COLUMN

高分子が水を固める

ヒドロゲルは水になじむ高分子鎖を化学結合あるいは水素結合で架橋して生じる網目に水が閉じ込められた物質である。ケチャップ，マヨネーズ，寒天，ゼリー，豆腐など身の周りにはいろいろなヒドロゲルが存在する。一般に，水の含量が70％以上であれば，ドロドロの液体である。しかし，最近，石田康博（理化学研究所）は図1のようなデンドリマーを，ホーカー教授（カリフォルニア大学，サンタバーバラ校）は図2のような高分子電解質を，それぞれ，粘土と複合化したゲル（図3）は約98％の含水率であるにもかかわらず，図4のように，強度のあるゲルになることを見出した。

水を高分子がソフトマテリアルに変換した興味ある例として紹介しておく。

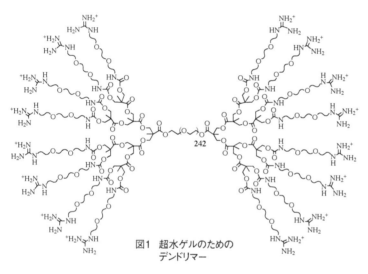

図1　超水ゲルのためのデンドリマー

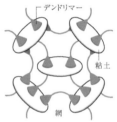

図3　超水ゲルの概念図
平板は粘土

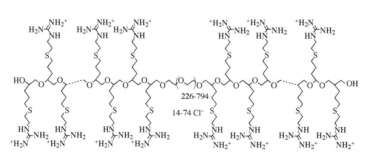

図2　超水ゲルに使われた高分子電解質

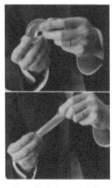

図4　超水ゲルの実体

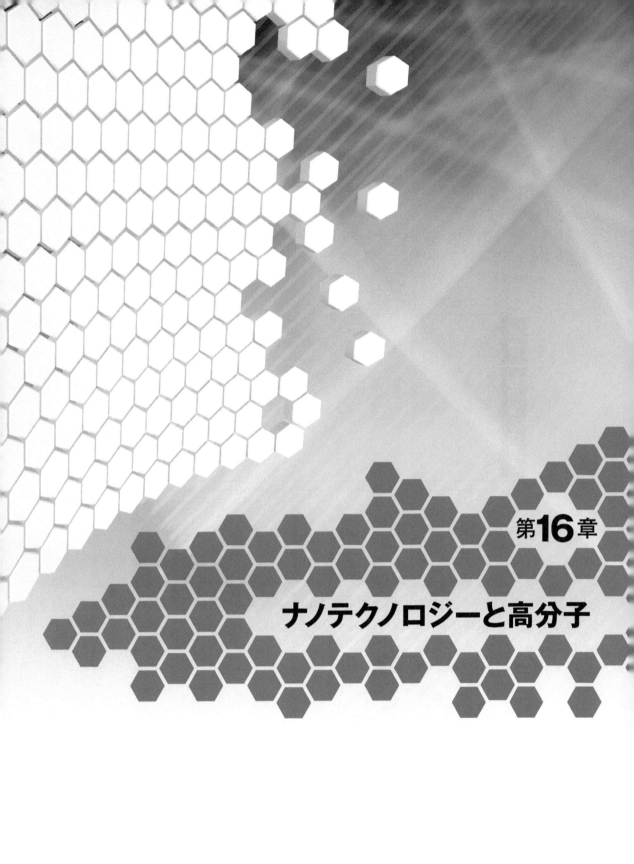

1 ナノテクノロジーとは何か

　ナノとは10^{-9}（10億分の一）を表す単位の接頭語で，これにメートルをつけると1ナノメートル（nm）すなわち10^{-9}mとなる。図16-1に示すように，原子の大きさが10^{-10}mのオーダーであるから，1ナノメートルは原子より大きいものの，病気のもととなる細菌やウイルスよりも小さく，想像もできないほど小さな世界である。

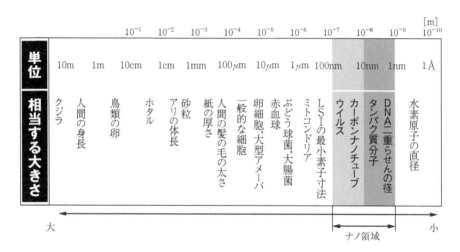

図16-1　身の周りに存在する生物体によるナノ単位の把握

　ナノの大きさを感覚的に捕らえるには，12,800kmある地球の直径を1mとすると，直径1cm程度のアメ玉の直径が10^{-9}mとなる（図16-2）。現実の世界に戻ると，多数の原子が結合して生じる合成高分子やタンパク質分子の大きさが数十～数百nmである。

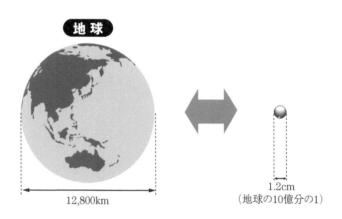

図16-2　地球の大きさと比べた場合のナノ粒子の実像

第16章 ナノテクノロジーと高分子

　DNAの塩基配列に従って作られるタンパク質分子の生成やその集積により，組織や器官などの構造体ができ上がっていく生体の仕組みはナノテクノロジーの手本となる一例である。中空繊維の内部に作製した含水高分子ゲルにDNAを固定化した繊維型DNAチップは，医療や創薬分野のみならず，環境や食品分野への利用が期待されるから，大きな産業に発展することが予想されている。この例から明らかなように，分子レベルで素材を加工して非常に細かな構造を持つ物質を作り，分子の集積や組織化を通して新たな材料を設計・構築する工学技術がナノテクノロジーである。したがって，高分子に注目すると，構造を分子レベルで制御した高分子を組織化して新たな材料を創成するのが，高分子のナノテクノロジーで，非晶領域と結晶領域の調節，グラフトやブロック共重合体のミクロ相分離，高分子材料の表面・界面の制御を通した新たな高分子材料の設計，構築はその対象となる。また，高分子ナノ粒子，ナノチューブ，ナノシートなどを創成し，その空間配置を制御することにより，従来とは異なる新たな材料開発が期待される（図16-3）。

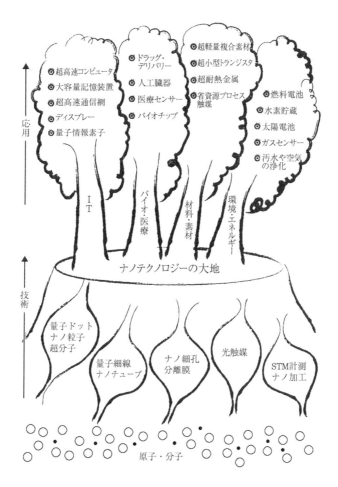

図16-3　原子，分子から展開されるナノテクノロジー
（榊 裕之："全図解ナノテクノロジー"かんき出版, p.45（2004））

ナノテクノロジーへの関心を喚起したのは，アメリカの物理学者ファイマンで，1959年にカリフォルニア工科大学での講演の際に，物質を細かく削って原子，分子のレベルにした後，その積み上げによって新たな物質世界が構築できることを提唱した。1986年MITの学生であったドレックスラーは，超小型の「アセンブラー」と呼ばれる機械を考案すれば，原子から思いどおりの分子ができ，その自己組織化によって，新たな材料が得られると予測した。いずれの考えも提唱された時は空想の領域を出るものではないとの批判があったが，走査型トンネル電子顕微鏡（STM）や原子間力顕微鏡（AFM）の発達で，原子配列が観測されるようになり，原子が動かせるようになると，2人の提案は現実化し，前者はトップダウン，後者はボトムアップのナノテクノロジーとして注目されるようになった。そのような風潮が漂いはじめた頃に見いだされたのがフラーレンの発見である。

2　ナノテクノロジーの可能性を開いたすすの研究 ——フラーレンの発見

　炭素原子だけからなる物質を考えてみよう。ダイヤモンドのように光り輝くものもあれば，炭のように真黒な物質すなわちグラファイトからなるものもある。真っ黒いグラファイトを高温・高圧の条件におくと原子配列が変わり，光沢に輝くダイヤモンドにすることができる。逆に，ダイヤモンドは熱に強いが，1500℃に加熱するとグラファイトになる。このようなことは，化学の分野では古くから知られていたことであるが，1985年，イギリスの物理化学者クロトー（Kroto）とアメリカの化学者スモーリー（Smalley）はグラファイトの板に高エネルギーのレーザー光を照射すると，炭素のすす中に，微量ではあるが，炭素原子が6角形と5角形からなる球状の物質が存在することを見いだした（図16-4(a)）。これがフラーレン（C_{60}）と呼ばれる分子である。レーザー光照射では微量であったが，その後，炭素棒を電極としてアーク放電を行うことによって，ナノスケールの球状分子が大量生産されるようになった。その物性を原子・分子レベルで調べていくと，新たな特性があることが明らかになった。

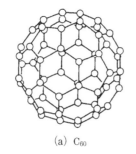

(a) C_{60}　　　　(b) 金属内包フラーレン

図16-4　フラーレン(a)と金属内包フラーレン(b)

第16章　ナノテクノロジーと高分子

固体表面に球状分子が最密充填構造に並んで結晶超薄膜を形成することが見いだされた。またアルカリ金属イオンをドープした金属内包フラーレン（図16-4(b)）は超伝導体になるなど，ダイヤモンドやグラファイトにはない特性が見いだされ，分子1個を機能素子とする「分子エレクトロニクス」へのアプローチが期待されている。このC_{60}の発見は次節に示すカーボンナノチューブと共に，原子の組み替えによって新たな物質世界が開けることを示した点で，化学者にナノサイエンスさらにはナノテクノロジーへの関心を向けさせるきっかけを作った発見といえるであろう。1996年，クロトーとスモーリーは協同研究者のカール（アメリカの結晶学者）と共にノーベル賞を受賞した。

3 ナノチューブ

3.1 カーボンナノチューブ

フラーレンが直流アーク法で大量生産されるようになった1991年，黒鉛アーク法の陰極に付着したものを高分解能透過型電子顕微鏡で観察したところ，フラーレンのように球状だけではなく，炭素原子が六角網目状に配列したチューブ状炭素物質が見い出され，カーボンナノチューブと呼ばれている（図16-5）。その他に中心軸を共有して筒状に幾重にも巻かれたものも見い出された（図16-6）。この物質は**多層カーボンナノチューブ**と命名された。その後，1枚のグラファイトのシートが巻いてできた単層カーボンナノチューブの存在も確認され，大量生産も可能になった。その中には，図16-6に示すように，巻き方の異なる3種のチューブが存在し，その円筒の直径は0.5nm～数十nm，長さは100nmから1mmであることも明らかになった。

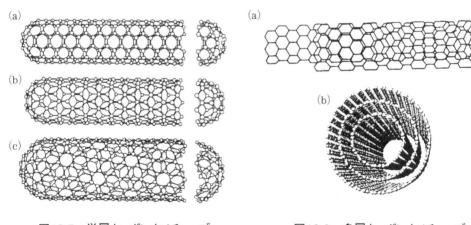

図16-5　単層カーボンナノチューブ
(a) アームチェアカーボンナノチューブ
(b) ジグザグカーボンナノチューブ
(c) キラルカーボンナノチューブ

図16-6　多層カーボンナノチューブ
(a) 側面からみたナノチューブ
(b) チューブの内部

その強度は同じ重さの鉄の数百倍で，単位重量当たりの強度は世界最高で，ピアノ線と比べて20倍の強度を有する。このように高強度であるからカーボンナノチューブを入れたプラスチックやゴムをつくると軽い上に強度が増すので車体や建物などの素材として期待されている。
　電気伝導性では，チューブの直径や巻き方によって銅より優れた伝導性を示すもの（アームチェアナノチューブ）から，シリコンのような半導体になるもの（キラルナノチューブ）までその構造によって大きく変わることが見いだされ，小型デバイスや量子細線への展開が期待され，典型的なナノテク素材として注目を浴びるようになった。その他，単層カーボンナノチューブは，活性炭の10倍以上の水素を吸着することが見いだされ，燃料電池の電極や水素の固定材としての利用が検討されている（図16-7）。

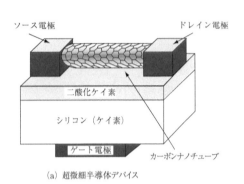
(a) 超微細半導体デバイス

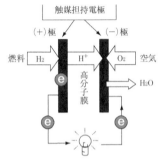
(b) カーボンナノチューブ燃料電池

図16-7　ナノチューブの利用
（小林直哉：図解雑学ナノテクノロジー，p.81, 115 ナツメ社（2003））

　エレクトロニクスへの応用を中心にいろいろな機能が開拓されてきたが，最近，光学の分野に道が開ける可能性も見いだされた。光は物質を透過すると一定の割合で強度は減少するが，カーボンナノチューブの場合には，光強度が強くなるにつれて光吸収率が減少する性質があることが見いだされた。光の波長によって，その吸収率の減少が異なることや，強い光は透過し，弱い光は吸収するという光学特性が確認され，光通信などに新たな展開が期待されている。

3.2　チューブ状高分子
　前節に示したカーボンナノチューブは物理的手法によるチューブの生成であったが，化学的手法によっても，チューブ状高分子の合成が報告されている。化学的手法としては，（1）環状化合物を分子間相互作用によって積み重ねる方法，（2）環状分子を化学結合でつなぐ方法，（3）らせん状のものを固定化してチューブを作る，などいろいろな手法が使われている。カーボンナノチューブとほぼ同じ時期にシクロデキストリンの包接現象を利用して，水などの溶媒に溶けて生体適合性のあるチューブ状高分子が合成された。シクロデキストリンとは，α-グルコースがα-1,4結合で連なった環状オリゴマーで（図16-8（a）），その特徴は環構造に由来す

第16章 ナノテクノロジーと高分子

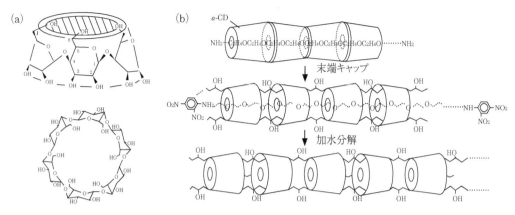

上から見たシクロデキストリン

図16-8 シクロデキストリンとそれから得られるチューブ状高分子
(a) α-シクロデキストリン (b) チューブ状高分子の合成例
(原田 明, 蒲池幹治:日本化学会誌, 1994, 587)

る疎水性空孔に, 疎水性分子をとりこみ, 包接化合物を形成することは古くから知られていた。
　ポリエチレングリコールとα-シクロデキストリンとを混ぜると, ポリマー鎖がシクロデキストリンの疎水孔に入り込み, ポリマー鎖がシクロデキストリンで覆われた数珠状の高分子になることが見いだされた(図16-8(b))。この両端を嵩高い置換基で保護すると, シクロデキストリンで覆われたポリエチレングリコールとなる。こうして固定化したシクロデキストリンを, エピクロルヒドリンで橋掛けした後, 強アルカリにして保護基とポリエチレングリコールを除くと, シクロデキストリンが管状に連なった水溶性分子チューブが得られることが見いだされた。内径0.45nmの空孔をもつチューブ状高分子である。また, その水酸基をアセチル化すると, 有機溶媒に溶解する高分子チューブがえられている。これらのチューブ状高分子は, これまでの高分子物質には無い特性が期待でき, 新たな展開が注目されている。とくに, ポリアニリンなど導電性高分子をチューブで被覆した高分子は, 分子電線としての展開が進められている。

4 高分子ナノ粒子

　1μm以下の高分子微粒子を水に分散したものは高分子コロイドあるいは高分子ラテックスと呼ばれ, 塗料, 接着剤, 紙や繊維の加工剤などとして, 古くから活用されていた。微粒子の作製には, 乳化重合, 分散重合, 懸濁重合が用いられ, それぞれ, 乳化(媒体:水), 均一(媒体:アルコールまたは石油), 懸濁(媒体:水)系のモノマー状態から出発して, 概ね0.1～1μm, 0.5～10μm, 10μm～数mmの微粒子を生成する技術として発達してきた。近年, ミセル重合, マイクロエマルジョン重合, ミニエマルジョン重合(以上何れも水中数十

〜数百nmの微粒子生成），インバースエマルジョン重合（油相系乳化），シード重合（10μm"大"微粒子生成，異形微粒子生成）などさまざまな方法が開発されている。このように，いろいろなサイズ・形の粒子の設計が，重合方法の選択・工夫によって可能になってきている。直径が10nmから10μmまでの微粒子はナノ粒子やマイクロスフェアと呼ばれ，その特性を活用した機能性高分子微粒子がつくられ，新たな材料開発が進められている。例えば，ナノ粒子の内部や表面に薬や抗体を導入させて，注射や吸引により血管に送り込み，患部を治療する方法で『ピンポイントドラッグデリバリー』といわれる技術開発が進められている。以下に球形の揃った高分子ナノ粒子の合成法と二，三の展開を紹介する。

4.1 マクロモノマーの利用

ポリマー鎖末端に重合可能な官能基を有する高分子はマクロモノマーといわれ（図16-9），その重合や共重合により図16-10に示すようなさまざまな形の高分子が生じる。

マクロモノマーのもつ高分子鎖（枝）と官能基の重合で生じる高分子（幹）の両方を溶かす良溶媒中の重合によって幹の炭素原子のひとつおきに枝が生えた櫛形高分子やブラシ形の高分子が生成し，対応する低分子モノマー（コモノマー）との共重合ではグラフト高分子が生成する。幹と枝の何れかに親和性の低い媒体中では，幹または枝が凝集して，星形や花形をした高分子が生じる。星形高分子が生じる場合（幹に貧溶媒，枝に良溶媒となる場合），乳化共重合や分散共重合によって球径のそろったナノ微粒子の生成も可能になっている。

たとえば，図16-9(b)に示したように，ポリエチレングリコールのような親水性高分子の末端にスチリル基のような疎水性の重合官能基が結合している両親媒性マクロモノマーは，高分子界面活性剤として働き，水中ではある濃度（cmc）を超えると疎水基の会合したミセルを形成する。また，スチレンのような疎水性モノマーを可溶化したり，乳化したりすることができる。このような系の疎水部の重合は早く，粒径の揃った高分子が得られる（図16-11）。

マクロモノマーの構造と分子量，共重合組成，重合方法によって数十nmから数十μmに及ぶ高分子微粒子の製造が可能になっている（図16-12）。このような高分子微粒子は，少量

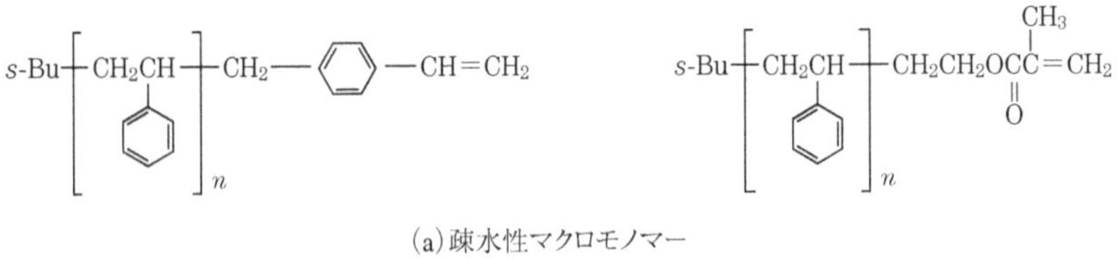

(a) 疎水性マクロモノマー

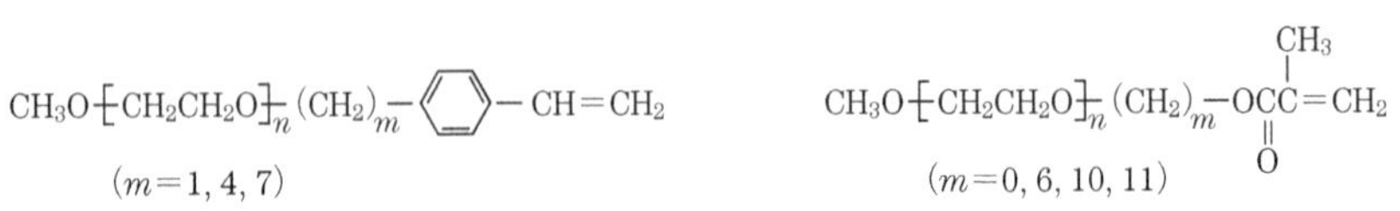

(b) 両親媒性マクロモノマー

図16-9　代表的なマクロモノマー

第16章 ナノテクノロジーと高分子

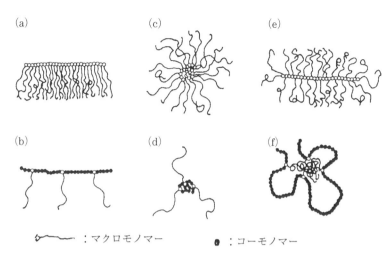

～～～：マクロモノマー　●：コーモノマー

図16-10 マクロモノマーから得られる高分子の形
(a)櫛形高分子　(b)クラフト高分子　(c)(d)星形高分子
(e)ブラシ形高分子　(f)花形高分子
(伊藤浩一，川口正剛：*Adv. Polym. Sci.*, 142, 130(1999)より引用．)

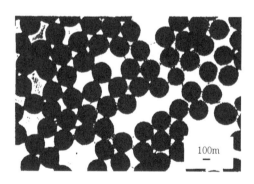

図16-11 粒径の揃った高分子ナノ粒子
(伊藤浩一ら：*Functional Polymer Colloids & Microparticles* (R.Arshady, A. Guyot,Ed.), 4, 109(2002))

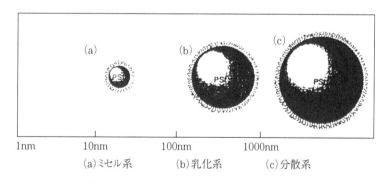

(a)ミセル系　(b)乳化系　(c)分散系

図16-12 共重合による粒子サイズの制御
(伊藤浩一ら：*Functional Polymer Colloids & Microparticles* (R.Arshady, A. Guyot,Ed.), 4, 109(2002))

でも大きな表面積となるので，表面修飾を通して，いろいろな機能物質の創製をもたらしている。たとえば，高分子微粒子の表面にプローブを結合した診断薬や核酸捕捉粒子の創製によって，医療診断や遺伝子解析に活用されている。

4.2 デンドリマーによるナノ粒子

さまざまなデンドリマーが12章に示した方法で合成されている。デンドリマーは，ブロックを積み上げるように，順次段階的に合成されるため，従来の高分子とは異なり，分岐のルールが明確な樹木状多分岐高分子である。得られた高分子は，化学構造，分子量，分子量分布のみならず，その形状やサイズが制御された新たな高分子である。通常は，球状または球状に近い形状で，微粒子を形成している点に特徴がある。その形態は，分岐鎖の化学構造にもよるが，一般に2世代で円板状，3世代で偏球状，5世代からは球状を形成する。したがって，5世代以上のデンドリマーの三次元に作り出す空間形態はミセルと似ているが両親媒性の場合には，通常のミセルと異なり総ての構成する成分が，共有結合で結ばれた単一分子ミセルである。このような特徴に加えて，デンドリマーは，中心部のコア，分岐鎖，表面などを独立に設計することができるほか，分子内空孔なども作ることができ，機能性ナノ粒子として新たな材料の開発が進められている。たとえばポリアミドアミンデンドリマーの表面に，細胞に吸着性のある糖鎖を結合した糖被覆デンドリマー（シュガーボール）が合成されている（図16-13（a））。このシュガーボールは直径が約6 nm，水中では8 nmの球状分子で，糖鎖が表面にあるから，分子認識や情報伝達機能が期待されている。また，薬物送達システムや遺

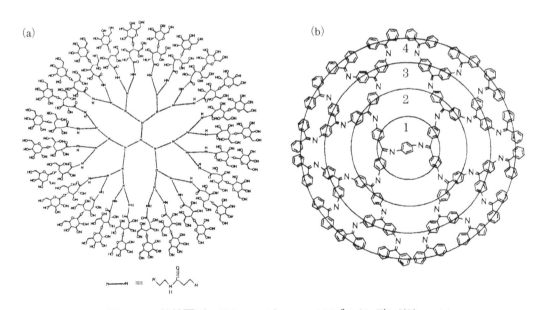

図16-13　糖被覆デンドリマー(a)とフェニルアゾメチンデンドリマー(b)
((a)青井啓悟，岡田鉦彦：ナノマテリアルハンドブック（国武豊喜監修），p.558, エヌ・ティー・エス(2005);
(b)山元公寿：高分子学会予稿集, 54(2) 2408(2005))

伝子送達システムの担体として生医学材料開発が進められている。分岐鎖にπ-電子系の広がりが期待されるフェニルアゾメチンデンドリマー（図16-13（b））は分子内電子勾配を有するため，金属と段階的に錯形成する特性が明らかになり，金属の位置と個数を精密に制御して導入できることから新規ナノ材料としての応用が期待されている。

コアに機能原子団を導入したデンドリマーの例として，コアにアゾ基を持つデンドリマー（図16-14（a））と亜鉛ポルフィリンを持つデンドリマー（図16-14（b））を紹介しておく。前者はアゾ基の光異性化反応を利用した新たな光捕集機能材となることが見いだされている。その際，デンドリマーは太陽光の捕集にきわめて都合のよい空間形態をとっており，独特の光捕集として注目されている。後者は，表面がCO_2^-で覆われたアニオン性デンドリマーとアンモニウムイオンで覆われたカチオン性デンドリマーが可能で，両者をまぜると静電的相互作用により交互に並んだミクロンオーダーの組織体が生じ，生体内における電子移動を手本に，デンドリマーを用いた新たな人工光合成系への展開が期待されている。詳細は，巻末の専門書を参考にして頂きたい。

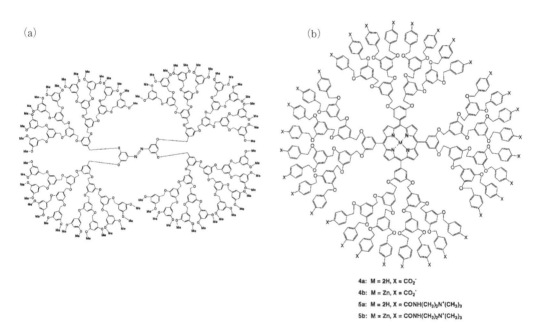

4a: M = 2H, X = CO_2^-
4b: M = Zn, X = CO_2^-
5a: M = 2H, X = $CONH(CH_2)_2N^+(CH_3)_3$
5b: M = Zn, X = $CONH(CH_2)_2N^+(CH_3)_3$

図16-14　コアにアゾ基または亜鉛ポルフィリンを持つデンドリマー
（江東林，相田卓三：高分子，47, 812 (1998)）

5　ナノ界面

5.1　相分離

異種高分子鎖がミクロにみて共存した高分子多成分系は高分子アロイと呼ばれている。こ

の定義によると，ランダム共重合体や交互共重合体はポリマーアロイではないが，ブロック共重合体やグラフト共重合体は異種の高分子鎖を共有結合で連結したものであり，ポリマーアロイの仲間に入れられている。ポリマー鎖同士が分子オーダーで混合している（相溶性）か，相分離していても界面で混ざりあった状態（混和性）になるか，相分離していても互いの相の内部では異種のポリマー同士が分子オーダーで混合している（非相溶性）状態にあるか，まったく混合しないで相分離している（非混和性）状態にあるかによってその物性は大きく異なる。

　ブロック共重合体やグラフト共重合体では，分子鎖間に相溶性が乏しい場合には分子オーダーで相分離することが知られている。これはミクロ相分離と呼ばれ，その相の大きさは通常，μmオーダーであったが，条件次第で数十nmオーダーも可能になってきた。そうなると，光の波長以下になるので，透明なプラスチックとなるうえ，物性の大幅な改質が可能で，高分子材料の広い活用に繋がっている。まさにナノ界面の制御である。

　ミクロ相分離で生じるミクロ領域の形状は，ブロック共重合体を構成する成分の組成によっても異なる。A-Bブロック共重合体を例に取ると，Aの組成に応じて，**図16-15**に示すように球状，棒状，ラメラ状に変化するから，A鎖やB鎖の性質と共にミクロドメインの制御が，物性の発現に大きく影響することが明らかになっている。

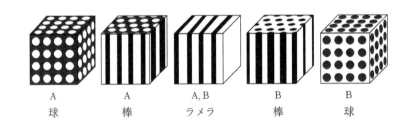

図16-15　A-Bブロック共重合体のミクロ相分離の模式図
（西 敏夫, 中嶋 健：高分子ナノ材料, p.33, 共立出版(2005)）

　このようなミクロドメインの制御が新たな材料に繋がっている例を紹介しておく。トリブロック共重合体は熱可塑性エラストマーすなわちゴム弾性を示しつつも加熱によってプラスチックとしての性質が現われる材料として実用化されている。その代表的な例としてスチレン鎖－ブタジエン鎖－スチレン鎖からなるブロック共重合体がある。**図16-16**のようなミクロ相分離構造をしているが，スチレンドメインのT_gは100℃であるから，室温では剛直なガラス状態を形成している。二つのスチレンドメインをつなぐブタジエン部分は非常に活発に動いているが，スチレン領域が物理架橋として働くので，加硫などの操作が不要で，ゴム弾性が発現する。ミクロ界面の制御により，材料としての機械強度や弾性率などの調節が可能で，高分子ナノ材料における界面効果の重要性を示す一例である。

第16章　ナノテクノロジーと高分子

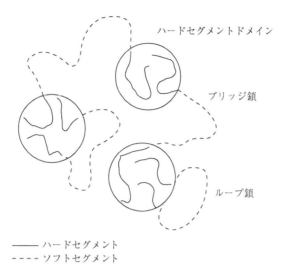

図16-16　トリブロック共重合体のミクロ相分離構造
（西 敏夫, 中嶋 健：高分子ナノ材料, p.49, 共立出版(2005)）

5.2　高分子ブラシ

リビングラジカル重合の開発により，ラジカル重合でも分子量が均一な高分子が得られることが明らかになった。その応用として，重合開始種を固体表面に作る表面開始リビングラジカル重合が開発され，表面の修飾・改質が検討されている（図16-17）。この方法では，従来のグラフト重合に比べて表面専有率の高い高分子を生じることが見いだされ，生じた高分

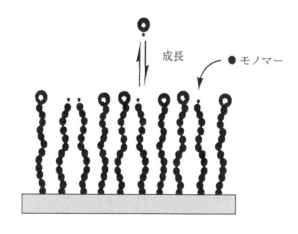

図16-17　表面開始リビングラジカル重合
（福田 猛 教授提供）

子鎖は図16-18に示すように高伸長，高配向をもった新しいタイプの高分子組織を形成することが明らかになった。その界面に生じた膜は高い圧縮弾性率，極低摩擦性などユニークな特性が見いだされ，表面・界面制御の新手法として注目されている。とくにリビング重合の利用であるから，ブロック重合も可能であり，層状になった表面・界面や傾斜界面など新たな展開が期待されている。

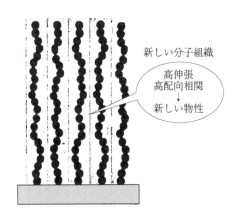

図16-18　高伸長，高配向した高分子界面
（福田 猛 教授提供）

　ポリマーブラシは使用するモノマー種によって固体表面のぬれ性を任意に制御することができる。たとえば、ポリメタクリル酸メチル（PMMA）ブラシは比較的低い親水性、ポリビニルアルコール（PVA）ブラシは高い親水性を示す。ポリ（2－パーフルオロオクチルアクリレート）（PFA-C_8）ブラシを用いると撥水性，撥油性を得ることもできる。さらに、イオン性のポリマーブラシにすると超親水性ブラシが得られる。この特異性を利用した機能面の開発が進んでいる。
　空気中で（超）親水性で，水中で（超）撥油性ポリマーブラシをステンレスメッシュ（SUS）に被覆したフィルター、それと逆に空気中で（超）撥水性で，水中で（超）親油性ポリマーブラシをステンレスメッシュ（SUS）に被覆したフィルターを用いると、前者は水を通し後者は油

のみを通すから、それを組み合わせた分離装置（図16-19）が作られ、油の分離が可能になっている（高分子，67,179（2018）参照）。

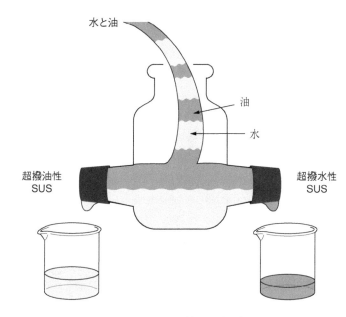

図16-19　分離装置の概念図

コラム COLUMN

高分子微粒子の展開

微粒子の特性は，桁違いに大きな表面積で，例えば，直径が100nmの微粒子を1g集めると，表面積は60m²以上に達する。また微粒子の比表面積（面積／体積）は粒子径のマイナス1乗に比例する。分散系の微粒子の拡散速度も粒子系のマイナス1乗に比例する。また，微粒子の中への刺激の伝達速度は粒子径のマイナス2乗に比例する。微粒子のもつ，これらの特性を取り入れた高分子機能材料が広く活用されるようになっている。その例を以下に示す。

ポリ（N-イソプロピルアクリルアミド）は感熱応答高分子であることはよく知られていたが，微粒子の一成分として利用することによって，機能材料として，その用途がさらに拡がっている。

微粒子表面から親媒性のポリマー鎖が媒体中に張り出したような微粒子はヘア粒子といわれ，同じ材質で作られた他の粒子に比べて，ヘア粒子は応答の鋭敏さと感度において格段と優れたものになることが明らかになった。ポリスチレンのコアをもつ微粒子の表面にポリ（N-イソプロピルアクリルアミド）のひげがはえたようなヘア微粒子は，常温で水中に分散しておくと，ヘアの部分は膨潤して，拡がっているが，32℃の転移温度を境

ヘア粒子
（川口春馬, 高分子, 52, 147 (2003)）

として水分を放出して縮み，粒子は小さくなる。とくに，ヘアの成分としてアクリル酸をわずかに加えておくと，顕著な温度応答性を示す高分子微粒子となることが見いだされている。分散液のpHやイオンの種類によっても転移温度や温度特性が異なる。水中で膨潤したヘア微粒子を基板上に塗布して一気に乾燥させると，微粒子がほぼシェル層の間隔に規則正しく保たれたまま配列していることが観察されている。高分子微粒子が可視光の波長と同じオーダーの大きさをもつから，それらの高分子微粒子の分散液に光照射すると，散乱が起こる。したがって，粒子の大きさや間隔を制御することによって，光学素子としての利用が期待されている。ヘア-高分子微粒子の特性を利用して，微量物質を分離するアフィニティラテックスが作られ，微量物質の新たな分離精製技術へ展開が進められている。これまで，バイオの分野では，カラムを用いたアフィニティクロマトグラフィーが用いられてきたが，アフィニティラテックスは微粒子が動き回れるから，微量物質と結合する機会も多くなり，分離性能ははるかに高い。

乳化・分散重合やシード重合のきめ細かい重合条件によって，これまでとは違った異相構造からなる複合高分子微粒子が作られ，新たな機能材料としての展開も進められている。

多数の表面凹部を有する
ゴルフボール状高分子微粒子

玉ネギ状多層高分子微粒子

異形高分子微粒子（大久保政芳教授　提供）

第17章

超分子とその展開

1 超分子とは

　複数の分子が非共有結合性分子間相互作用（水素結合，金属配位結合，π-π相互作用，疎水性相互作用）を介して認識し，組織化することで生じる分子集合体を**超分子**という。超分子は生体系には広くみられ，DNAの二重らせん構造や複合タンパク質の形成はその典型例である。非共有結合性分子間相互作用は，結合形成と切断が可逆的で，動的平衡状態にあるから，物質の単離，生成が重視される時代には複雑であり，化学の研究対象としてはあまり注目されていなかったが，クラウンエーテル（図17-1(a)）とアルカリ金属イオンの包接錯体の発見に触発されたフランスの化学者レーン（Jean-Marie Lehn, 1987年ノーベル化学賞）は，クリプタンド（図17-1(b)）という分子を創成し，そのホスト–ゲストの化学を展開した。さらに，図17-2と図17-3に示すように水素結合で結合し，三次元に組織化する分子の存在も見出し，化学結合を基礎とするこれまでの分子化学に対し，非共有結合性分子間相互作用による**分子会合体**に軸を置く化学の重要性を指摘し，超分子化学という用語を提唱した。以来，分子の組織化を追求する研究が積極的に進められ，弱い結合が三次元に広がって生じる**新たな物質の創製**（機能ゲル）が展開している。

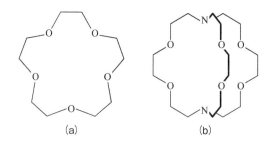

図17-1　クラウンエーテル (a) とクリプタンド (b)

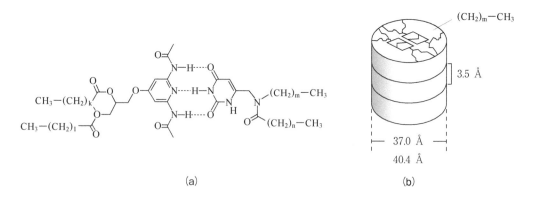

図17-2　多点水素結合による二量体形成(a)とその三次元に組織化(b)

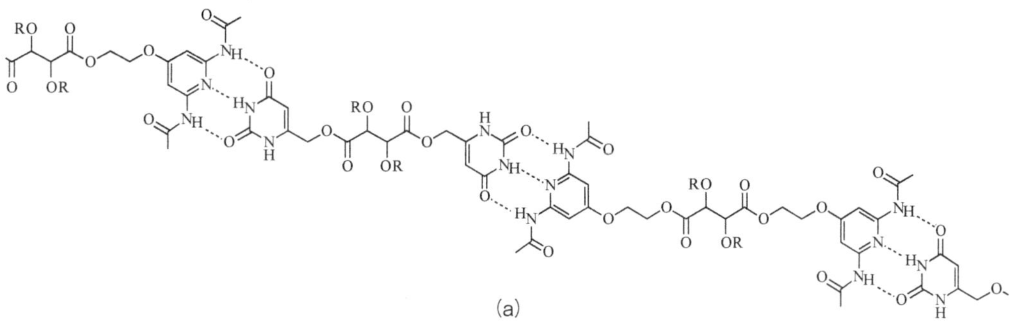

図17-3 多点水素結合による超分子(a)と三次元に組織化(b)
(Jean-Marie Lehn : Makromol. Chem., Makromol. Symp., **69**, 1-17(1993).)

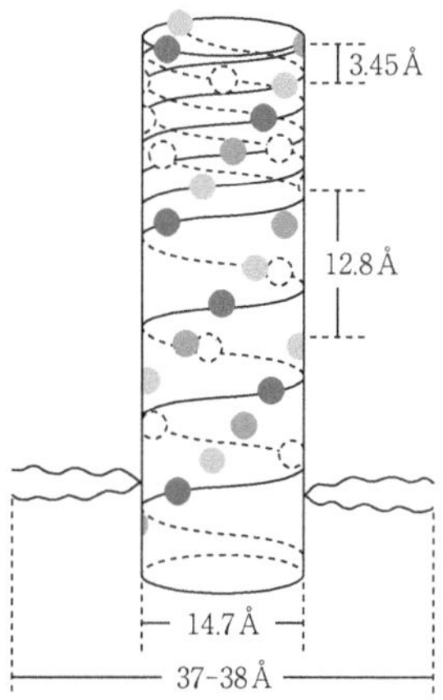

現在は，超分子化学の対象は広義の意味において大きく広がり，複数の分子が互いに貫通し，特定の共有結合が切断しない限りはずれない**ロタキサン**や**カテナン**（図17-4），高分子ゲル，液晶に対しても超分子化学の概念が適用されている。

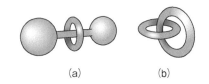

図17-4 ロタキサン(a)とカテナン(b)の概念図

とくに，高分子ゲルは，セラミックスや金属などとは異なり，環境に応じて分子の集合形式，ひいては物性や機能を変えるなどの動的性質を有することから，ソフトマテリアルと呼ばれ，人工筋肉，アクチュエーター，形状記憶材料，さらにドラッグデリバリーシステム（**DDS**）の創製に繋がる新たな材料として期待されている。

生体系では，たとえば酵素と基質や抗原と抗体，DNAの核酸塩基対形成のように，高分子による分子認識を介し生じた超分子が高度な機能を発現している。生体材料を模倣した高機

能材料の創成も超分子化学という観点から積極的に研究されている。抗体が優れた分子認識能をもつ生体高分子であることに注目し、その現象を取り入れた超分子の活用が展開している。

2 ロタキサンとカテナン

2.1 ロタキサン

ロタキサン構造を有する分子は天然にはDNAの修復酵素などで見い出されている。一例を示すと、DNAポリメラーゼには環状構造のものがあり、DNA複製時にはDNAがDNAポリメラーゼの空洞を貫きロタキサンを形成する。合成化学的には、2016年のノーベル賞を受賞したストッダート（J.F.Stoddart, ノースウエスタン大学）らは図17-5に示すようなロタキサンを合成した。閉じ込められている環状分子は電子受容体のテトラカチオンである。環を閉じ込めている鎖状分子鎖にはビフェノール（RO-Ph-Ph）とベンジジン（RNH-Ph-Ph-NHR）の2箇所の電子供与性の部位がある。したがって、環状分子は酸化・還元やプロトン化・脱プロトン化で可逆的に左右に移動する。このロタキサンでは、リングが駅の間をシャトルのような動きをすることから分子シャトルと言われている。この現象はナノスケールの分子の世界で外部からのエネルギーを分子内における分子の運動エネルギーに変換しており、ナノマシンすなわち分子機械の合成として報じられた。

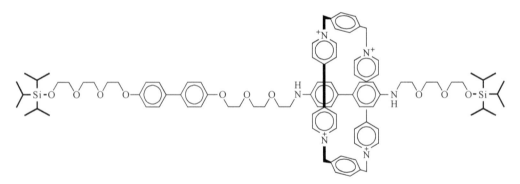

図17-5　ストッダートらによって合成されたロタキサン

原田明ら（大阪大学）は、第16章3.2に示したように、α-シクロデキストリン水溶液とポリエチレングリコール水溶液を混ぜると、ポリエチレングリコール鎖は選択的な分子間相互作用（疎水性相互作用）によって多くのα-シクロデキストリンの疎水孔を貫き、超分子ポリマーが生成することを見出した。それをもとにα-シクロデキストリンを基本単位とするチューブ状高分子を創成したが、その反応過程においてα-シクロデキストリンが抜け出ないようにその両末端に大きな分子を結合したポリロタキサン（図17-6）を単離し、分子ネックレスと命名した。

図17-6　ポリマーがシクロデキストリンを取り込んだロタキサンの概念図

　原田らは，さらに軸分子がポリエチレングリコールでなくても他の高分子でもシクロデキストリンを含むポリロタキサンが得られることを示し，さまざまなシクロデキストリンを含むポリロタキサンを創成した。その中で，図17-7のように軸分子がピリジニウムイオンからなるロタキサンでは環状分子が軸上を左右に移動することを見出し，その速度定数も算出している。

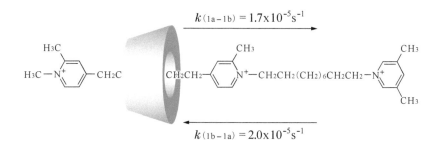

図17-7　軸上を移動するシクロデキストリンのロタキサン

2.2　カテナン

　カテナンは図17-4(b)から類推できるように，二個またはそれ以上の環状化合物が絡み合った化合物である。その具体的な例として，フランスのソバージュ（J.-P.Sauvage，ストラスブール大学，2016年のノーベル賞を受賞）らの研究を紹介しておく。彼等は，図17-8に示すように両端にフェニル基を有するフェナントロリン誘導体（1）からCu(I)錯体（2）を経由して効率よくカテナン（3）を合成した。

　ソバージュは金属錯体をもつカテナン創成をヒントに，図17-9に示すような分子を創製した。その構造はカテナンというよりもむしろロタキサンであり，ソバージュは[c2]デイジーチェインのロタキサンと呼んでいる。この分子は，金属イオンをCu(II)からZn(II)に変えると，両端のストッパーの距離が可逆的に変化することを見出し，"分子筋肉"として発表した。

　ストッダートらは下記のようなカテナンをπ-πスタッキングを巧みに利用して図17-10(a)に示すようなカテナンを効率よく創成し，それを拡張したオリンピック分子（図17-10(b)）の合成に成功した。未来に向けたナノ材料の開拓が期待されている。

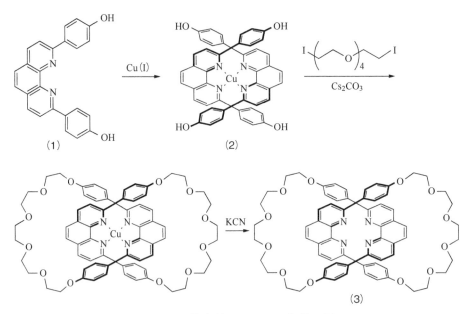

図17-8 代表的なカテナン合成の例

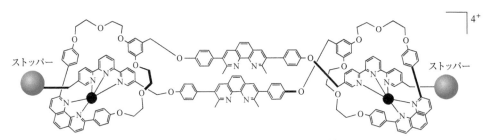

図17-9 ソバージュが発表した分子筋肉

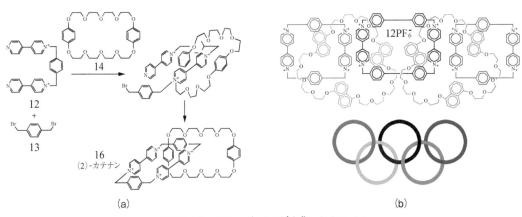

図17-10 ストッダートが創成したカテナン

3 超分子創成による高分子ゲルの展開

3.1 環動ゲル

　原田らの研究にヒントを得て，伊藤耕三ら（東京大学）は，図17-11に示すようにロタキサン上のシクロデキストリンの数を抑制して，同図 (b) のようにシクロデキストリン同士を架橋したゲルを創成した。その架橋点は外部刺激に対し，自由に動けるから，従来の化学架橋や物理的架橋によるゲルとは異なり，柔軟性に富むゲルであることを明らかにし，環動ゲルあるいはトポロジカルゲルと命名した。

　このゲルは図17-12に示すように高分子鎖がシクロデキストリンの中をすりぬけるため，力が架橋点に集中することなく高分子鎖に均等に分散される。その結果，柔軟性に優れ，乾燥重量の約24,000倍と大幅に膨張および収縮する。また，伸長した時には最高で24倍の長さに達し，力を取り除くと素早く元の形状に戻ることが明らかになった。さらに透明で均一なゲルであるのみならず，傷がついても元に戻るなど自己修復性も見出され，その展開を期待して，いまや大きな国家プロジェクトに発展している。

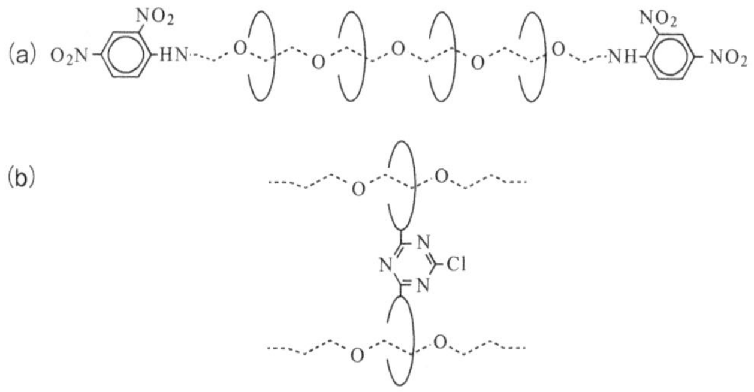

図17-11　環動ゲルの前駆体(a)とその架橋(b)

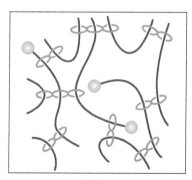

図17-12　環動ゲルの概念図

環動ゲルの薄膜で表面加工した自動車（傷が自然に修復される）

環動ゲルのしなやかな材料特性は、新型車はもとより、近未来、
そして夢の未来車へ向けてさまざまな応用展開が期待される。

3.2 アクチュエーター

　筋肉のように化学現象を利用して化学エネルギーを力学エネルギーに変換するメカノケミカル材料の創成は，高分子ゲルの展開として以前から注目されていた。コラーゲン繊維を濃度の異なる塩水溶液中に通すことで起こる体積変化を利用したメカノケミカルエンジン，ポリビニルアルコール薄膜とポリアクリル酸薄膜を交互に積層したゲルをpH変化させて得られるエネルギーの人工筋肉としての展開，薬剤を封入したゲルの温度変化や光照射といった外的刺激による薬物放出などがその例である。ロボットや医薬など今後の産業において刺激に応じて形態変化を示す機能性高分子の開発が期待されている。その役割を果たすと考えられているのが構造制御をもとに，新たな物性を産み出す超分子生成の展開である。

　最近の研究例の中からアゾベンゼンの光異性化反応とシクロデキストリンの分子認識作用を組み合わせ，ホスト－ゲストゲルの集積をon/offで制御できるシステムを構築した原田 明ら（大阪大学）の研究を紹介する。

　アゾベンゼンは図17-13に示すように，トランス型とシス型が存在し，紫外光（365nm）を照射するとトランス型からシス型へ，可視光（430nm）を照射するとシス型からトランス型に異性化することは知られていた。トランス体とシス体の断面積が違うので，α-シクロデ

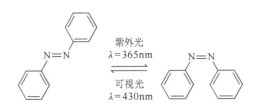

図17-13　アゾベンゼンの光異性化

キストリンはトランス体を内孔に取り込むが，断面積の大きなシス体は認識できない。原田明らはこの現象に注目し，α-シクロデキストリンまたはβ-シクロデキストリンとアゾベンゼンを側鎖に有するアクリルアミドをビスアクリルアミドと共重合して，図17-14に示した構造のヒドロゲルを合成した。α-シクロデキストリンヒドロゲルとアゾベンゼンヒドロゲルのゲルに365 nmの紫外光を照射すると，α-シクロデキストリン内孔に包接されていたアゾベンゼンがトランス型からシス型に変換する結果，ゲルは膨張し，逆に430nmの可視光を照射すると収縮し，もとに戻る（図17-15(a)）。この現象は図17-15(b)に示すようにアゾヒドロゲルでも見られる。

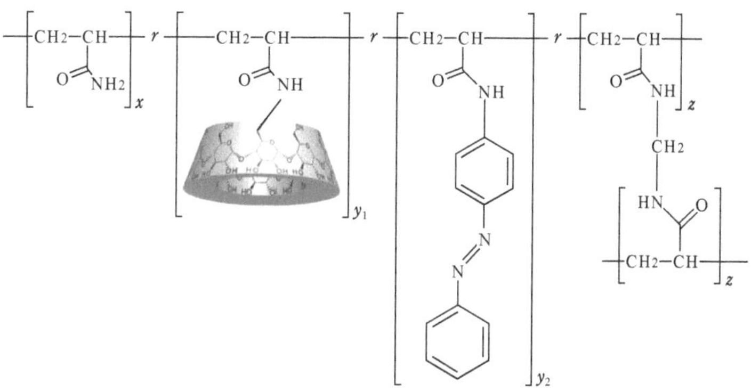

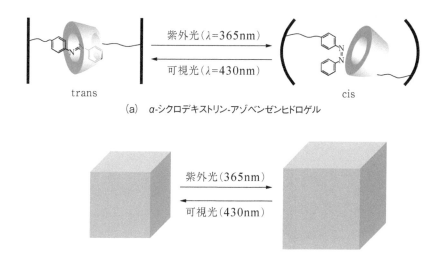

図17-14　シクロデキストリンアゾゲル

(a)　α-シクロデキストリン-アゾベンゼンヒドロゲル

(b)　アゾベンゼンヒドロゲル

図17-15　光異性化に伴う体積変化

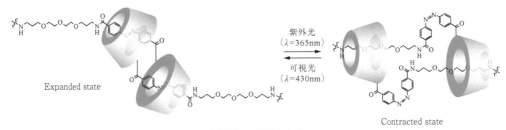

(a) 環状の2量体を形成

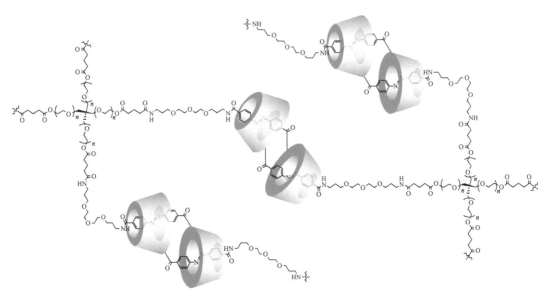

(b) [c2]AzoCD₂ヒドロゲル

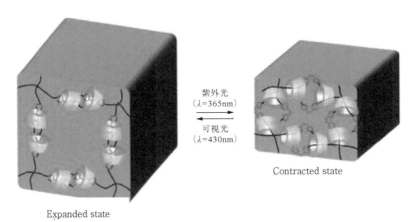

(c) 光異性化に伴う体積変化

図17-16　[c2]AzoCD₂ヒドロゲルの光異性化に伴う体積変化

ホストである α-シクロデキストリンとゲストのアゾベンゼンが結合しているポリエチレングリコールは図17-16(a)に示すように水中では互いのホスト部分とゲスト部分を取り込んだ環状の2量体を形成する。これらをゲル化するためにポリエチレングリコールを四分岐したポリエチレングリコールにしておくと，図17-16(b)のように，2量体を架橋点とするゲルとなる。このゲルを環状2量体を表すために[c2]をつけて[c2]AzoCD$_2$ヒドロゲルとして表す。このヒドロゲルに紫外光を照射すると図17-16(c)に示すようにシス体となることによりゲルは収縮する。そのゲルに可視光を照射すると膨潤し，元に戻る。これは，図17-15のゲルの形状変化とは逆の現象である。それは光異性化の前後でシクロデキストリンの相対位置が変わる事による体積変化と考えられている。

光に対し逆の応答をする[c2]AzoCD$_2$ヒドロゲルとアゾヒドロゲルを，それぞれ，短冊状に切り出し，水中に吊るして，左側から紫外光を照射すると，アゾヒドロゲルは照射と反対に屈曲し，[c2]AzoCD$_2$ヒドロゲルは光の照射方向に屈曲した。その様子を図17-17(a)および(b)に示す。その後，可視光を照射すると，ゲルは元の形状にもどる。この変化は可逆的であり，筋肉のように動く形状記憶する材料である。またこのゲルは凍結乾燥すると，光照射による応答は1万倍以上も速くなることが見出され，今後，光応答性伸縮アクチュエーターとしての展開が注目されている。

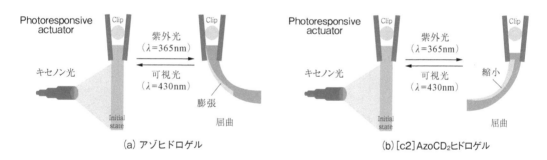

(a) アゾヒドロゲル　　(b) [c2]AzoCD$_2$ヒドロゲル

図17-17　光応答性高分子材料

4　自己修復性高分子

これまで述べてきたように，通常，プラスチックや合成繊維に代表される高分子物質は共有結合からできており，一旦結合が切れたら，自然に繋がることはない。しかし，何らかの方法でポリマーに自己修復性を付与することができれば，製品の寿命が飛躍的に向上するため人工構造物の削減をもたらし，環境負荷の低下につながると考えられる。その意味で，近年，こわれにくく，また傷がついても元通りに修復する材料が社会的ニーズになっている（図17-18）。その大きな役割を担うと期待されているのが，いろいろな観点から創成される高分子ゲル（超分子）の展開である。

図17-18　自己修復する高分子物質

4.1　修復性高分子に求められる条件

　これまでの自己修復性高分子材料を目指す研究に注目すると，化学反応を利用する方法，高分子鎖の絡み合いを利用する方法に大別される．前者には修復剤の添加，動的結合の活用，および溶媒処理による修復がある．後者は熱処理，ゾル－ゲル転移の活用である．理解を深めるためにそれぞれの代表的な具体例を示しておく．

a）修復剤　修復剤を分散させた材料で，分解性生成物を再結合によって修復する方法や分解生成物の再結合を利用する方法がある．ポリフェニレンエーテルに修復剤として銅錯体と水素供与体を混合しておくと，熱分解しても，修復剤の働きで，自発的に再結合が生じるので自己修復することが見出されている．

b）動的共有結合　ポリマー鎖に動的共有結合が存在すると，その再生によって元の分子構造が再生するので巨視的には材料を修復する．ディールスアルダー反応により得られるポリマー（図17-19），ポリオキサゾリン，チオール基を有するポリマーなどで報告されている．

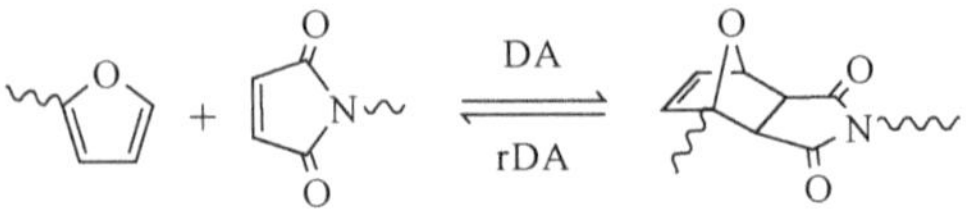

図17-19　DA：ディールスアルダー反応，rDAは逆反応

c）溶媒処理　溶媒に浸漬することで分子運動性を向上させると，切断した結合が再結合して自己修復する例もある．具体的には，ポリメタクリル酸メチルをエタノールやメタノールに浸漬すると，一定時間後には破損箇所が修復することが見出されている．

d）熱処理　非晶性高分子であれば，ガラス転移温度以上になると分子鎖は巨視的に運動する．同一の高分子物質からなる高分子板を接触させておけば，ガラス転移温度以上になると，それぞれの板に存在する高分子鎖は境界面を越えて拡散する．その結果，境界面では高分子鎖の絡み合い相互作用が働き接着する．具体的には，衝撃で生じたポリプロピレンのひびを放置しておくと治癒することが知られている．ポリプロピレンのガラス転移点が室温より低いためにみられる自己修復の代表的な例である．

e） ゾル－ゲル転移　転移温度（転移点）に近いゲル内では分子鎖の運動が活発で自己修復性が存在する。3次元網目状になっていても，繋がっていない片末端が存在する（図17-20）。その部分は運動可能な部分鎖で，ダングリング鎖と言われている。ダングリング鎖は，ガラス転移点以上である限り，自由に運動できるから永久網目を構成するネットワーク鎖に比べ隣接する部分鎖と絡み合い相互作用を形成しやすい。この絡み合い相互作用が自己修復性に重要な役割を演じている。

図17-20　ダングリング鎖の概念図

4.2　ホスト－ゲスト相互作用

(a) 自己修復

　通常のアクリルアミドゲルは，ほとんど伸縮せず，すぐに壊れるもろいゲルである。ところが一部にホスト－ゲスト相互作用を組み入れると，自己修復性のみならず，大きく伸縮する高靭性まで付与される。具体的には，図17-14に示したようなβ-シクロデキストリンとアダマンタンを2～3%含むアクリルアミドゲルは，10倍以上伸縮し，強度も10倍以上になる。このゲルは圧縮にも耐え，2トンのプレスで押し付けても力を取り除くと，ほぼ元に戻ることも見出された。これらの発見は，ホスト－ゲスト相互作用によるゲル形成を通して自己修復に大きな役割を果たしていることを示している。脆くて，弱いアクリルアミドゲルにシクロデキストリンとそのゲスト分子を組み入れることにより，自己修復性のみならず，大きく伸縮する高靭性まで付与されるのである。高分子材料の新たな広がりを示した例として注目されている。

　α-シクロデキストリンまたはβ-シクロデキストリンを結合したホストゲルとアゾベンゼンを結合したゲストゲルをそれぞれ数ミリメートルのゲル片に切り出し，水の入った容器に入れて振動するとα-シクロヒドロゲルとトランス型のアゾゲルは即座に接着し，自己集積する（図17-21(a)）。その集積ゲルに紫外線を照射し撹拌すると，集積していたゲルは瞬時に分離する（図17-21）。次に430 nmの可視光を照射して撹拌すると離れていたシス型のアゾゲルはβ-シクロデキストリンに接着して集合体を形成した。これは，光照射でゲルの集積すなわち構造体の自己組織化をセンチメートルに達するマクロスケールで観測した初めての例であり，アクチュエーターの創製に新たな指針を示している。

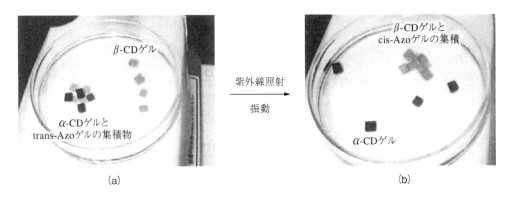

図17-21　シクロデキストリンゲル片の自己組織化の光による調節

　前節に示したシクロデキストリンを有するポリマーのホスト-ゲスト相互作用によって自己修復能がきわめて高く，これまでになく強靭なゲルも得られることを見出した。その展開の一端を紹介する。ホスト分子としてβ-シクロデキストリンをもつポリマー，ゲスト分子としては主にアダマンタンや長鎖アルキル基，フェロセンやアゾベンゼンを有するポリマーを用いた。アダマンタンをゲスト分子に用いた場合，ホスト-ゲスト架橋によりゲルが生成する。このゲルは切断しても切断面を接触するだけで，修復することができる。24時間後にはゲル強度は，ほぼ100%回復する。さらにゲルを切断してから20時間放置した後でも，切断したゲルは接触するだけでつながり，修復されることが明らかにされている（図17-22）。

　同様に，側鎖にβ-シクロデキストリンと結合したポリアクリル酸とゲスト分子としてフェロセンをもつポリアクリル酸を水中で混合するとゲルが生成する。このゲルも切断しても切断面を接触するだけで修復するが，接触前に切断面を酸化剤で処理すると，修復しない。これはフェロセンが酸化されてフェロセニウムカチオンになり，カチオンはβ-シクロデキストリンには取り込まれないからである。ところが，切断面を還元剤で処理すると，切断したゲルは再び結合し，もとの一つのゲルとなった。自己修復が酸化還元反応すなわち化学反応により制御できる一例である。

(b) コーティング材の自己修復

　表面に機能をもたせた材料は，細胞の接着・脱着や医療応用に向けた材料として利用されているが，表面だけに損傷も多い。シクロデキストリンを組み入れた高分子のホスト-ゲスト相互作用の利用が注目を浴びている。その1例を示しておく。

　シクロデキストリンモノマーとゲスト（アダマンタン）モノマーと主たるモノマー（アクリルアミドなど）の水溶液をガラスの表面に噴霧し，光重合を行うとフィルムが生成する。このフィルムに10μmの深さの傷をつけても少量の水を噴霧することにより，短時間で修復し，元の状態に戻ることが見出された（図17-23）。

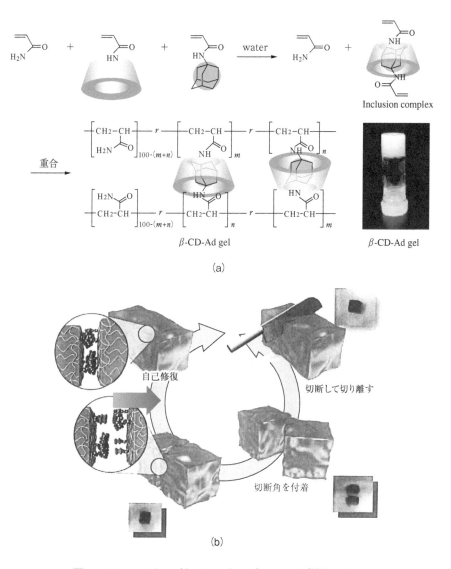

図17-22 β-シクロデキストリンとアダマンタンを側鎖にもつアクリルアミド共重合体のゲル形成(a)と自己修復(b)の概念図

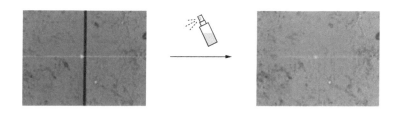

図17-23 自己修復型コーティング材の自己修復

ポリロタキサンと可逆結合との組み合わせにより「物理的自己修復」と「化学的自己修復」の性質をあわせ持つ超分子ゲルが創製され，水を噴霧しなくても充分な湿度があれば傷が修復することも見出され，今後の応用が注目されている。

ホスト-ゲストゲルの高伸縮性と高靭性の代表的な例
（β-シクロデキストリンとアダマンタン）
高分子ゲルの高伸縮性，高靭性は素晴らしい！

演習問題と解答のヒント

　この問題集は高分子化学を総合的に理解し，さらに興味をもっていただくため，あえて解答は示さないことにした。ヒントをみて本文に立ち返ると，解答にたどりつく。もし分からない場合でも，その周辺を繰り返し繰り返し読むことにより理解が深まり，自然に解答できるような形になっている。問題を解くことにより高分子化学がより身近なものとなり，身のまわりのいたるところに存在する高分子化合物への関心や興味が高まるものと信じている。高分子を身近なものとしてとらえるとともに，さまざまな分野で活用してほしい。

第1章に関する問題

ポイント　高分子を身近なものとしてとらえる。

1) 人の体に存在する高分子を3種類示せ。
    ヒント　1．高分子とは　参照

2) ゴムはイソプレンからなるが,環状二量体が二重結合で会合したものと考えられていた。それを否定するにはどんな実験を行えばよいか。
    ヒント　3．高分子の実証　参照

3) 等重合度反応とはどんな反応か。それによって何が分かったか。
    ヒント　表1-1　参照

4) 身のまわりにある高分子を5種類示せ。
    ヒント　4．高分子の発展と豊かな物質社会　参照

5) 高分子の存在はいかにして証明されたか。
    ヒント　3．高分子の実証　参照

第2章に関する問題

ポイント　高分子の意味を理解し，そのおもしろさにふれる。

1) 高分子とポリマーの違いを述べよ。
　　ヒント　1．高分子物質の構成　参照

2) 次の高分子の構造単位を書け。
　　(a) ポリスチレン
　　(b) ポリ塩化ビニル
　　(c) ナイロン-6, 6
　　(d) ポリエチレンテレフタラート
　　ヒント　表2-1　参照

3) 重合度とは何か。
　　ヒント　1．高分子物質の構成　参照

4) 分子量9998のポリエチレン（両末端は水素原子）には何個の炭素原子が連なっているか。
　　ヒント　ポリエチレン H$-$(CH$_2$－CH$_2$)$_n$$-$H から n を求めることから始める。

5) タンパク質を構成しているアミノ酸は何種類あるか。
　　ヒント　表2-2　参照

6) 図2-1に示したリゾチームはいくつのペプチド結合からなるか。
　　ヒント　図2-1のアミノ酸残基の数　参照

7) セルロースとデンプンの化学構造の類似点と相違点を示せ。
　　ヒント　図2-5　参照

8) 半合成高分子といわれるものにはどんなものがあるか。なぜ半合成高分子といわれるのか。
　　ヒント　3．高分子の分類　参照

9) 似たものは似たものに溶解する。しかし，セルロースにはOH基が多数存在するのに水に溶解しない。その理由を述べよ。
　　ヒント　4.2　溶液と膨潤　参照

10）光ファイバーや胃カメラはポリマーのどのような性質を利用した製品であるか。
　ヒント　4.4　光学的性質　参照

第3章に関する問題

ポイント　高分子のいろいろな特徴を理解する。

1）分子間にはどんな力が働くか。
　ヒント　2．分子間力　参照

2）水，イソブタン，アセトンの沸点が高い順番に列挙し，そのように並べた理由を示せ。
　ヒント　2．分子間力　参照

3）$CH_2=CHR$の付加重合で高分子が生成する場合，何種の結合様式が可能か。可能な結合様式をすべて書き，その名称を書け。
　ヒント　3.1　1種のモノマーからなる高分子　参照

4）ポリプロピレンを用いて，置換基の相対配置で立体規則性が生じる。ポリプロピレンの可能な立体構造を書け。
　ヒント　図3-2　参照

5）イソプレンを重合した時とブタジエンを重合した時に得られる可能な構造単位を書け。両者を比較し，その違いはモノマーの何処に起因するかを述べよ。
　ヒント　図3-3　参照

6）イソプレンを重合した際に可能な構造単位を書け。天然ゴムはその中の何れからなるかを示せ。
　ヒント　図3-3　参照

7）共重合で生じる分子を図示し，その名称を述べよ。
　ヒント　図3-4　参照

8）ブタンの回転異性体の中で，トランス体，ゴーシュ体およびシス体を図示し，最も安定なコンフォメーションはどれであるかを示し，選んだ理由を述べよ。
　ヒント　図3-6　参照

9）ゴム，プラスチック，繊維の違いを，高次構造を考慮して述べよ．
ヒント　図3-12　参照

10）タンパク質の成分であるアミノ酸は水に溶解しないのが多いのに，タンパク質が水に溶解するのを，高次構造を考慮して説明せよ．
ヒント　5．三次構造参照

第4章に関する問題

ポイント　高分子の重さや大きさを測る方法を理解する．

1）分子量測定法にはいろいろあるが，次の方法のなかには，分子量が10万のポリマーの分子量測定には使用できない方法がある．それを選び，選んだ理由を述べよ．
　　(a) 浸透圧法　　(b) 凝固点降下法　　(c) 光散乱法　　(d) 超遠心法
ヒント　表4-1　参照

2）分子量10万のポリエチレンは何個の炭素原子を有するか．
ヒント　重合度＝分子量／モノマー単位の式量

3）分子量10,000の高分子30個，20,000の高分子40個，50,000の高分子30個からなる高分子の数平均分子量および重量平均分子量を求めよ．
ヒント　2．分子量の測定

4）物質10gを水100gに溶解した溶液の沸点は100.102℃であった．その物質の分子量を求めよ．
ヒント　式(4)を使用

5）水40gにある物質を4.8g溶解した溶液の凝固点は－0.37℃であった．その物質の分子量を求めよ．
ヒント　式(4)を使用

6）20℃で，あるタンパク質4.2gを水に溶かして1 dm^3 としたとき，浸透圧を測ったら，3.48×10^{-3} 気圧(atm)であった．この物質の分子量を求めよ．
ヒント　式(11)を使用

7) ポリビニルアルコール ($-\text{CH}_2\text{CH(OH)}-)_n$ 0.440gを100mlに溶解した水溶液の27℃での浸透圧は2.46×10^{-3}気圧（atm）であった。分子量および重合度を求めよ。
   ヒント　式(11)を使用

8) 25℃のタンパク質1%水溶液の浸透圧は45mmHgであった。そのタンパク質の分子量を求めよ。ここで，$R = 0.082 \text{dm}^3 \cdot \text{atm} / \text{K} \cdot \text{mol}$
   ヒント　4章の式(11)を使用，単位の変換は付録を参照

9) 酢酸セルロースの種々の濃度のアセトン溶液の粘度を298Kで測定したところ，下表の結果を得た。

濃度／g／10^2cm^3	0	0.111	0.351	0.703
流下時間／sec	58.3	73.3	122.5	240.2

   式　$[\eta] = 1.87 \times 10^{-3} \text{cm}^3\text{g}^{-1} \times M^{1.03}$を使って，この酢酸セルロースの分子量を求めよ。
   ヒント　図4-12と同じ方法で$[\eta]$を求め，上記の関係式で分子量を求める。

第5章に関する問題

ポイント　高分子のいろいろな形を理解する。

1) 高分子鎖の形を規制する分子間力を示せ。
   ヒント　2．高分子鎖の広がりとそれを規制する因子　参照

2) 高分子の挙動を考える時，低分子では考慮する必要のない相互作用を考えておかねばならない。何故考えねばならないか。また，それを何というか。
   ヒント　2．高分子鎖の広がりとそれを規制する因子　参照

3) 3重らせん構造を作っている高分子にはどんなものがあるか。
   ヒント　図5-4　参照

4) 結合距離が0.154nm，結合角が109.5°，重合度が100の末端距離および回転二乗半径を計算せよ。
   ヒント　5章の式(2)および式(4)を参照

5) シータ (θ) 溶媒とはどんな溶媒か。
   （ヒント） 3.2 高分子鎖の広がりに対する諸効果　参照

6) $[\eta] = KM^a$ の a は分子の形を反映している。良溶媒中に溶解している屈曲性高分子の場合の a を下記の数値より選べ。
   (a) 0.1　(b) 0.3　(c) 0.6　(d) 1.0　(e) 2.0
   （ヒント） 5章の式（10）の説明

7) 極限粘度と分子量との間には次の関係が成立する。
   $[\eta] = KM^a$
   ポリスチレンを下記の溶媒に溶解した時の a の値を示す。いずれがもっともよい溶媒かを示し，その理由を述べよ。

溶媒	a
ブタノン	0.60
ベンゼン	0.73
シクロヘキサン	0.50

   （ヒント） 5章の式（10）から考えよ。

8) 高分子電解質の水溶液は，濃度が増加するとどのような粘度挙動になるか。それはなぜか。
   （ヒント） 図5-13とその説明

9) 両親媒性高分子とはどんな高分子か。その例を示し，その特徴を述べよ。
   （ヒント） 図5-14と図5-15　参照

10) ポリメタクリル酸メチル（1.19 gcm^{-3}）の溶解度パラメータ（δ）を計算し，表5-5からもっともよい溶媒を選べ。
    （ヒント） 表5-6の値を用いて δ を計算し，表5-5の中でもっとも近い化合物を選べ。

11) ポリ塩化ビニル（密度1.22 gcm^{-3}）の溶解度パラメータを計算し，もっともよい溶媒を選べ。
    （ヒント） 問10と同様にして

第6章に関する問題

ポイント　温度による高分子の状態変化を理解する。

1) 物質の3態とはなにか。なぜそのような状態が存在するか。
   ヒント　1．物質の3態と分子間相互作用　参照

2) ヘキサン，アセトン，エタノールおよび水の順序で沸点は高くなる。その理由を述べよ。
   ヒント　1．物質の3態と分子間相互作用　参照

3) ガラス転移点とは何か。次の (a) ～ (e) の中から，最低と最高のガラス転移点をもつポリマーを選び，選びだした理由を示せ。
   (a) ポリスチレン　(b) ポリエチレン　(c) 脂肪族ポリアミド（ナイロン6）
   (d) 脂肪族ポリエステル　(e) ポリベンゾイミダゾール
   ヒント　表6-1および表6-2　参照

4) 耐熱性高分子を得るために考慮すべき点を，化学構造という観点から述べよ。
   ヒント　4．耐熱性高分子　参照

5) 熱可塑性高分子と熱硬化性高分子の違いを述べよ。身近な熱硬化性高分子を2例示せ。
   ヒント　5．熱硬化性樹脂　参照

6) 発泡スチレンの箱が保温材として利用されている。それは高分子物質のどのような性質が利用されたものか。
   ヒント　6．高分子の熱伝導　参照

第7章に関する問題

ポイント　外力による高分子の状態変化を理解する。

1) 物質には弾性体，粘性体，粘弾性体がある。高分子物質の特徴はそのどの性質に由来するか。
　　ヒント　2．外力と変形　参照

2) 分子間に働く力の大きさを示し，その大きさの順に書け。
　　ヒント　図7-12　参照

3) 粘弾性体の挙動を示す模型を示せ。
　　ヒント　図7-9　参照

4) ポリスチレン（ア），鉄（イ），ゴム（ウ），ナイロン（エ）の4つのS-S曲線A-Dがある。対応するS-S曲線を図A-Dより選べ。

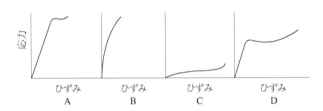

　　ヒント　表7-1と図7-9　参照

5) スーパーエンジニアリングプラスチック（スーパーエンプラ）とはどんな高分子か。
　　ヒント　5.2　プラスチック　参照

6) 液晶高分子をつくるにはどんな化学構造を主鎖に導入すべきか。
　　ヒント　6．液晶高分子　参照

7) ポリエチレンとケブラーとの類似点と相違点を示せ。
　　ヒント　5.1　繊維　参照

8) 高分子鎖がからみ合っていることを示す実験例を示せ。
　　ヒント　図7-25，図7-26　参照

第8章に関する問題

ポイント ゴムの性質を学ぶとともに，化学構造の違いにより高分子の性質が変わることを理解する。

1) 天然ゴムはイソプレンからなることが知られている。その構造単位は次のいずれかを記号で示し，その構造単位を化学式で書け。
   (a) 1,4トランス　　(b) 1,2　　(c) 3,4　　(d) 1,4シス
   ヒント 図8-3　参照

2) ゴムは変形しやすい。鉄鋼と比べてヤング率は大きいか小さいか。
   ヒント 表7-1　参照

3) おもりをぶら下げたゴムひもを加熱すると，ひもは伸びるか縮むか。なぜそう考えたかを述べよ。
   ヒント 図8-6　参照

4) エンタルピー弾性とエントロピー弾性の差異を述べよ。
   ヒント 3．結晶弾性とゴム弾性　参照

5) ポリクロロプレンゴムのボールは大きく弾むが，ポリノルボルネンゴムは弾まない。その理由を示せ。
   ヒント 4．ゴムの種類と化学構造　参照

6) ゴムはなぜ加硫が必要かを示せ。
   ヒント 図8-5　参照

第9章に関する問題

ポイント 高分子の結晶領域での構造を理解し，その性質を学ぶ。

1) 次の結晶の具体例を示せ。
   (a) イオン結晶　　(b) 金属結晶　　(c) 共有結合結晶　　(d) 水素結合結晶
   ヒント 2．固体と結晶　参照

2）分子結晶とはどんなものか，具体例を示せ。
　　ヒント　2．固体と結晶　参照

3）高分子が結晶を構成する際，鎖間に作用する分子内因子を列挙せよ。
　　ヒント　3．結晶領域における高分子の立体構造　参照

4）ポリテトラフルオロエチレンの結晶領域の分子鎖はポリエチレンのように平面ジグザグの構造ではない。その結晶領域の構造を示し，平面ジグザグからずれる理由を述べよ。
　　ヒント　3．結晶領域における高分子の立体構造　参照

5）ポリエチレンの結晶領域は平面ジグザグ構造であるが，ポリプロピレンの結晶領域はらせん構造をとる。その理由を示せ。
　　ヒント　4．化学構造と結晶性　参照

6）ポリフッ化ビニリデンにはⅠ型，Ⅱ型，Ⅲ型の三つの結晶構造が可能である。結晶構造の違いはどこから生じるかを示せ。
　　ヒント　図9-6　参照

7）ビニル化合物から得られるポリマーは立体規則性高分子からなる場合が多いが，アタクチック高分子でも結晶性高分子になる場合がある。その例を示し，結晶性になる理由を述べよ。
　　ヒント　4．化学構造と結晶性　参照

8）結晶化度の測定法を列挙せよ。
　　ヒント　5．結晶化度　参照

9）結晶領域と非晶領域の密度はどちらが大きいか。
　　ヒント　5．結晶化度　参照

10）低分子化合物は完全な結晶になるが，高分子化合物は完全に結晶にするのはむずかしい。その理由を示せ。
　　ヒント　6．非晶　参照

第10章に関する問題

ポイント 高分子化合物はどのようにしてつくるのか，その化学反応を理解する。

1) 官能基とは何か。
   ヒント 1．はじめに　参照

2) π 結合と σ 結合の違いを示せ。
   ヒント 図10-3　参照

3) π 結合を有する化合物から高分子を合成する際の重合活性種には，どんなものがあるか。
   ヒント 図10-4　参照

4) 重合活性種とはどんなものか。
   ヒント 2.1　不飽和結合の付加反応　参照

5) 非連鎖重合と連鎖重合についてそれぞれ1例を示し，重合挙動の相違点を示せ。
   ヒント 表10-2　参照

6) ポリウレタンを合成するにはどのようなモノマーを用いたらよいか。モノマーの化学式と生じた高分子の繰り返し単位の構造を書け。
   ヒント 式11　参照

7) 開環重合で得られる高分子を2例示せ。
   ヒント 3．環状化合物の開裂　参照

8) 付加縮合とはどんな重合か。その例を示せ。
   ヒント 4.4　付加縮合　参照

9) フェノール樹脂は何から合成したものか。どのような高分子が生じるかを述べよ。
   ヒント 式(13)～(15)参照

10) リビング重合とはどんな重合か。どうすればリビング重合であることが分かるか。
    ヒント 5．高分子合成の特徴　参照

11) 高分子合成は三つのタイプに分類できる。重合 (a) 〜 (d) で生成する高分子を書き，いずれのタイプに属するかを示せ。

(a)
$$CH_2=CH(OCOCH_3) \xrightarrow[\text{ベンゼン中　60℃}]{\text{2,2'-アゾビスイソブチロニトリル}}$$

(b)
$$HOCH_2CH_2OH + HOOC-C_6H_4-COOH \xrightarrow{H^+}$$

(c)
$$CH_2=CH(C_6H_5) \xrightarrow[C_6H_6,\ 10℃]{\text{ブチルリチウム}}$$

(d)
$$CH_2=CH(O-C_4H_9) \xrightarrow[CH_2Cl_2,\ 10℃]{SnCl_4,\ \text{共触媒}}$$

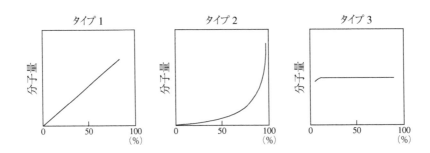

タイプ1　タイプ2　タイプ3

ヒント　図10-4　参照

第11章に関する問題

ポイント 高分子がどのようにしてつくられるかを把握するため，連鎖重合の特徴とそのいろいろな機構を理解する。

1) ラジカル重合の代表的開始剤を二つ示し，どのようにしてラジカルが生成するかを示せ。
   ヒント 2．ラジカル重合　参照

2) ラジカル重合を決める四つの素過程とはどのようなものか，開始剤を I，モノマーを M として示せ。
   ヒント 2．ラジカル重合，式(5)　参照

3) ラジカル重合は重合活性種がラジカルである。それを実証するにはどのような方法があるか。
   ヒント 図11-4，式(20)の重合禁止剤　参照

4) 共重合とはどんな重合で，その意義は何か。
   ヒント 3．ラジカル共重合　参照

5) スチレンとメタクリル酸メチルとを等モルで共重合するとき，どんな組成の共重合体が得られるか？ スチレンを M_1，メタクリル酸メチルを M_2 とした時の，$r_1 = 0.52$，$r_2 = 0.46$ である。
   ヒント 3.2　組成の制御　参照

6) 次の開始剤はどのような重合の際に用いる開始剤か，それぞれの化学構造式を書け。
   (a) ブチルリチウム
   (b) 過酸化ベンゾイル
   (c) 塩化アルミニウム
   (d) 2,2'-アゾビスイソブチロニトリル
   ヒント 2．ラジカル重合，4.2　カチオン重合，4.3　アニオン重合　参照。

7) イオン重合の特徴を示せ。ラジカル重合とどんなところが異なるか。
   ヒント 4.1　イオン重合の特徴　参照

8）次のモノマーでカチオン重合しないモノマーを選べ。また選んだ理由を述べよ。
   (a) スチレン　　(b) メチルビニルエーテル　　(c) アクリロニトリル
   (d) イソブチレン
   ヒント　表11-3　参照

9）カチオン重合に利用されているカチオン重合開始剤を2種類示せ。
   ヒント　4.2　カチオン重合　参照

10）アニオン重合で使用されている典型的な開始剤を示せ。
   ヒント　表11-4　参照

11）アニオン重合開始剤は大きく二つに分類される。おのおのの代表的な開始剤でスチレンを重合した際の重合挙動を示せ。
   ヒント　4.3.1　開始剤とモノマー　参照

12）スチレンとイソプレンのブロック共重合体を作りたい。どんな方法があるか。
   ヒント　4.3.2　リビングアニオン重合　参照

13）ポリプロピレンの立体規則性高分子はいかにして合成するか。
   ヒント　5．配位重合　参照

14）不斉誘導重合の例を示せ。
   ヒント　式（44）参照

15）立体規則性のポリプロピレンを作りたい。どのような触媒を用いるとよいか。
   ヒント　5　配位重合　参照

16）カミンスキー触媒とはどんな触媒で，どんな特徴を有するか。
   ヒント　図11-11　参照

17）ポリアセチレンを作りたい。どのような開始剤を用いたらよいか。その開始剤の特徴を述べよ。
   ヒント　式（46）参照

18）リビング重合の可能性を開いた開始剤とはどんなものか，2例を示し，その一つでスチレンを重合し，リビング重合になることを示せ。
　　ヒント　6.2a）　参照

19）NMPとはどんな重合か。その重合に使用される開始剤を3種類あげ，その一つによるスチレンのリビング重合について述べよ。
　　ヒント　6.2b）　参照

20）可逆的付加開裂型連鎖移動重合にはどんな重合があるか。
　　ヒント　6.3　参照

21）RAFT重合とはどんな重合か。なぜRAFTという略号がついているのか説明せよ。
　　ヒント　6.3.1　参照

22）TERPとはどんな重合か。その開始剤の一般式を書け。
　　ヒント　6.3.2　参照

23）TERPの特徴を示す高分子合成例を示せ。
　　ヒント　図11-20　参照

24）原子移動重合とはどんな重合か。何がその駆動力になっているのかを述べよ。
　　ヒント　6.4　参照

25）原子移動重合を誘発する金属錯体を示し，メタクリル酸メチルの重合を示せ。
　　ヒント　図11-22および図11-24　参照

26）メタセシス触媒によってシクロペンテンを重合した際に得られるポリマーの繰り返し単位を書け。
　　ヒント　7.2　配位重合（メタセシス重合）　参照

27）ポリε-カプロラクタムを合成せよ。ポリε-カプロラクトンとの高分子生成機構の違いを述べよ。
　　ヒント　式(56)と式(57)　参照

28）ラジカル開始剤で開環重合が起こる例を示せ。また，モノマーの特徴を述べよ。
　　ヒント　7.3　ラジカル重合　参照

第12章に関する問題

ポイント　非連鎖重合の機構とその特徴を理解する。

1） 非連鎖重合において，反応度 $p=0.99$ の時の重合度を求めよ。
　　ヒント　式（2）を用いる

2） 重縮合で高分子量にするにはどんな重合条件下で行うのがよいか。
　　ヒント　2.3　分子量制御　参照

3） 重縮合反応で高分子合成する際の重合率と重合度との関係を図示せよ。
　　ヒント　式（2）を用いて図示

4） 重縮合による高分子合成法にはどんな方法が用いられるか。
　　ヒント　3．重合法とその改良　参照

5） 溶融重縮合の際に，高重合度の高分子を得るために配慮すべき点を示せ。
　　ヒント　3.1　溶融重合　参照

6） 固相重縮合の利点は何か。
　　ヒント　3.2　固相重縮合　参照

7） アジピン酸ジクロリドを四塩化炭素に溶かし，これにヘキサメチレンジアミンを水酸化ナトリウムの水溶液に溶解した液体と混ぜると界面に何ができるか。反応を化学式で書け。
　　ヒント　3.4　界面重合　参照

8） 界面重縮合の特徴と利点を示せ。
　　ヒント　3.4　界面重合　参照

9） 活性化エステル法とはどんな方法で，どんな利点があるか。
　　ヒント　3.6　活性化エステル法　参照

10） クロスカップリングとはどんな化学反応か。それを利用した高分子合成を2例示せ。
　　ヒント　3.8.1　クロスカップリング重合　参照

11) 直接アリール重合にはどんな利点があるかを述べよ。
   ヒント　3.8.2　直接アリール重合　参照

12) 縮合重合での高分子合成は非連鎖と考えられていたが，連鎖的重合も見いだされている。どのような場合であるかを示せ。
   ヒント　4.2　連鎖的重縮合　参照

13) デンドリマーの合成には，二つの方法が採用されている。その二つの方法とはどのような方法かを示せ。
   ヒント　4.3　デンドリマー　参照

第13章に関する問題

ポイント　生体の維持に必要な，タンパク質，核酸，糖鎖高分子の構造と機能を理解する。

1) ペプチド結合とはどんな結合か。
   ヒント　2.1　タンパク質の化学構造　参照

2) タンパク質は球状になったり，らせん状になったりする。このような構造を安定化するのに，どのような分子内相互作用が働くか。
   ヒント　図13-5　参照

3) 絹も羊毛もタンパク質からなる。その違いを，タンパク質の化学構造という観点から論ぜよ。
   ヒント　2.2　タンパク質の立体構造と機能　参照

4) 次の文章の空欄を埋めよ。
   タンパク質は（　A　）種類のアミノ酸からなる。そのアミノ酸から重合度100のタンパク質を合成しようとすると，（　B　）種類の構造の違ったタンパク質が可能である。したがって，実験室では，一段階ずつくり返しつないだ方法が考案された。そのタンパク質合成法は（　C　）法といわれている。
   ヒント　2.　タンパク質　参照

5) ヌクレオシドとヌクレオチドの相違点を述べよ。
   ヒント　3.1　核酸の成分　参照

6) DNAとRNAとの違いを化学構造で示せ。
　　ヒント　図13-12 および 図13-13　参照

7) DNAが二重らせんをとるのは塩基対の作用による。塩基対がどのような相互作用をしているかを図示せよ。
　　ヒント　図13-14　参照

8) α-D-グルコースとβ-D-グルコースとの相違点を示し，セルロースはいずれのグルコースからできたものかを示せ。
　　ヒント　図13-18　参照

9) 次の文章の空欄を埋めよ。
　　セルロースは（　A　）の構造単位よりなり，その組成式は（　B　）と同じであるが，性質は著しく異なる。それは，（　C　）の違いによるもので，その主な原因は（　D　）結合により，分子間相互作用が強くなったことによる。
　　ヒント　4.1　セルロース　参照

10) アミロースとアミロペクチンの類似点と相違点を示せ。
　　ヒント　4.2　デンプン　参照

11) キチンとキトサンの違いを論ぜよ。
　　ヒント　4.3　キチンとキトサン　参照

第14章に関する問題

ポイント　高分子の絶縁性，導電性について理解する。

1) 次の化合物を，絶縁体，半導体，導体に分類せよ。
　　A) 銅　B) ポリスチレン　C) ガラス　D) シリコン　E) ナイロン
　　ヒント　図14-1　参照

2) 電気製品において高分子は絶縁材料として広く利用されている。そのための高分子絶縁材料に要求される条件を述べよ。
　　ヒント　2.1　誘電性　参照

3）強誘電性とは何か。
　　ヒント　2.2　強誘電性　参照

4）強誘電性を示すポリマーを二つ示せ。
　　ヒント　2.2　強誘電性　参照

5）強誘電性を示す高分子の特徴を述べよ。
　　ヒント　2.2　強誘電性　参照

6）キュリー点とは何か。
　　ヒント　2.2　強誘電性　参照

7）導電性高分子を示し，その特徴を述べよ。
　　ヒント　3．導電性高分子　参照

8）ポリアセチレンの化学構造を示し，導電性にするためにはどのようなことが必要かを述べよ。
　　ヒント　図14-7　参照

9）ドーパントとは何か。それを入れると，何が起こるかを具体的な例で示せ。
　　ヒント　3.1　導電性高分子　参照

10）ポリマーバッテリーとはどういうものか。
　　ヒント　3.1　導電性高分子　参照

11）ポリアニリン・リチウム二次電池の充・放電での電極反応の様子を示せ。
　　ヒント　図14-12　参照

12）イオン伝導性高分子の具体例を示し，高分子のどんな性質を利用したものかを示せ。
　　ヒント　3.2　イオン伝導性高分子　参照

第15章に関する問題

ポイント 高分子と環境の関わりを理解し，いまどのような高分子が開発されて，どのように環境保全に貢献しているかを学ぶ。

1) 環境調和型高分子とは，どのようなことを考慮に入れてつくられた高分子が望まれるのか。
   ヒント　1．はじめに　参照

2) 生分解性高分子は合成方法によって三つの方法に分類できる。三つの方法とはどんな方法かを述べよ。
   ヒント　表15-1　参照

3) 化学的手法でつくられる生分解性高分子を2種類示せ。
   ヒント　図15-5　参照

4) 醗酵法でつくった高分子を二つ示せ。
   ヒント　図15-9　参照

5) バクテリアセルロースとはどのような方法で作られたセルロースか。
   ヒント　2.4　微生物を使った高分子合成　参照

6) 高吸水性ポリマーにはどんな高分子が活用されているか。その特徴を述べよ。
   ヒント　3.2　高吸水性ポリマー　参照

7) 多孔質とはどんなものか。
   ヒント　4．分離膜　参照

8) 高分子膜は気体の浄化に使われる。それは高分子のどのような性質を利用したものか。
   ヒント　4.1 気体の浄化　参照

9) 廃棄ガスからCO_2を分離するのに使用できる膜にはどのようなものがあるか。
   ヒント　図15-17　参照

10) 二酸化炭素を原料に用いて合成された高分子を2例示せ。
    ヒント　5．二酸化炭素から作られる高分子　参照

11）下限臨界溶液温度とはどんな温度か。ポリ-N-イソプロピルアクリルアミドでそのような現象が起こる理由を述べよ。
　　ヒント　図 15-23　参照

12）リビングカチオン重合で分子量分布を狭くすることによって，何が改善されたかを示せ。
　　ヒント　6．高分子物質の転移と刺激応答　参照

第16章に関する問題

ポイント　分子レベルで制御された新たな高分子材料とその機能を学ぶ。

1）地球の直径を1mとしたとき，ナノメートルに対応するものは何か。
　　ヒント　1．ナノテクノロジーとは何か　参照

2）ナノテクノロジーのお手本になるものがある。その例を示せ。
　　ヒント　1．ナノテクノロジーとは何か　参照

3）フラーレンとはどんな物質か。ダイヤモンドやグラファイトとの違いを述べよ。
　　ヒント　2．ナノテクノロジーの可能性を開いたすすの研究　参照

4）カーボンナノチューブの特性を述べよ。
　　ヒント　3.1　カーボンナノチューブ　参照

5）シクロデキストリンとはどんな物質か。それを使ってチューブ状高分子にするにはどうすれば良いか。
　　ヒント　3.2　チューブ状高分子　参照

6）マクロモノマーとはどんな分子か。
　　ヒント　4.1　マクロモノマーの利用　参照

7）マクロモノマーで均一なナノ微粒子を作る方法を示せ。
　　ヒント　4.1　マクロモノマーの利用　参照

8）デンドリマーとは何か。
　　ヒント　4.2　デンドリマーによるナノ粒子　参照

9) デンドリマーの合成法に二つの方法がある。それを示せ。
   ヒント　12章4.3　デンドリマー　参照

10) A-Bタイプのブロック共重合体でラメラ層にするには，どのような割合がよいか。
    ヒント　5.1　ナノ界面　参照

11) 表面開始リビング重合とはどんな重合か。
    ヒント　図16-17　参照

第17章に関する問題

ポイント　超分子とはどんなものか理解し，その展開を学ぶ。

1) 超分子とはどんな分子か。
   ヒント　1．超分子とは　参照

2) 超分子を作り出す非共有結合性分子間相互作用にはどんなものがあるか。
   ヒント　1．超分子とは　参照

3) ロタキサンとはどんな分子か。その概念図を書け。
   ヒント　2.1　ロタキサン　参照

4) カテナンとはどんな分子か。その概念図を書け。
   ヒント　2.2　カテナン　参照

5) 環動ゲルとはどんなものかを述べ，他のゲルとの違いを示せ。
   ヒント　3.1　環動ゲル　参照

6) アクチュエーターとはどんなエネルギー変換を利用したものか。
   ヒント　3.2　アクチュエーター　参照

7) 自己修復高分子を作るにあたり求められる条件を示せ。
   ヒント　4.1　修復性高分子に求められる条件　参照

8) ホスト-ゲスト相互作用を示すシクロデキストリンとはどんな化合物か。
   ヒント　12章コラム「自己組織化と超分子ポリマー」参照

9) シクロデキストリンにはα, β, γが知られている。それは何をもとにした分類か。
   ヒント　12章コラム「自己組織化と超分子ポリマー」参照

10) アダマンタンと包摂化合物を作るのはどのシクロデキストリンか。
    ヒント　4.2 (a) 自己修復　参照

11) β-シクロデキストリンとアダマンタンを側鎖にもつアクリルアミド共重合体のゲルの強度について、その特徴を述べよ。
    ヒント　4.2 (a) 自己修復　参照

12) β-シクロデキストリンとアダマンタンを側鎖にもつアクリルアミド共重合体のゲルはコーティング材として注目されている。その理由を述べよ。
    ヒント　4.2 (b) コーティング材の自己修復　参照

参考書籍一覧

　本書の作製にあたっては下記の本を参考にさせていただいた。本書は高分子化学の入門書であり，厳密さよりも分かりやすさに重点をおいた。個々の事象をもう少し詳しく勉強したい読者のために，参考書を下記のように分類して，紹介しておく。

高分子化学（科学）全般にわたるもの

P. J. フローリ（岡　小天，金丸　競訳）：「高分子化学（上，下）」，丸善，(1955・1956)．
土田英俊：「高分子の科学」，培風館，(1975)．
牧　広監修：「高分子の本質」，地人書店，(1988)．
中浜精一，野瀬卓平，秋山三郎，讃井浩平，辻田義治，土井正男，堀江一之：「エッセンシャル高分子科学」，講談社，(1988)．
藤重昇永：「機能性高分子材料の基礎」，工業調査会，(1990)．
井上祥平，宮田清蔵：「高分子材料の化学」第2版，丸善，(1993)．
村橋俊介，藤田　博，小高忠男，蒲池幹治編著：「高分子化学」第4版，共立出版，(1993)．
高分子学会編：「高分子科学の基礎」，東京化学同人，(1994)．
伊勢典夫，今西幸男，川端季雄，砂本順三，東村敏延，山川裕己，山本雅英：「新高分子化学序論」，化学同人，(1995)．
野瀬卓平，中浜精一，宮田清蔵：「大学院高分子科学」，講談社，(1997)．
文部科学省大学共同利用機関メディア教育開発センター：「ポリマーサイエンス」，CD-ROM使用，放送大学教育振興会，(2002)．
妹尾　学，栗田公夫，矢野彰一郎，澤口孝志：基礎高分子科学，共立出版，(2005)．
西久保忠臣編：高分子化学，オーム社，(2011)．
柴田充弘：基本高分子化学，三共出版，(2012)．
東　信行，松本章一，西野　隆：高分子科学，講談社，(2016)．
功刀　滋：高分子のはなし，三共出版，(2018)．

高分子材料全般にわたるもの

小林四郎編著：「高分子材料化学」，朝倉書店，(1994)．
安田　源，石川満夫：「最先端高分子」，三田出版会，(1994)．

今井淑夫, 岩田　薫：「高分子構造材料の化学」, 朝倉書店, (1998).
竹本喜一：「高分子材料化学」, 丸善, (1999).
M.A.White（稲葉　章訳）：「材料科学の基礎」, 東京化学同人, (2000).
宮下徳治：「コンパクト高分子化学」, 三共出版, (2000).
川上浩良：「工学のための高分子材料化学」, サイエンス社, (2001).
吉田泰彦, 萩原時男, 竹市　力, 手塚育志, 米津宣行, 長崎幸夫, 石井　茂：「高分子材料の化学」, 三共出版, (2001).
尾崎邦宏監修, 松浦一雄編著：「高分子材料最前線」, 工業調査会, (2002).
尾崎邦宏監修, 松浦一雄編著：「高分子材料が一番わかる」, 技術評論社, (2011).

第1章
スタウディンガー（小林義郎訳）：「研究回顧」, 岩波書店, (1966).
藤重昇永：「身の回りの高分子」, 東京化学同人, (1992).
高分子学会編：「高分子新素材写真集」, 高分子素材 one point 別巻, (1992).
横田健二：「高分子を学ぼう」, 化学同人, (1999).
竹内茂弥, 北野博巳：「ひろがる高分子の世界」, 裳華房, (2000).

第2章
R.B.シーモア, C.E.キャラハー（西　敏夫訳）：「巨大分子」, マグロウヒル, (1991).
高分子学会編：「ニューポリマーサイエンス」, 講談社, (1993).
松下裕秀：「高分子凝集系の構造特性」（高分子の構造と物性 3章（松下裕秀編集））, 講談社 (2013).

第3章
L.メンデルカーン（高橋　彰, 加藤忠哉, 川口正美訳）：「高分子の科学」, 共立出版, (1985).
C.ブランデン, J.トーズ（勝部幸輝, 松原　央, 松原謙一監修, 勝部幸輝, 他訳）：「タンパク質の構造入門」, KYOUIKUSHA, (1992).
佐藤尚弘：「高分子鎖の分子形態」（高分子の構造と物性 1章（松下裕秀編集））, 講談社 (2013).

第4章
高分子学会編：「高分子測定法　構造と物性（上）」, 培風館, (1973).
塩見友雄, 五十野善信, 手塚育志：「高分子の分子量」（高分子サイエンス　one point- 1）, 共立出版, (1992).
畑田耕一, 寺脇義男, 北山辰樹, 佐藤寿弥, 堀井文敬, 他：Polym.J., 35, 393 (2003).；「高分子論文集」, 49, 335 (1992).
高分子学会編：「高分子実験の基礎」―分子特性解析, 共立出版, (1993).
高分子学会編：「散乱実験と形態観察」, 共立出版, (1993).
丹羽利充編著：「最新のマススペクトロメトリー」, 化学同人, (1995).
伊藤耕三：「ネットワークの構造と性質」（高分子の構造と物性 5章（松下裕秀編集））, 講談社 (2013).

第5章
中島章夫，細野正夫：「高分子の分子物性（上，下）」，化学同人，（1969）．
綱島良祐：「高分子の溶液」(高分子サイエンス one point- 3)，共立出版，（1993）．
佐藤尚弘：「溶液物性」(高分子の構造と物性 2章（松下裕秀編集）) 講談社（2013）．

第6章
中島章夫，細野正夫：「高分子の分子物性（上，下）」，化学同人，（1969）．
松重和美，船津和守：「高分子の熱物性」(高分子サイエンス one point- 7)，共立出版，（1995）．
高分子学会編：「高分子の物性（1）」(新高分子実験学 8)，共立出版，（1996）．
金谷利治：「高分子の結晶構造と非晶構造」(高分子の構造と物性 4章（松下裕秀編集）)，講談社（2013）．

第7章
岡　小天：「レオロジー入門」，工業調査会，（1970）．
村上謙吉：「やさしいレオロジー」，産業図書，（1985）．
小出直之，坂本国輔：「液晶ポリマー」(高分子サイエンス one point-10)，共立出版，（1988）．
功刀利夫，太田利彦，矢吹和之：「高強度・高弾性繊維」(高分子新素材 one point- 9)，共立出版，（1989）．
足立桂一郎：「高分子の制御構造」(高分子サイエンス one point- 2)，共立出版，（1993）．
末広純一：「液晶ポリマー」，シグマ出版，（1995）．
根本紀夫，高原　淳：「高分子の力学物性」(高分子サイエンス one point- 6)，共立出版，（1996）．
高分子学会編：「高分子の物性（1）」(新高分子実験学 8)，共立出版，（1996）．
渡辺　宏：「絡み合い現象と粘弾性」(高分子の構造と物性 6章（松下裕秀編集）)，講談社（2013）．
田中敬二：「高分子の固体物性」(高分子の構造と物性 7章7.1（松下裕秀編集）)，講談社（2013）．
井上正志：「高分子の固体物性」(高分子の構造と物性 7章7.3（松下裕秀編集）)，講談社（2013）．

第8章
山下晋三，小松公榮，他：「エラストマー」(高分子新素材 one point-19)，共立出版，（1989）．
久保亮五：「ゴム弾性」，裳華房，（1996）．
こうじや信三：「天然高分子の歴史　ヘベア樹の世界一周オデッセイから「交通化社会」へ」，京都大学出版会，（2012）．

第9章
田所宏行：「高分子の構造」，化学同人，（1976）．
高分子学会編：「高分子物性の基礎」(高分子機能シリーズ 2)，共立出版，（1993）．
高分子学会編：「高分子の構造（2）」(新高分子実験学 6)，共立出版，（1996）．
高分子学会編：「高分子の物性（3）」(新高分子実験学 7)，共立出版，（1997）．
奥居徳昌：「高分子構造Ⅱ：高分子の結晶化」(高分子基礎科学 One Point 8)，高分子学会編，共立出版，（2015）．
金谷利治：「高分子の結晶構造と非晶構造」(高分子の構造と物性 4章（松下裕秀編集）)，講談社（2013）．

第10章～第12章（高分子合成）

大津隆行：「改訂　高分子合成の化学」，化学同人，(1985)．
鶴田禎二，川上雄資：「高分子設計」，日刊工業新聞社，(1992)．
山下雄也監修：「高分子合成化学」，東京電機大学出版局，(1995)．
高分子学会：「高分子の合成と反応（1）」（高分子機能材料シリーズ1），共立出版，(1992)．
高分子学会：「高分子の合成と反応（2）」（高分子機能材料シリーズ2），共立出版，(1992)．
日本化学会編：「前周期遷移金属の有機化学」，学会出版センター，(1993)．
小林四郎：高分子，42，308(1993)；高分子，48，124(1999)
高分子学会編：「高分子の合成（1）」（新高分子実験学2），共立出版，(1995)．
井上祥平：「高分子合成化学」，裳華房，(1996)．
蒲池幹治，遠藤　剛：「ラジカル重合ハンドブック」，エヌ・ティー・エス，(1999)．
遠藤　剛，三田文雄：「高分子合成化学」，化学同人，(2001)．
遠藤　剛編：「高分子合成化学」上，講談社，(2010)．
　　上垣外正巳，佐藤浩太郎著：澤本光男監修：ラジカル重合
　　青島貞人，金岡鐘局著：澤本光男監修：カチオン重合
　　平尾　明，杉山賢次：アニオン重合
遠藤　剛編：「高分子合成化学」下，講談社，(2010)．
　　遠藤　剛，須藤　篤：開環重合
　　上田　充，木村邦生，横澤　勉：重縮合
　　塩野　毅，中山祐正，蔡　正国：配位重合
上垣外正巳，佐藤浩太郎：「精密重合Ⅰ：ラジカル重合」（高分子基礎科学　One Point 1），高分子学会編，共立出版，(2015)．
中　健介編著：「精密重合Ⅱ：イオン・配位・開環・逐次重合」（高分子基礎科学　One Point 2），高分子学会編，共立出版，(2015)．
日本化学会編：「精密重合が拓く高分子合成」，CSJ Current Review 20，化学同人，(2016)．
脇岡正幸，小澤文昭：「パラジウム触媒直接アリール化重合（DArP）の開発」，有機合成化学協会誌，75，810(2017)．

第13章

井上祥平：「生体高分子―機能とそのモデル」，化学同人，(1984)．
油谷克英，中村春木：「タンパク質工学」，朝倉書店，(1991)．
高分子学会編：「生命工学材料」（高分子機能材料シリーズ8），共立出版，(1994)．
西村紳一郎，畑中研一，佐藤智典，和田健彦：「生命高分子科学入門」，講談社，(1999)．

第14章

白川英樹，山邊時雄編：「合成金属」（化学増刊87），化学同人，(1980)．
和田八三九：「高分子の電気物性」，裳華房，(1987)．
吉村　進：「導電性ポリマー」（高分子新素材　one point- 5），共立出版，(1987)．

佐藤文彦, 他：「耐熱・絶縁材料」(高分子新素材　one point- 7), 共立出版, (1988).
宮田清蔵, 古川猛夫, 他：「強誘電ポリマー」(高分子新素材　one point-14), 共立出版, (1988).
山下晋三, 小松公榮, 他：「エラストマー」(高分子新素材　one point-19), 共立出版, (1989).
山本隆一, 松永 孜：「ポリマーバッテリー」(高分子新素材　one point-27), 共立出版, (1990).
高分子学会編：「電子機能材料」(高分子機能材料シリーズ 6), 共立出版, (1992).
高分子学会編：「高分子の物性（2）」(新高分子実験学 9), 共立出版, (1998).
赤木和夫, 田中一義：「白川英樹博士と導電性高分子」, 化学同人, (2001).
高分子学会燃料電池材料研究会編：「燃料電池と高分子」(最先端材料システム　One Point 1),
高分子学会編, 共立出版, (2012).
渡辺　宏：「高分子固体の誘電特性」(高分子の構造と物性 7 章2.1(松下裕秀編集)), 講談社 (2013).
伊藤耕三, 下村武史：「高分子固体の導電性」(高分子の構造と物性 7 章2.2(松下裕秀編集)), 講談社（2013）.
「最先端電池と材料」(高分子基礎科学　One Ponet 5), 高分子学会編, 共立出版, (2015).

第15章
仲川　勤：「分離膜―基礎から応用まで―」, 産業図書, (1987).
増田房義：「高吸水性ポリマー」(高分子新素材　one point- 4), 共立出版, (1989).
荻野一善, 長田義仁, 伏見隆夫, 山内愛造：「ゲル」, 産業図書, (1990).
筏　義人編：「生分解性高分子」, 高分子刊行会, (1994).
高分子学会編：「分離・輸送機能材料」(高分子機能材料シリーズ 1), 共立出版, (1994).
望月政嗣：「生分解性ポリマーの話」, 日刊工業新聞, (1995).
土肥義治編：「生分解性プラスチックハンドブック」, エヌ・ティー・エス, (1995).
吉田　亮：「高分子ゲル(高分子先端材料　one point- 2)」, 高分子学会, (2004).
辺見昌弘：「水処理技術」「高分子膜を用いた環境技術」(最先端材料システム　One Point 4)
4章, 高分子学会編, 共立出版, (2012).

第16章
国武豊喜監修：「ナノマテリアルハンドブック」, エヌ・ティー・エス, (2005).
西　敏夫, 中島　健：「高分子ナノ材料(高分子先端材料　one point- 4)」, 高分子学会, (2005).
榊　裕之：「ナノテクノロジー」, かんき出版, (2004).
小林直哉：「図解雑学　ナノテクノロジー」, ナツメ社, (2003).
G. Timp 編（廣瀬千秋訳）:「翻訳版 Nanotechnology」, エヌ・ティー・エス, (2002).
岡田鉦彦編著：「デンドリマーの科学と機能」, アイピーシー, (2000).
青井啓悟, 柿本雅明監修：「デンドリティック高分子～多分岐構造が拡げる高機能化の
　　　　　　　　　世界～」, エヌ・ティー・エス, (2005).
中嶋直敏, 藤ヶ崎剛彦：「カーボンナノチューブ・グラフェン」(最先端材料システム　One Point 1),
高分子学会編, 共立出版, (2012).
西　敏夫, 中島　健：「ナノ材料」(高分子先端材料　One Point 4), 高分子学会編, 共立出版, (2015).

辻井敬亘，大野工司，榊原圭太：「ポリマーブラシ」（高分子基礎科学　One Point 5），高分子学会編，共立出版，（2015）．
大西敏宏，小山珠美：「高分子EL材料」（高分子先端材料　One Point 6）高分子学会編，共立出版，（2015）．
山本洋平：「共役ポリマーマイクロ光共振器の開発」，18-2 ポリマーフロンティア21講演要旨集高分子学会，（2018）．
山本洋平：「共役ポリマーからなる自己組織化マイクロ球体共振器とレーザー発振」，レーザー研究 46，25（2018）．

第17章

上野昭彦：「超分子の化学」，産業図書，（1993）．
原田　明：「超高分子ポリマーの構築と機能」，有機合成協会誌，62，464（2004）．
妹尾　学，荒木孝二，大月　穣：超分子科学，東京化学同人，（2005）．
伊藤耕三：「環動ゲル」日本化学編，CSJ Current Review 1，驚異のソフトマテリアル，化学同人，（2010）．
山口政之，前田梨花：「自己修復高分子材料の設計」，未来材料，11，18（2011）．
伊藤耕三：「ネットワークの構造と性質」（高分子の構造と物性（松下裕秀編集），講談社（2013）．
中村貴志，原田　明：「イオンの有無で分子認識に基づく接着を制御する機能性ゲルの開発」，工業材料，63，51-55（2015）．
関根智子，高島義徳，橋爪章仁，山口浩靖，原田　明：「ソフトマテリアル界面における共有結合形成を利用した接着」，高分子論文集，72，573，（2015）．
中畑雅樹，高島義徳，橋爪章仁，山口浩靖，原田　明：「高分子側鎖におけるホスト－ゲスト相互作用を利用した酸化還元応答超分子材料の創製」，高分子論文集，72，573，（2015）．
原田　明，高島義徳：「光に応答する超分子マテリアル」，化学と工業，70，333，（2017）．
宮田隆志：「高分子ゲル」（高分子基礎科学　One Point 6），高分子学会編，共立出版，（2017）．
木原伸浩：超分子科学（日本化学会編，化学の要点シリーズ23），共立出版，（2017）．
吉江尚子：「強いポリマー材料をユビキタスな刺激により修復する－強度の修復性の両立」，高分子，66，503，（2017）．
青木　伸：「2016年ノーベル化学賞「分子機械」について」，化学と教育，65，86，（2017）．
原田　明：「ホスト－ゲスト相互作用による超分子マテリアルの創製」18-1 高分子学会講演要旨集，（2018）．

高分子科学に関連する内容で
ノーベル賞を受けた人たち

受賞者	年度（授賞分野分類）	対象業績
R. Zsigmondy	1925（化学）	コロイド溶液の不均一性に関する研究および現代コロイド化学における基礎的方法の創始
J. B. Perrin	1926（物理学）	物質の不連続的構造に関する研究と，とくに沈殿平衡に関する発見
T. Svedberg	1926（化学）	分散系に関する研究業績
J. B. Sumner	1946（化学）	酵素が結晶化されうることの発見
J. H. Northrop, W. M. Stanley	1946（化学）	諸酵素とウイルスタンパクの純粋調製
A. W. K. Tiselius	1948（化学）	電気泳動と吸着分析についての諸研究，とくに血清タンパクの複合性に関する諸発見
H. Staudinger	1953（化学）	鎖状高分子化合物の研究
S. Ochoa	1959（生理学医学）	RNAの合成
A. Kornberg	1959（生理学医学）	DNAの合成
M. F. Perutz, J. C. Kendrew	1962（化学）	X線解析による球状タンパク質（とくにヘモグロビン，ミオグロビン分子構造）の解明
F. H. C. Crick, J. D. Watson, M. H. F. Wilkins	1962（生理学医学）	核酸の分子構造および生体における情報伝達に対するその意義の発見
K. Ziegler, G. Natta	1963（化学）	触媒を用いた重合で不飽和炭素化合物から有機巨大分子をつくる方法の基礎研究
D. Crowfoot Hodgkin	1964（化学）	X線回折法による生体物質の分子構造の研究
F. Jacob, A. Lwoff, J. Monod	1965（生理学医学）	酵素とウイルスの合成の遺伝的制御の研究
R. W. Holley, H. G. Khorana, M. W. Nirenberg	1968（生理学医学）	遺伝情報の解読とそのタンパク質合成への役割
P. J. Flory	1974（化学）	高分子物理化学の理論，実験両面にわたる基本的な業績
R. B. Merrifield	1984（化学）	固体法による核酸の合成

受賞者	年度（授賞分野分類）	対象業績
P. G. de Gennes	1991（物理）	高分子，液晶，超伝導磁性材料の相転移現象の数学的研究
白川　英樹，A. G. MacDiarmid, A. J. Heeger	2000（化学）	導電性ポリマーの発見と開発
田中　耕一	2002（化学）	生体高分子の新構造解析法開発
Y. Chauvin, R. H. Grubbs, R. R. Schrock	2005（化学）	有機合成におけるメタセシス手法の開発
V. Ramakishnan, T. A. Steitz, A. E. Yonath	2009（化学）	リボゾームの構造と機能の研究
R. J. Lefkowitz, B. K. Kobilka	2012（化学）	タンパク質共役受容体の研究
J. Sauvage, J. F. Stoddart, B. F. Feringa	2016（化学）	分子マシンの設計と合成

プラスチックの種類，特徴，用途

化学構造とガラス転移点（T_g）や融点（T_m）との関係を考慮して，かたいものからやわらかいものまで，いろいろな性質のプラスチックがつくられている。

熱可塑性高分子

1）汎用プラスチック

化合物	ガラス転移点，融点	化学構造	主な用途
ポリエチレン（PE）	$T_g = -80℃$	$-(CH_2-CH_2)_n-$	
高密度ポリエチレン（HDPE）	$T_m = 130℃$	分岐の少ないPE	包装用フィルム，スーパーレジ袋，コンテナ
低密度ポリエチレン（LDPE）	$T_m = 105 \sim 115℃$	長鎖と短鎖分岐のPE	食品包装フィルム，電線被覆テープ
直鎖状低密度ポリエチレン（LLDPE）		短鎖分岐のあるPE（共重合体）	水道パイプ，浄化槽，ゴミ袋，製氷皿
アイソタクチックポリプロピレン（PP）	$T_g = -19℃$, $T_m = 160 \sim 165℃$	$-(CH_2-CH(CH_3))_n-$	食器，容器，自動車部品，ロープ
ポリ塩化ビニル（PVC）	$T_g = 83℃$	$-(CH_2-CH(Cl))_n-$	
軟質ポリ塩化ビニル		可塑剤添加（柔軟性付与）	フィルム，人工皮革，ホース，電線被覆
硬質ポリ塩化ビニル			桶，水道パイプ，床材，建材
ポリ塩化ビニリデン（PVDC）	$T_g = -18℃$, $T_m = $ 約$212℃$	$-(CH_2-CCl_2)_n-$	漁網，食品包装ラップ，人工芝
ポリスチレン（PS）	$T_g = 100℃$	$-(CH_2-CH(C_6H_5))_n-$	電気絶縁材料，発泡材，玩具
アクリロニトリル-スチレン樹脂（AS樹脂）	組成による変化（熱変形温度 $77 \sim 88℃$）	$-(CH_2-CH(CN))_n-(CH_2-CH(C_6H_5))_m-$	電気器具，扇風機の羽根
アクリロニトリル-ブタジエン-スチレン樹脂（ABS樹脂）	組成による変化（熱変形温度 $88 \sim 127℃$）	$-(CH-CH=CH-CH_2)_n-[(CH_2-C(CN))_p-(CH_2-CH(C_6H_5))_q]_m-$	硬質旅行鞄，自動車部品
ポリメタクリル酸メチル（PMMA）	$T_g = 105℃$	$-(CH_2-C(CH_3)(COOCH_3))_n-$	有機ガラス，透明板，光ファイバー

2）エンジニアリングプラスチック

化合物	ガラス転移点, 融点	化学構造	主な用途
ポリエチレン		$-(CH_2-CH_2)_n-$	
超高分子量ポリエチレン（UHPE）		分子量100〜800万	バルブ, 歯車, スノーモービル部品, 機械部品
ポリ-4-メチルペンテン	$T_g = 10〜30℃$, $T_m = 230〜240℃$	$-(CH_2-CH)_n-$ $\quad\quad\quad CH_2-CH(CH_3)_2$	医薬品キット容器, 電子レンジ用食器, 通気性包装材
ポリスチレン		$-(CH_2-CH)_n-$ $\quad\quad\quad C_6H_5$	
シンジオタクチックポリスチレン（SPS）	$T_g = 100℃$, $T_m = 270℃$		繊維, 網, モーター部品, 携帯情報機器, 食品トレー
ポリアミド			
ナイロン6	$T_g = 48℃$, $T_m = 220℃$	$-(HN-(CH_2)_5-\overset{O}{\underset{\|}{C}})_n-$	自動車部品, 繊維, フィルム, ロープ, 機械部品, 人工芝
ナイロン6,6	$T_g = 50℃$, $T_m = 260℃$	$-(HN-(CH_2)_6-NH-\overset{O}{\underset{\|}{C}}-(CH_2)_4-\overset{O}{\underset{\|}{C}})_n-$	自動車部品, 繊維, フィルム, ロープ, 機械部品, 人工芝
ナイロン6,10	$T_g = 46℃$, $T_m = 220℃$	$-(HN-(CH_2)_6-NH-\overset{O}{\underset{\|}{C}}-(CH_2)_8-\overset{O}{\underset{\|}{C}})_n-$	電線被覆, モノフィラメント
ナイロン6,T	$T_g = 180℃$, $T_m = 370℃$	$-(NH-(CH_2)_6-NH-\overset{O}{\underset{\|}{C}}-C_6H_4-\overset{O}{\underset{\|}{C}})_n-$	自動車冷却水系部品, ランプソケット, 表面実装部品
ナイロン9,T	$T_g = 125℃$, $T_m = 308℃$	$-(NH-(CH_2)_9-NH-\overset{O}{\underset{\|}{C}}-C_6H_4-\overset{O}{\underset{\|}{C}})_n-$	自動車冷却水系部品, ランプソケット, 表面実装部品
ナイロンMXD6	$T_g = 73℃$, $T_m = 246℃$	$-(NH-CH_2-C_6H_4-CH_2-NH-\overset{O}{\underset{\|}{C}}(CH_2)_4\overset{O}{\underset{\|}{C}})_n-$	自動車冷却水系部品, ランプソケット, 表面実装部品
ポリエステル			
ポリエチレンテレフタラート（PET）	$T_g = 81℃$, $T_m = 264℃$	$-(\overset{O}{\underset{\|}{C}}-C_6H_4-\overset{O}{\underset{\|}{C}}-O-(CH_2)_2O)_n-$	繊維, フィルム, 磁気テープ, ボトル
ポリブチレンテレフタラート（PBT）	$T_g = 35℃$, $T_m = 230℃$	$-(\overset{O}{\underset{\|}{C}}-C_6H_4-\overset{O}{\underset{\|}{C}}-O-(CH_2)_4O)_n-$	ソケット, CD-ROM, 自動車部品, ギア
ポリエチレン2,6-ナフタレンジカルボキシラート	$T_g = 115℃$, $T_m = 272℃$	$-(\overset{O}{\underset{\|}{C}}-C_{10}H_6-\overset{O}{\underset{\|}{C}}-O-CH_2CH_2)_n-$	電気絶縁材, 機械部品

化合物	ガラス転移点, 融点	化学構造	主な用途
ポリアセタール (POM)	$T_g = -68$℃, $T_m = 178$℃	$-(CH_2-O)_n-$	歯車, 軸受けなど摺動機械部品
ポリカーボナート (PC)	$T_g = 150$℃ 非晶性	(構造式: ビスフェノールA カーボネート)	哺乳瓶, ヘルメット, 風防ガラス, 窓ガラス, 包装用フィルム, 電気絶縁材, 精密機械部品, 光ディスク, 自動車バンパー
ポリフェニレンオキシド (PPO)	$T_g = 209$℃ 熱変形温度 90〜170℃	(構造式: 2,6-ジメチルフェニレンオキシド)	電子・電機部品, OA機器ハウジング, 軸受けなど機械部品, 自動車部品
フッ素樹脂 ポリテトラフルオロエチレン (PTFE)	$T_g = 117$℃, $T_m = 327$℃	$-(CF_2-CF_2)_n-$	絶縁材料, 調理器具の裏面塗装, 理化学器具, エアドーム
ポリフッ化ビニリデン (PVDF)	$T_g = -40$℃, $T_m = 170$℃	$-(CH_2-CF_2)_n-$	化学装置用バルブ, ポンプ, 高分子圧電体, 塗料

3) スーパーエンジニアリングプラスチック

化合物	ガラス転移点, 融点	化学構造	主な用途
ポリフェニレンスルフィド (PPS)	$T_g = 85$℃, $T_m = 285$℃	(構造式: $-(S-C_6H_4)_n-$)	モータードラム, 自動車部品, 精密機器部品
ポリスルホン (PSF)	$T_g = 190$℃, 非晶性	(構造式: ビスフェノールA-スルホン)	ガラス容器代替, 電子レンジ用容器, 食品容器, 人工透析膜
ポリエーテルスルホン (PES)	$T_g = 225$℃ 非晶性	(構造式: $-(O-C_6H_4-SO_2-C_6H_4)_n-$)	ICソケット, 透明導電性基板, 人工透析膜
ポリエーテルエーテルケトン (PEEK)	$T_g = 144$℃, $T_m = 335$℃	(構造式: エーテルエーテルケトン)	電線被覆, プリント基板, 航空・宇宙分野の精密部品
ポリアリラート (PBAT) Uポリマー	$T_g = 193$℃ 非晶性	(構造式: ビスフェノールA-イソ/テレフタレート)	交通信号灯インナーレンズ, 自動車用レンズ, コンタクトレンズケース, 耐熱容器
ベクトラン	$T_m = 250$℃〜340℃(x, yの比により変わる) 液晶	(構造式: $-(O-C_6H_4-CO)_x-(O-C_{10}H_6-CO)_y-$)	事務機器, 精密機器, ブラウン管, モーター軸受け
ポリイミド (PPI) カプトン	$T_g = 410$℃ 非晶性	(構造式: ピロメリットイミド)	原子力機器, 太陽電池基板, プリント回路基板, 耐熱電線

樹脂名		構造	用途
AURUM	$T_g = 250℃$, $T_m = 388℃$		フィルム, 電線被覆, プリント基板, ホットメルト接着材
ポリエーテルイミド (PEI)	$T_g = 217℃$ 非晶性		電子レンジ部品, 機内食トレー, 窓枠, 滅菌装置部品
ポリアミドイミド (PAI)	$T_g = 280℃$ 非晶性		宇宙・航空機器部品, 自動車エンジン部品, 情報機器部品

熱硬化性高分子

樹脂名	原料	構造	用途
フェノール樹脂	フェノール, CH_2O		印刷回路基板, 電気部品
アルキド樹脂	無水フタル酸, グリセリン (CH_2OH–$CHOH$–CH_2OH), $RCH=CH-R'-CO_2H$		塗料, コーティング剤, 接着剤
メラミン樹脂	メラミン, CH_2O		食器, 家具, 化粧板, 電気器具, 紙処理剤, 接着剤

樹脂名	原　料	構　造	用　途
エポキシ樹脂	CH₂-CH-CH₂〜 (エポキシ基) H₂N-R-NH₂	〜CH₂-CH-CH₂ OH 〜CH₂-CH-CH₂-N-CH₂-CH-CH₂〜 OH R N-CH₂-CH-CH₂〜 〜CH₂-CH-CH₂ OH	接着剤，被覆材，耐食品塗料，印刷回路基板，成形プラスチック
尿素樹脂	H₂N-C-NH₂　CH₂O 　　║ 　　O	〜NHC-N〔三環〕N-CNHCH₂NHC-N〔三環〕N-CNH〜 (各C=O), 下部 C=O NH〜	食器，ボタン，キャップ，日用品雑貨品，接着剤
ビスマレイミド樹脂	マレイミド-C₆H₄-CH₂-C₆H₄-マレイミド H₂N-C₆H₄-CH₂-C₆H₄-NH₂	（ビスマレイミド重合構造）	航空機一次材料，電子部品，プリント基板
シリコン樹脂	3 〜SiR₂-OH CH₃Si(OH)₃	CH₃ 　　　　│ 〜SiR₂-O-Si-O-SiR₂〜 　　　　│ 　　　　O 　　　　│ 　　　　SiR₂〜	シーリング剤，電気絶縁材料，潤滑油

市販の繊維

高分子化合物が糸になることを利用して，古くから繊維として利用されてきた。天然物を利用した繊維から合成繊維まで，いろいろな繊維がつくられている。

化合物	ガラス転移点，融点	化学構造	主な性質	
			引張り強度 (Kg/mm²)	ヤング率 (Kg/mm²)
天然繊維				
綿	溶融せず分解 $T_g > 240$	セルロース構造（CH₂OH, OH, OH）	25～80	950～1,300
麻	溶融せず分解 $T_g > 240$	セルロース構造（CH₂OH, OH, OH）	50～95	2,500～5,500
絹	溶融せず分解	ポリペプチド構造 16種のアミノ酸単位（主成分：グリシン，アラニン）	40～60	650～1,200
羊毛	溶融せず分解 $T_g > 240$	ポリペプチド構造 18種のアミノ酸単位（主成分：セリン，グルタミン酸，グリシン，システン）	15～22	130～300
人造繊維				
レーヨン	分解 $T_g > 240$	セルロース構造	20～62	800～1,500
アセテート	$T_g = 180$, $T_m = 260$	部分アセチル化セルロース構造	13～17	300～550
トリアセテート	$T_g = 180$, $T_m = 300$	トリアセチルセルロース構造（CH₂OCOCH₃, OCOCH₃, OCOCH₃）	14～16	400～550

化合物	ガラス転移点, 融点	化学構造	主な性質	
			引張り強度 (Kg/mm^2)	ヤング率 (Kg/mm^2)
合成繊維				
高弾性率ポリエチレン（HDPE）	$T_g = -80℃$, $T_m = 130℃$	$-(CH_2-CH_2)_n-$	200以上	7,000〜16,000
アイソタクチックポリプロピレン（PP）	$T_g = -19℃$, $T_m = 160〜165℃$	$-(CH_2-CH(CH_3))_n-$	61〜74	300〜1,000
ビニロン	融点不明瞭（軟化点220〜250℃）	$-(CH_2-CH-CH_2-CH-CH_2-CH)_n-$ （$O-CH_2-O$, OH）	25〜80	700〜2,900
ポリアクリロニトリル	融点前に分解, $T_g = 90℃$	$-(CH_2-CH(CN))_n-$	50〜60	260〜900
ポリ塩化ビニル	$T_g = 83℃$	$-(CH_2-CH(Cl))_n-$	25〜50	200〜550
ポリ塩化ビニリデン	$T_g = -18℃$, $T_m = 212℃$	$-(CH_2-C(Cl)_2)_n-$	13〜40	40〜200
ナイロン6	$T_g = 48℃$, $T_m = 220℃$	$-(HN-(CH_2)_5-CO)_n-$	46〜98	100〜510
ナイロン6, 6	$T_g = 50℃$, $T_m = 260℃$	$-(HN-(CH_2)_6-NH-CO-(CH_2)_4-CO)_n-$	51〜98	300〜600
ポリエチレンテレフタラート（PET）	$T_g = 81℃$, $T_m = 264℃$	$-(OC-C_6H_4-CO-O-(CH_2)_2-O)_n-$	53〜113	310〜1,100
ポリアセタール	$T_m = 167℃$	$-(CH_2-O)_n-$	152	4,100
ポリテトラフルオロエチレン（PTFE）	$T_g = 117℃$, $T_m = 327℃$	$-(CF_2-CF_2)_n-$	1〜19	50
ポリウレタン	$T_g = 24℃$, $T_m = 142〜145℃$	$-(O-(CH_2)_{10}-O-CO-NH-(CH_2)_{10}-NH-CO)_n-$	1〜20	—
	$T_g = 49℃$, $T_m = 260〜266℃$	$-(O-(CH_2)_{10}-O-CO-NH-C_6H_4-CH_2-C_6H_4-NH-CO)_n-$	20〜80	—

化合物	ガラス転移点, 融点	化学構造	主な性質	
			引張り強度 (Kg/mm^2)	ヤング率 (Kg/mm^2)
耐熱繊維				
ノメクス	370℃で分解	-[HN-C6H4-NHOC-C6H4-CO]$_n$-	58〜60	204
ケブラー	500℃で分解	-[OC-C6H4-CONH-C6H4-NH]$_n$-	280	6,400〜12,700
テクノーラ	500℃で分解	(構造式)	310	7,100
ポリベンゾイミダゾール	560℃で分解	(構造式)	67	1,340
ポリ-p-フェニレンベンゾオキサゾール	650℃で分解	(構造式)	430	46,000
ベクトラン	$T_m = 270$℃	(構造式)	290	7,055
ユーピレックス	760℃で分解	(構造式)	380	30,000
炭素繊維	3,150℃で分解	-[C]$_n$-	100	20,000〜50,000
ガラス繊維	—	-[Si-O]$_n$-	210	7,300
スチール線（ピアノ線）	—	—Fe—	200	20,000

高分子命名法

単独重合体（単条有機ポリマー）

　国際純正応用化学連合（IUPAC）高分子委員会では，いろいろな高分子の出現に際し，高分子命名法を体系化し，科学における情報交換が正しく，円滑に行われるような努力がなされている。繰り返し単位からなる有機高分子の名称は，繰り返し単位をカッコでくくり，接頭辞のポリをつけるだけである。だが，その繰り返し単位の名称は，可能なかぎり有機化学命名法の規則にしたがって命名される（構造基礎命名法）。例えば，ポリスチレンはポリ（1-フェニルエチレン）となる。しかし，ポリスチレンやポリ塩化ビニルのように，広く使われてきた慣用名があるような場合は，半体系的名称として認められている。そこで以下に科学上の活動に，こうした慣用名が認められているポリマーの名称を示す。構造式の下は半体系的名称，その下に構造基礎命名法による名称を示す。第2次情報誌として文献調査に広く利用されている Chemical Abstract では後者が採用されているので，注意されたい。

$-(CH_2CH_2)_n-$
ポリエチレン
ポリ（メチレン）

$-(C=CHCH_2CH_2)_n-$
  $|$
  CH_3
ポリイソプレン
ポリ（1-メチル-1-ブテニレン）

$-(CHCH_2)_n-$
  $|$
  $OOCCH_3$
ポリ酢酸ビニル
ポリ（1-アセトキシエチレン）

$-(CHCH_2)_n-$
  $|$
  CH_3
ポリプロピレン
ポリ（プロピレン）

$-(CHCH_2)_n-$
  $|$
  C_6H_5
ポリスチレン
ポリ（1-フェニルエチレン）

$-(CHCH_2)_n-$
  $|$
  Cl
ポリ塩化ビニル
ポリ（1-クロロエチレン）

$-(C(CH_3)_2-CH_2)_n-$
ポリイソブチレン
ポリ（1,1-ジメチルエチレン）

$-(CHCH_2)_n-$
  $|$
  CN
ポリアクリロニトリル
ポリ（1-シアノエチレン）

$-(CF_2CH_2)_n-$
ポリビニリデンフルオリド
ポリ（1,1-ジフルオロエチレン）

$-(CH=CHCH_2CH_2)_n-$
ポリブタジエン
ポリ（1-ブテニレン）

$-(CHCH_2)_n-$
  $|$
  OH
ポリビニルアルコール
ポリ（1-ヒドロキシエチレン）

$-(CF_2CF_2)_n-$
ポリテトラフルオロエチレン
ポリ（ジフルオロメチレン）

ポリビニルブチラール
ポリ[(2-プロピル-1,3-ジオキサン-4,6-ジイル)メチレン]

−(CHCH₂)−
  |
  COOCH₃ ₙ
ポリアクリル酸メチル
ポリ[1-(メトキシカルボニル)エチレン]

    CH₃
−(C−CH₂)−
    |
    COOCH₃ ₙ
ポリメタクリル酸メチル
ポリ[1-(メトキシカルボニル)-1-メチルエチレン]

−(OCH₂)−ₙ
ポリホルムアルデヒド
ポリ(オキシメチレン)

−(OCH₂CH₂)−ₙ
ポリエチレンオキシド
ポリ(オキシエチレン)

−(O−⟨phenyl⟩)−ₙ
ポリフェニレンオキシド
ポリ(オキシ-1,4-フェニレン)

−(OCH₂CH₂OOC−⟨phenyl⟩−CO)−ₙ
ポリ(エチレンテレフタラート)
ポリ(オキシエチレンオキシテレフタロイル)

−(NHCO(CH₂)₄CONH(CH₂)₆)−ₙ
ポリヘキサメチレンアジパミド
ポリ[イミノ(1,6-ジオキソヘキサメチレン)イミノヘキサメチレン]
またはポリ(イミノアジポイルイミノヘキサメチレン)

−(NHCO(CH₂)₅)−ₙ
ポリ-ε-カプロラクタム
ポリ[イミノ(1-オキソヘキサメチレン)]

共重合体

2種のモノマーAとBとからなる共重合体は，ポリマー1分子中のモノマー単位の連鎖配列の特徴に基づいて示される。モノマーは慣用，半体系的または体系的形で命名できる。

共重合体としての表現	ポリ(A-*co*-B)
ランダム共重合体	ポリ(A-*ran*-B)
交互共重合体	ポリ(A-*alt*-B)
ブロック共重合体	ポリ(A-*block*-B)
グラフト共重合体	ポリ(A-*graft*-B)

例えば，スチレンとメタクリル酸メチルの共重合体の名称は，ポリ(スチレン-*co*-メタクリル酸メチル)で表される。

命名法の詳細は，「高分子命名法」(W.V.メタノムスキー編集，高分子学会高分子命名法委員会訳)，マグロウヒル社，(1993)を参照されたい。

基本的な定数・SI基本単位と位どり接頭語・特別な名称と記号をもつSI誘導単位

基本的な定数

アボガドロ定数	$N_A = 6.025 \times 10^{23}$ mol^{-1}
気体定数	$R = 8.314$ J K^{-1} mol^{-1}
	$= 1.987$ cal K^{-1} mol^{-1}
	$= 8.206 \times 10^{-5}$ m^3 atm K^{-1} mol^{-1}
ファラデー定数	$F = 9.648 \times 10^4$ C mol^{-1}
真空中の光速度	$c = 2.998 \times 10^8$ ms^{-1}
電気素量	$e = 1.602 \times 10^{-19}$ C
理想気体の標準モル体積	$V_0 = 2.241 \times 10^{-2}$ m^3 mol^{-1}
セルシウス目盛のゼロ	$T_0 = 273.15$ K
自由落下の標準加速度	$g_n = 9.807$ ms^{-2}

SI基本単位(左)と位どり接頭語

物理量	単位(名称)	大きさ	記号	大きさ	記号
長さ	m (メートル)	10^{-1}	d (デシ)	10	da (デカ)
質量	kg (キログラム)	10^{-2}	c (センチ)	10^2	h (ヘクト)
時間	s (秒)	10^{-3}	m (ミリ)	10^3	k (キロ)
電流	A (アンペア)	10^{-6}	μ (マイクロ)	10^6	M (メガ)
温度	K (ケルビン)	10^{-9}	n (ナノ)	10^9	G (ギガ)
物質量(モル数)	mol (モル)	10^{-12}	p (ピコ)	10^{12}	T (テラ)

特別な名称と記号をもつSI誘導単位

物理量	単位(名称)	定義
力	N (ニュートン)	m kg s^{-2}
圧力	Pa (パスカル)	m^{-1} kg s^{-2} ($=$ N m^{-2})
エネルギー, 仕事	J (ジュール)	m^2 kg s^{-2}
仕事率	W (ワット)	m^2 kg s^{-3} ($=$ J s^{-1})
電荷, 電気量	C (クーロン)	sA
電位	V (ボルト)	m^2 kg s^{-3} A^{-1} ($=$ JC^{-1})
電気抵抗	Ω (オーム)	m^2 kg s^{-3} A^{-2} ($=$ VA^{-1})
電導度	S (ジーメンス)	m^{-2} kg^{-1} s^3 A^2 ($= \Omega^{-1}$)
静電容量	F (ファラド)	m^{-2} kg^{-1} s^4 A^2 ($=$ CV^{-1})

単位変換表

1) 力

N	dyn	kg重
1	10^5	1.02×10^{-1}
10^{-5}	1	1.020×10^{-6}
9.807	9.807×10^5	1

2) 応力，弾性率

$Pa = N/m^2$	dyn/cm^2	kg重/cm^2
1	10	1.020×10^{-5}
10^{-1}	1	1.020×10^{-6}
0.9807×10^5	0.9807×10^6	1

3) 圧力（ディメンションは応力，弾性率と同じ）

$Pa = N/m^2$	atm	mmHg (Torr)
1	9.869×10^{-6}	7.500×10^{-3}
1.013×10^5	1	7.600×10^2
1.333×10^2	1.316×10^{-3}	1

4) 粘度

Pa·S	cp	P (poise)
1	1×10^3	1×10
1×10^{-3}	1	1×10^{-2}
1×10^{-1}	1×10^2	1

1Pa·s = 1N·s/m^2 1P = 1dyn·s/cm^2 = 1g/cm·s   1cp = 1mPa·s

5) 熱伝導率

W/m·K	kcal/m·h·℃
1	0.860
1.163	1

1W = 1J/s

その他

物理量	SI単位との関係
長さ	1μ（ミクロン）= 1μm = 10^{-6} m, 1Å（オングストローム）= 10^{-10} m
質量	1t（トン）= 10^3 kg
時間	1d（日）= 86,400 s, 1h（時間）= 3,600s, 1min（分）= 60 s
温度	θ /℃ = T/K − 273.15
体積	1ℓ（リットル）= 1dm^3 = 10^{-3} m^3, 1mℓ = 1cm^3 = 10^{-6} m^3

元素の周期表

周期	1 (IA)	2 (IIA)	3 (IIIB)	4 (IVB)	5 (VB)	6 (VIB)	7 (VIIB)	8 (VIII)	9 (VIII)	10 (VIII)	11 (IB)	12 (IIB)	13 (IIIA)	14 (IVA)	15 (VA)	16 (VIA)	17 (VIIA)	18 (0)
1	1 H 1.008 水素																	2 He 4.003 ヘリウム
2	3 Li 6.941 リチウム	4 Be 9.012 ベリリウム											5 B 10.81 ホウ素	6 C 12.01 炭素	7 N 14.01 窒素	8 O 16.00 酸素	9 F 19.00 フッ素	10 Ne 20.18 ネオン
3	11 Na 22.99 ナトリウム	12 Mg 24.31 マグネシウム											13 Al 26.98 アルミニウム	14 Si 28.09 ケイ素	15 P 30.97 リン	16 S 32.07 硫黄	17 Cl 35.45 塩素	18 Ar 39.95 アルゴン
4	19 K 39.10 カリウム	20 Ca 40.08 カルシウム	21 Sc 44.96 スカンジウム	22 Ti 47.88 チタン	23 V 50.94 バナジウム	24 Cr 52.00 クロム	25 Mn 54.94 マンガン	26 Fe 55.85 鉄	27 Co 58.93 コバルト	28 Ni 58.69 ニッケル	29 Cu 63.55 銅	30 Zn 65.39 亜鉛	31 Ga 69.72 ガリウム	32 Ge 72.61 ゲルマニウム	33 As 74.92 ヒ素	34 Se 78.96 セレン	35 Br 79.90 臭素	36 Kr 83.80 クリプトン
5	37 Rb 85.47 ルビジウム	38 Sr 87.62 ストロンチウム	39 Y 88.91 イットリウム	40 Zr 91.22 ジルコニウム	41 Nb 92.91 ニオブ	42 Mo 95.94 モリブデン	43 Tc (99) テクネチウム	44 Ru 101.1 ルテニウム	45 Rh 102.9 ロジウム	46 Pd 106.4 パラジウム	47 Ag 107.9 銀	48 Cd 112.4 カドミウム	49 In 114.8 インジウム	50 Sn 118.7 スズ	51 Sb 121.8 アンチモン	52 Te 127.6 テルル	53 I 126.9 ヨウ素	54 Xe 131.3 キセノン
6	55 Cs 132.9 セシウム	56 Ba 137.3 バリウム	57〜71 ランタノイド	72 Hf 178.5 ハフニウム	73 Ta 180.9 タンタル	74 W 183.8 タングステン	75 Re 186.2 レニウム	76 Os 190.2 オスミウム	77 Ir 192.2 イリジウム	78 Pt 195.1 白金	79 Au 197.0 金	80 Hg 200.6 水銀	81 Tl 204.4 タリウム	82 Pb 207.2 鉛	83 Bi 209.0 ビスマス	84 Po (210) ポロニウム	85 At (210) アスタチン	86 Rn (222) ラドン
7	87 Fr (223) フランシウム	88 Ra (226) ラジウム	89〜103 アクチノイド	104 Rf (267) ラザホージウム	105 Db (268) ドブニウム	106 Sg (271) シーボーギウム	107 Bh (272) ボーリウム	108 Hs (277) ハッシウム	109 Mt (276) マイトネリウム	110 Ds (281) ダームスタチウム	111 Rg (280) レントゲニウム	112 Cn (285) コペルニシウム	113 Nh (286) ニホニウム	114 Fl (289) フレロビウム	115 Mc (288) モスコビウム	116 Lv (293) リバモリウム	117 Ts (294) テネシン	118 Og (294) オガネソン

s ブロック / d ブロック / p ブロック

ランタノイド:

| 57 La 138.9 ランタン | 58 Ce 140.1 セリウム | 59 Pr 140.9 プラセオジム | 60 Nd 144.2 ネオジム | 61 Pm (145) プロメチウム | 62 Sm 150.4 サマリウム | 63 Eu 152.0 ユウロピウム | 64 Gd 157.3 ガドリニウム | 65 Tb 158.9 テルビウム | 66 Dy 162.5 ジスプロシウム | 67 Ho 164.9 ホルミウム | 68 Er 167.3 エルビウム | 69 Tm 168.9 ツリウム | 70 Yb 173.0 イッテルビウム | 71 Lu 175.0 ルテチウム |

アクチノイド:

| 89 Ac (227) アクチニウム | 90 Th 232.0 トリウム | 91 Pa 231.0 プロトアクチニウム | 92 U 238.0 ウラン | 93 Np (237) ネプツニウム | 94 Pu (239) プルトニウム | 95 Am (243) アメリシウム | 96 Cm (247) キュリウム | 97 Bk (247) バーク リウム | 98 Cf (252) カリホルニウム | 99 Es (252) アインスタイニウム | 100 Fm (257) フェルミウム | 101 Md (258) メンデレビウム | 102 No (259) ノーベリウム | 103 Lr (262) ローレンシウム |

f ブロック

索 引・INDEX

＝同義語参照

■ 数　字

Ⅰ型結晶	225
Ⅱp型結晶	123, 225
Ⅱ型結晶	122
Ⅲ型結晶	122
1,2 付加重合	32
1,4 付加重合	32
1,4-α-グルコシド結合	17
1,4-β-グルコシド結合	17
1,4-フェニレンオキシド	199
1,4-ポリイソプレン	113
1,4-ポリブタジエン	113
2,2′-アゾビスイソブチロニトリル	149
＝AIBN	
2,2-ジフェニル-1-ピクリルヒドラジル	151
＝DPPH	
2,2,6,6-テトラメチルピペリジン-1-オキシル	151, 169
＝TEMPO	
2官能性分子	183
3位桂皮酸修飾-α-CDからなる超分子ポリマー	200
3大合成繊維	99

■ アルファベット

α(1-4)グリコシド結合	218
α-D-グルコース	216
α-アミノ酸	14
α-キモトリプシンの三次構造	38
α-シクロデキストリン	267
α-ヘリックス構造	37, 206
β-1,3-グルコキシド結合	244
β-D-グルコース	216
β-シート構造	37, 206
θ 溶媒	66
k-カラギーナン	39
π-π スタッキング	281
π 共役型高分子	107, 229
ABS樹脂	154
AFM	264
＝原子間力顕微鏡	
AIBN	149
＝2,2′-アゾビスイソブチロニトリル	
axial（a）	216
CO_2回収	252
Convergent法	196
CP-MAS ^{13}C NMRスペクトル	130
Cu（Ⅰ）錯体触媒と利用される配位子	174
Cu（Ⅰ）錯体触媒によるスチレンの重合	176
DCC	212
＝ジシクロヘキシルカルボイミド	
DDS	279
＝ドラッグデリバリーシステム	
Divergent法	196
Divergent法によるデンドリマーの合成法	196
DNA	213
＝デオキシリボ核酸	
DNAの修復酵素	280
DNAの配列	204
DNAの複製	215
DNAポリメラーゼ	214, 280
DPPH	151
＝2,2-ジフェニル-1-ピクリルヒドラジル	

D-グルコース ……………………………… 17
D-グルコピラノース ……………………… 17
equatorial（e）…………………………… 216
ESR ………………………………………… 152
　＝電子スピン共鳴
Fe（Ⅱ）錯体触媒 ………………………… 175
LCST ……………………………………… 256
　＝下限臨界溶液温度
MALDI-TOFMS ……………………………… 55
m-RNA …………………………………… 214
　＝メッセンジャーRNA
N-アセチル-D-グルコサミン …………… 219
NMR ……………………………………… 130
　＝核磁気共鳴法
p-フェニレンビス(4-メトキシベンゾエート) … 102
PCIPAAm ………………………………… 257
PNIPAAm ………………………………… 257
PNIPAAm-ジメチルアクリルアミド(DMAAm)
　共重合体 ……………………………… 257
PNIPAAm-ブチルメタクリレート(BMA)
　共重合体 ……………………………… 257
PNVIBA …………………………………… 257
POEVE …………………………………… 257
Poly（EOVE-b-HOVE）………………… 258
poly（VDF-co-TrFE）…………………… 226
PVDF ………………………………… 122, 225
　＝ポリフッ化ビニリデン
PVME ……………………………………… 257
RAFT ……………………………………… 171
RAFT試薬によるスチレン ……………… 172
Reversible Addition-Fragmentation Chain
　Transfer Polymerization ……………… 172
Richard F. Heck ………………………… 191
RNA ……………………………………… 213
　＝リボ核酸
r-RNA …………………………………… 215
　＝リポゾームRNA

Ru（Ⅰ）錯体触媒 ………………………… 175
sp軌道 …………………………………… 134
sp^2軌道 ……………………………… 134
sp^3軌道 ……………………………… 134
S－S曲線 …………………………………… 92
S値 ………………………………………… 73
STM ……………………………………… 264
　＝走査型トンネル電子顕微鏡
TERP（Organotellurium-mediated radical
　polymerization）……………………… 173
TEMPO ……………………………… 151, 169
　＝2,2,6,6-テトラメチルピペリジン-1-オキシル
TG ………………………………………… 125
t-RNA …………………………………… 215
　＝転移RNA
TTGG …………………………………… 125
U字管型浸透圧計 ………………………… 47
X線回折 ………………………………… 129

■ 五十音順

【あ】

アームチェアカーボンナノチューブ …… 265
アクチュエーター …………………… 279, 284
アクチュエーターの創製 ……………… 289
アクリルアミドゲル …………………… 289
アシル炭素―酸素結合 ………………… 177
アセチレン化合物 ……………………… 136
アゾベンゼンの光異性化 ……………… 284
アタクチックポリマー …………………… 31
頭―頭結合 ………………………………… 31
頭―尾結合 ………………………………… 31
アダマンタン …………………………… 290
圧縮強度 …………………………………… 89
圧縮弾性率 ……………………………… 274
圧電性 …………………………………… 226
アデニン ………………………………… 212

アニオン開環重合	177
アニオン重合	136, 161
アニオン重合を起こすモノマー	157
アニオン性デンドリマー	271
アニオンラジカル	229
＝負電荷ポーラロン	
アフィニティクロマトグラフィー	276
アミノ酸配列	204
アミノ末端	15
網目状高分子	19, 22
アミロース	218
アミロース・ヨード付加物	219
アミロペクチン	218
アラミド	100
アルキド樹脂	224
アルキル炭素―酸素結合	177
アルコキシドアニオン（RO⁻）	177

【い】

イオン開環重合	177
イオン凝縮	70
イオン結晶	118
イオン交換膜	27
イオン重合	136, 156
異形高分子微粒子	276
石田康博	260
椅子形構造	216
イソシアナート	141
イソタクチックポリスチレン	126
イソタクチックポリプロピレン	137
イソタクチックポリマー	31
イソ特異的	167
板状高分子	19
一次構造	31
位置選択性	198
イニファーター	169
イニファーターによる高分子合成	170

医用高分子	10
陰イオン交換膜	27
インターカレーション	259
インバースエマルジョン重合	268

【う】

ウラシル	212
ウレタン	141
ウレタン結合	241

【え】

永久双極子モーメント	30
液晶	102
液晶状態	62
液晶性高分子	102
液晶紡糸法	105
液体	76
液膜分離法	252
エチレンカーボナート	255
エポキシ樹脂	224
エレクトロルミネッセンス	232
＝電界発光	
エンジニアリングプラスチック	101
遠心力	50
エンタルピー弾性	111
エンタルピー変化	72
エントロピー弾性	115
エンプラ	101

【お】

応力緩和	91
応力・ひずみ曲線	92
オキソメチレン結合	180
オニウム塩	177
オリンピック分子	281

【か】

カードラン …………………………………… 244
カーボンナノチューブ ……………………… 265
カーボンナノチューブ燃料電池 …………… 266
開環重合 ………………………………… 139, 176
塊状重合 ……………………………………… 152
海水淡水化装置 ……………………………… 253
海水の淡水化 ………………………………… 27
回折角 ………………………………………… 129
回折強度 ……………………………………… 129
回折図 ………………………………………… 129
回転異性体 …………………………………… 34
界面効果 ……………………………………… 272
界面重縮合 …………………………………… 188
可逆的付加開裂型連鎖移動剤 ……………… 171
可逆的付加開裂型連鎖移動重合 …………… 171
架橋 …………………………………………… 83
　　＝橋架け
架橋型C2対称錯体 …………………………… 167
架橋型CS対称錯体 …………………………… 167
架橋高分子 …………………………………… 23
架橋密度 ……………………………………… 112
核磁気共鳴法 ………………………………… 130
　　＝NMR
下限臨界溶液温度 …………………………… 256
　　＝LCST
過酸化ベンゾイル …………………………… 149
数平均重合度 ………………………………… 58
数平均重合度と反応度の関係 ……………… 183
数平均分子量 …………………………… 42, 45
ガソリン ……………………………………… 2
カチオン開環重合 …………………………… 177
カチオン重合 …………………………… 136, 158
カチオン重合を起こすモノマー …………… 157
カチオン性デンドリマー …………………… 271
カチオンラジカル …………………………… 229
　　＝正電荷ポーラロン

活性化エステル法 …………………………… 190
カテーテル …………………………………… 8
カテナン ………………………………… 279, 281
カミンスキー触媒 …………………………… 166
ガラス転移点 ………………………………… 79
ガラスファイバー …………………………… 24
加硫 …………………………………………… 110
ガルビノキシル ……………………………… 151
カルボアニオン ……………………………… 161
カルボキシラートアニオン ………………… 177
カルボキシル末端 …………………………… 15
カローザス …………………………………… 6
環境調和型高分子 …………………………… 240
還元粘度 ……………………………………… 51
感光性樹脂 …………………………………… 25
環状化合物 …………………………………… 138
環状モノマーの重合性 ……………………… 177
環動ゲル ……………………………………… 283
感熱応答 ……………………………………… 257
感熱応答（性）高分子 ………………… 258, 276
官能基 ………………………………………… 134
官能基選択性 ………………………………… 198

【き】

気体 …………………………………………… 76
キチン ………………………………………… 219
キチンの化学構造 …………………………… 220
キトサン ……………………………………… 219
キトサンの化学構造 ………………………… 220
機能ゲル ……………………………………… 278
機能材料 ……………………………………… 7
機能素子 ……………………………………… 265
逆浸透法の原理 ……………………………… 253
逆浸透膜 ……………………………………… 253
求核試薬 ……………………………………… 161
求核性 ………………………………………… 158
球状高分子 …………………………………… 196

球状タンパク質 …………………… 16, 209
キュプラ法レーヨン ……………………… 19
キュリー点 ………………………………… 226
凝固点降下法 ……………………………… 44
共重合 …………………………………… 153
共重合体 …………………………… 33, 153
共重合反応 ……………………………… 155
共役モノマー …………………………… 173
共有結合結晶 …………………………… 119
強誘電性 ………………………………… 225
強誘電体 ………………………………… 225
強誘電ポリマー …………………………… 25
極限粘度 ………………………………… 51
極低摩擦性 ……………………………… 274
巨大分子 …………………………… 2, 12
キラルカーボンナノチューブ ………… 265
金属 ………………………………………… 96
金属結晶 ………………………………… 118

【く】

グアニン ………………………………… 212
櫛形高分子 ……………………………… 269
屈曲性高分子 …………………… 61, 69
グッタパーチャ ………………………… 113
クラウンエーテル ……………………… 278
グラファイト ……………………… 119, 227
グラフト共重合体 ………………………… 33
クリープ …………………………………… 89
クリック（F.H.C.Crick）……………… 214
グリニヤ試薬（RMgBr）……………… 161
クリプタンド …………………………… 278
グループ移動重合 ……………………… 168
クロスカップリング …………………… 191
クロスカップリング重合 ……………… 191
クロトー（Kroto）……………………… 264

【け】

形状記憶材料 …………………………… 279
結晶 ……………………………………… 118
結晶化度（α）………………………… 128
結晶性高分子物質 ………………………… 79
結晶弾性 ………………………………… 111
結晶超薄膜 ……………………………… 265
結晶領域 ………………… 78, 97, 120, 128
ケブラー ……………………… 62, 92, 100
ゲル ………………………………………… 23
ゲル浸透クロマトグラフィー …………… 53
ゲルパーミエーションクロマトグラフィー …… 52
原子移動重合 …………………………… 174
原子間力顕微鏡 ………………………… 264
　＝AFM
懸濁重合 ………………………………… 152

【こ】

ゴーシュ（G）……………………… 34, 60
ゴーシュ型 ………………………………… 35
コーティング材の自己修復 …………… 290
コイル状 …………………………………… 69
コイン形電池 …………………………… 230
コイン形ポリマー・リチウム二次電池 …… 231
光学的性質 ………………………………… 24
高吸水性樹脂 …………………………… 248
高吸水性ポリマー ……………………… 249
高強度繊維 ……………………………… 100
高強度炭素繊維 ………………………… 101
交互共重合体 ……………………………… 33
格子振動 …………………………………… 84
高次構造 …………………………………… 37
混成軌道 ………………………………… 134
合成高分子物質 …………………………… 18
合成セルロース ………………………… 198
合成繊維 …………………………………… 7
酵素 ……………………………………… 198

酵素触媒重合	198
抗体	280
高弾性体	108
高張力鋼	100
降伏点	92
高分子	12
高分子EL	232
高分子界面活性剤	268
高分子工業	7
高分子合成	143
高分子合成の精密制御	143
高分子構造	80
高分子固体電解質フィルム	235
高分子鎖	3
高分子材料	240
高分子鎖の運動	79
高分子電解質	69, 260
高分子ナノ粒子	263, 267
高分子の運動	78
高分子の特性	21
高分子の立体規則性制御	167
高分子微粒子	275
高分子物質	3
高分子物質の状態変化	78
高分子物質の密度	129
高分子物質の力学特性	92
高分子ブラシ	273
高分子膜	26, 252
高分子溶融物	105
高密度ポリエチレン(HDPE)	97
固相合成法	211
固相重縮合	187
固体	76, 118
固定化	211
コポリエステルアミドの合成	243
ゴム	5
ゴム状態	79, 112

ゴム弾性	109
ゴムのガラス転移温度	112
ゴムヒモの温度効果	110
コラーゲン	16, 38, 62, 68, 207
コラーゲン繊維	284
コレステリック液晶	102
コンフォメーション	34, 122

【さ】

サーモトロピック液晶	105
細菌によるポリエステル合成	246
再結合	150
サイズ排除クロマトグラフィー	53
サイフォン現象	106
細胞の接着・脱着	257
酢酸菌	244
酢酸セルロース	253
砂漠の緑化	248
酸化カップリング重合	191
三酢酸セルロース	243
三酢酸デンプン	6
三次元網目構造	248
三次構造	207
三重結合	135
三重らせん	207
三重らせん構造	61
散乱光強度	48

【し】

シード重合	268
ジエン化合物	136
紫外線照射DNA	259
シグマ結合	135
シクロオレフィン誘導体の開環重合	178
シクロデキストリン	200, 266
シクロデキストリンの包接現象	266
ジグザグカーボンナノチューブ	265

自己集積	289	シュガーボール	270
自己修復	289	=糖被覆デンドリマー	
自己修復型コーティング材	291	樹脂状物質	4
自己修復性	283	樹状高分子	19, 62, 195, 260, 270
自己修復性高分子	287	=デンドリマー	
自己組織化	200	シュタウディンガー	4
自己組織領域	70	樹木状多分岐高分子	270
自己ドープ型導電性高分子	231	主要高分子のガラス転移温度	81
ジシクロヘキシルカルボジイミド	212	シュロック触媒	179
=DCC		衝撃強度	89
シス(C)	34	焦電性	226
シス型ポリアセチレン	228	消防服	83
持続長	68	植物由来原料	247
シゾフィラン	68	助触媒	158
質量分析法	54	白川英樹	227
質量モル濃度	44	シリル基移動重合	168
シトシン	212	人工漆	199
ジフェニルカーボナート	255	人工筋肉	279, 284
脂肪族エーテル結合	241	人工心臓	10
脂肪族ポリアミド	126	人工腎臓	10
脂肪族ポリエステル	127, 242	人工臓器	8
シャルガフ(E.Chargaff)	213	人工透析膜	26
自由回転	64	人工肺	10
自由回転鎖モデル	64	人工皮膚	8
重合活性種	144	シンジオタクチックポリプロピレン	166
重合体	12	シンジオタクチックポリマー	31
重合度	5	シンジオ特異的	167
重合反応	134	人造絹糸	4
重縮合	140	浸透	46
充電	230	浸透圧	46
重付加	141	浸透圧の発生	253
充放電での電極反応	231		
重量分率	185	【す】	
重量平均分子量	42	スーパーエンジニアリングプラスチック	101
重量モル濃度	44	スーパーエンプラ	101
縮合重合	12	水素結合	77
縮合反応	139	水素結合結晶	119

鈴木章 191
スチレンのラジカル重合 151
(−)スパルテン 165
スメクチック液晶 102
スモーリー(Smalley) 264
スモール(P. A. Small) 73
ずり 90
ずり強度 89

【せ】

正極 230
成長速度定数 155
成長反応 150
成長ラジカルのESRスペクトル 152
正電荷ポーラロン 229
　　＝カチオンラジカル
生分解性高分子 240
生分解性高分子の分類 241
生分解性プラスチック 242
生命活動 3
絶縁性高分子物質の電気物性値 225
絶縁体 25, 222
ゼラチン 38
セラミックス 96
ゼリー 39, 248
セルラーゼ 198, 243
セルロイド 4
セルロース 2, 17, 216, 244
セルロース構造のモデル 217
繊維 99
繊維型DNAチップ 263
遷移金属触媒重合 191
繊維周期 122
繊維状タンパク質 16, 209
繊維の配向 98
旋光度 164
線状高分子 19

線状高分子の凝集状態 17
線状低密度ポリエチレン 97
全芳香族ポリエステル 105

【そ】

相間移動触媒重縮合 189
双極子ー双極子相互作用 30, 60
走査型トンネル電子顕微鏡 264
　　＝STM
相対分子量 54
疎水性マクロモノマー 268
塑性体 23, 89
塑性変形 23
塑性流動 23
ソバージュ(J.-P.Sauvage) 281
ゾル 39
ゾルーゲルーゾル 258
ゾルーゲル転移 257
損失弾性率 95

【た】

第1世代グラブス触媒 179
第2世代グラブス触媒 179
対称錯体 167
対称モノマー 193
体積弾性率 90
耐熱性高分子 82, 188
ダイヤモンド 96
多孔質ポリエチレン 238
多孔質膜 250
多層カーボンナノチューブ 265
ダッシュポット 90
脱水素重合 191
多点水素結合 279
多糖類 245
単位格子 129
単一分子ミセル 270

弾性	89
弾性限界	108
弾性体	23, 89
弾性変形	23, 89, 108
弾性率	96, 108
単層カーボンナノチューブ	265
炭素カチオン	158
炭素繊維	101
断熱材	84
タンパク質	205
タンパク質合成	215
単量体	12
単量体反応性比	156

【ち】

チーグラー・ナッタ（Ziegler-Natta）触媒	137
チオカーバメートラジカル	169
逐次重合	144
チミン	212
チューブ状高分子	266
超遠心機	50
超遠心法	49
超水ゲル	260
超伝導体	265
超微細半導体デバイス	266
超分子	278
超分子ゲル	291
直接アリール化重合	192
貯蔵弾性率	95
沈降－拡散	50
沈降平衡法	50

【て】

ディールスアルダー反応	288
停止反応	150
ディスコチック液晶	102
低密度ポリエチレン	97

デオキシヌクレオシド	212
デオキシリボ核酸	213
＝DNA	
転移RNA	215
＝t-RNA	
電解発光	232
＝エレクトロルミネッセンス	
電解重合	230
電荷分布	223
電子スピン共鳴	152
＝ESR	
電気物性	223
電気分極	226
電子移動型開始剤	161
電子求引性置換基	194
電子供与性置換基	194
電導度 Scm^{-1}	222
デンドリマー	19, 62, 195, 260, 270
＝樹状高分子	
デンドリマー合成	196
天然高分子物質	18
天然繊維	7
デンプン	17, 216
デンプンの化学構造	219

【と】

ドーパント	228
ドーム球場	9
透過係数比	252
糖鎖結合	241
糖鎖高分子	39, 216, 244
等重合度反応	6
導体	222
動的粘弾性	93
動的光散乱	57
動的らせん高分子	40
導電性高分子	25, 28, 168, 227

糖被覆デンドリマー	270
＝シュガーボール	
豆腐	248
透明電極（インジューム・スズ酸化物）	233
特性比	65
ドナー・アクセプター型交互共重合体	192
トポロジカルゲル	283
ドラッグデリバリーシステム	279
＝DDS	
トランス（T）	34, 60
トランス型	35
トランス型ポリアセチレン	228

【な】

内部回転ポテンシャル	80
ナイロン	9
ナイロン6	126
ナイロン6,6	126
ナノ界面	272
ナノシート	263
ナノ単位	262
ナノチューブ	263
ナノテクノロジー	262
ナノ粒子	262, 268, 270
ナフィオン	236
ナフィオン膜	236

【に】

二塩基酸塩化物	188
二次構造	37, 207
二次的な結合力	249
二次電池	230
二次電池の充放電反応	231
二重らせん構造	214
二乗回転半径	62
ニトロキシル	169
ニトロキシル開始剤	171

乳化重合	152
乳化重合モデル	153
尿素	141

【ぬ】

ヌクレオシド	212
ヌクレオチド	213

【ね】

根岸栄一	191
ねじり強度	89
熱可塑性高分子	20, 83
熱硬化型耐熱性	224
熱硬化性樹脂	20, 83
熱的挙動	78
熱的性質	20
熱伝導	84
熱伝導度	84
ネマチック液晶	102
粘性	89
粘性液体	105
粘性体	89
粘性率	90
粘弾性	89
粘弾性液体	105
粘弾性体	89
粘弾性の評価	92
粘度	50, 90
粘度計	51
粘度平均分子量	42, 51
粘度法	50
燃料電池	237

【は】

パーフルオロ［2-(フルオロスルフォニルエトキシ)プロピルビニルエーテル］	236
配位アニオン重合を起こすモノマー	157

配位開環重合	178	非共役モノマー	173
配位子の対称性	166	非共有結合性分子間相互作用	278
配位重合	165	非混和性	272
バイオプラスチック	247	非晶性高分子の状態	131
バイオポリエステル	245	非晶性高分子物質	17, 79
バイオリアクター	247	非晶領域	17, 78, 97, 120, 128
＝発酵槽		ヒステリシス曲線	226
パイ結合	135	ひずみ	90
排除体積	60, 66	非摂動鎖	66
排除体積効果	60, 66	非相溶性	272
橋架け	83	非対称モノマー	193
＝架橋		非多孔膜	250
橋架け網目構造	83	引っ張り強度	89
破断	92	引張り弾性率	90
発酵槽	247	比抵抗 Ωcm	222
＝バイオリアクター		ヒドロゲル	249, 260, 285
発酵法によるポリエステル生産	246	ビニリデン化合物	136
発泡体	84	ビニル化合物	136
花形高分子	269	ビニル重合体	32
バネ	91	比表面積	276
バラス効果	106	表面開始リビングラジカル重合	273
パルプ	19	表面・界面制御	274
半屈曲性高分子	62, 68, 103	非立体特異的	167
半合成高分子物質	18	ピリミジン塩基	212
半導体	222	微粒子	276
半導体集積回路	25	ヒルデブランド（J.H.Hildebrand）	72
半導体用低応力封止樹脂	224	非連結重合	144, 182
半透膜	46	非連鎖重合の特性	182
反応度	182	ピンポイントドラッグデリバリー	268
汎用プラスチック	101		

【ひ】

【ふ】

光応答性高分子材料	287	ファンデルワールス力	30, 76
光散乱	49	フィルム	88
光散乱法	48	フェナントロリン誘導体	281
光ファイバー	24	フェニルアゾメチンデンドリマー	271
引き抜き反応	150	フェノール樹脂	84, 224
		フェノール・ホルムアルデヒド樹脂	20, 142

フェロセン	290
フォークト模型	91
フォトレジスト	25
付加重合	12
付加反応	134
負極	230
不均化	150
副原子価	5
複合高分子微粒子	276
不斉中心	164
不斉誘導重合	255
ブチルリチウム	161
フッ化 β-D-セロビオシル	198
フック(Hook)の法則	90
物質の3態	76
物質の電導度	222
沸点上昇法	44
負電荷ポーラロン	229
＝アニオンラジカル	
フラーレン	264
ブラシ形高分子	269
プラスチック	24
プリン塩基	212
プルラン	244
ブロック共重合体	33, 272
プロトン酸	158, 160
分岐高分子	19
分極した二重結合	138
分極反転	225
分子会合体	278
分子間水素結合	37
分子間力	30
分子機械	280
分子筋肉	281
分子結晶	119
分子内因子	120
分子内水素結合	37
分子ネックレス	280
分子量制御	185
分子量分布	42, 58, 184
分離膜	250

【へ】

ベークライト	4
ヘア粒子	276
平均回転半径	63
平均二乗回転半径	63
平均二乗両末端間距離	63
平均半径	63
平均分子量	182
平行板コンデンサ	223
ヘテロ原子共役型高分子	229
ヘテロ原子を含む多重結合	138
ペプチド結合	14, 205
ヘモグロビン	38, 209
ベンゾオキサゾールチオン	190
ベンゾチアゾロン	190
ベンゾトリアゾール	190
ベンベルク人絹	218

【ほ】

ホーカー教授	260
ポーリング	226
ボイヤー－ビーマン(Boyer-Beaman)の規則	81
芳香族ポリアミド	96, 194, 253
芳香族ポリアミドの合成	188
膨潤	22
棒状高分子	61, 68
膨張因子	67
放電	230
星形高分子	269
ホスト－ゲスト相互作用	289
ポリ(2,5-チエニレン)	228
ポリ(2-エトキシエチルビニルエーテル)	

(Poly（EOVE)）	258
ポリ（2-パーフルオロオクチルアクリレート）	
（PFA-C8）	274
ポリ（N-ブチル-4-ビニルピリジニウム臭化物）	71
ポリ（トリメチルシリル）プロピン	252
ポリ（ビスフェノールAカーボナート）	255
ポリ-L-乳酸	242
ポリ-N-イソプロピルアクリルアミド	
（PNIPAAm）	256
ポリ-N-置換アクリルアミド（PNIPAAm）	257
ポリp-フェニレン（PPP）	228
ポリ-ε-カプロラクトン	242
ポリ-ε-カプロラクトン（PCL）の	
リサイクルシステム	242
ポリアクリル酸薄膜	284
ポリアセタール	9
ポリアセチレン（PA）	228
ポリアセチレンのドーピング	229
ポリアセチレンフィルム	167
ポリアセン	228
ポリアニリン（PAn）	69, 228
ポリアミド	100, 140
ポリアリラート	190
ポリイソチアナフテン	228
ポリイミド	141
ポリイミドの合成	188
ポリウレタン	142
ポリエステル	140
ポリエチレン	35, 238
ポリエチレンアジパート	126
ポリエチレンサクシナート	243
ポリエチレン性フィルム	153
ポリエチレンの結晶構造	121
ポリ塩化ビニル	9
ポリオキシメチレン	36
ポリオレフィン	124
ポリカーボナート	9, 189, 247

ポリカチオン	69
ポリカプロラクトン	241
ポリ乳酸	241
ポリグリコール酸	242
ポリグルタミン酸	245
ポリクロロプレン	113
ポリジメチルシロキサン	114, 241
ポリシロキサン	19
ポリスチレン	126
ポリスチレンの代替品	255
ポリチオフェン	228
ポリ尿素	142
ポリノルボルネン	113
ポリパラフェニレンテレフタル(酸)アミド	62, 100
ポリビニルアルコール	244
ポリビニルアルコール薄膜	284
ポリビニルアルコール（PVA）ブラシ	274
ポリピロール（PPy）	228
ポリフェニレンビニレン（PPV）	228
ポリブチレンサクシナート	243
ポリフッ化ビニリデン	122, 225
＝PVDF	
ポリフルオロホスファゼン類	114
ポリプロピレン	9, 124
ポリプロピレンカーボナート	254
ポリペプチド	212
ポリペリナフタレン（PPN）	228
ポリホスファゼン	19
ポリマー	12
ポリマーバッテリー	230
ポリメタクリル酸	71
ポリメタクリル酸メチル（PMMA）ブラシ	274
ポリリジン	241, 245
ポリロタキサン	280

【ま】

マーク-ホーウィンク-桜田	67

【ま】

マイクロエマルジョン重合 …………… 267
マイクロスフェア ……………………… 268
マイナスゴーシュ ……………………… 60
膜形成 ………………………………… 26
膜透過 ………………………………… 251
マクロモノマー ………………………… 268
曲げ強度 ……………………………… 89
マックスウェル模型 …………………… 91
末端間距離 …………………………… 63
末端定量法 …………………………… 56

【み】

ミオグロビン ……………… 16, 62, 208
ミクロ相分離 ………………………… 272
ミクロブラウン運動 ………… 21, 60, 80
水の浄化 ……………………………… 253
ミセル重合 …………………………… 267
ミニエマルジョン重合 ……………… 267
みみず状鎖モデル …………………… 68

【む】

無機高分子物質 ……………………… 19
無定形の高分子物質 ………………… 130

【め】

メカノケミカルエンジン ……………… 284
メソゲン ……………………………… 103
メタクリル酸トリフェニルメチル …… 165
メタセシス重合 …………… 168, 178
メタセシス触媒 ……………………… 179
メタロセン触媒 ……………………… 167
メチルアルミノキサン ……………… 166
メッセンジャー RNA ………………… 214
　　= m-RNA
メラミン樹脂 ………………………… 84
免震ゴム ……………………………… 116

【も】

モーガン（P. W. Morgan） …………… 188
モノマー（単量体） …………… 12, 134
モノマー単位 ………………………… 30
モノマーの重合性 …………………… 157

【や】

ヤング率 …………………… 90, 96, 108

【ゆ】

有機EL ……………………………… 232
有機亜鉛触媒 ………………………… 254
有機ガラス …………………………… 24
有機テルル化合物 …………………… 173
誘電性 ………………………………… 223
誘電体 ………………………………… 223
ユニマーミセル ……………………… 70

【よ】

ヨード呈色反応 ……………………… 218
陽イオン交換膜 ……………………… 27
溶液重合 ……………………………… 152
溶液重縮合 …………………………… 188
溶解 …………………………………… 22
溶解度パラメーター ………………… 72
溶出体積 ……………………………… 53
溶融重縮合 …………………………… 186
四次構造 ……………………………… 209

【ら】

ラジカル開環重合 …………………… 180
ラジカル開始剤 ……………………… 149
ラジカル重合 …………… 136, 148, 150
ラジカル重合を起こすモノマー …… 157
ラジカルの実証 ……………………… 150
らせん高分子 ………………………… 40
らせん状構造 ………………………… 207

らせんを巻いたポリマー ……………… 164
ラッカーゼ ……………………………… 199
ラメラ構造 ……………………………… 121
ランダム共重合体 ……………………… 33
卵白アルブミン ………………………… 62

【り】

リオトロピック液晶 …………………… 105
力学的性質 ……………………………… 23
リグニン ………………………………… 244
リグノスルホン酸 ……………………… 244
リゾチーム ……………………………… 15
リチウムイオン二次電池 ……………… 238
リチウム固体二次電池 ………………… 235
立体規則性 ……………………………… 163
立体規則性高分子 ……………………… 166
立体配座 ………………………………… 34
リパーゼ ………………………………… 199
リビングアニオン重合 ………………… 163
リビングカチオン重合 ………… 159, 257
リビング重合 …………………………… 143
リビングラジカル重合 ………………… 171
リボ核酸 ………………………………… 213
　　＝RNA
リボゾーム RNA ……………………… 215
　　＝r-RNA
粒子サイズの制御 ……………………… 269
両親媒性高分子 ………………………… 70
両親媒性マクロモノマー ……………… 268
両性高分子電解質 ……………………… 69
良溶媒 …………………………… 66, 72
両末端間距離 …………………………… 62
臨界分子量 ……………………………… 105
リンター ………………………………… 218

【る】

ルイス酸 ………………………………… 158

【れ】

レーヨン ………………………… 4, 19
レーン（Jean-Marie Lehn）…………… 278
励起状態 ………………………………… 233
レジスト ………………………………… 25
レドックス開始剤 ……………………… 149
連鎖移動反応 …………………………… 150
連鎖重合 ………………………………… 148
連鎖的重縮合 …………………………… 194

【ろ】

ロタキサン ……………………………… 279
ロボット ………………………………… 284

【わ】

ワイセンベルグ効果 …………………… 106
ワトソン（J.D.Watson）……………… 214

正誤表

箇所	誤	正
p.9 下から1行目	幕	膜
p.27 図2-19 左下	Nacl	NaCl
p.35 図3-7 横軸左	-0°	0°
p.35 図3-7 左下	G	$\overline{G}$
p.39 図3-15 左上	(構造式)	(構造式)
p.48 式(12)中	$(1+cos\theta)$	$(1+cos^2\theta)$
p.61 図5-4 構造式	(構造式)	(構造式)
p.91 図7-5 Pの矢印	(図)	(図)

補-1

箇　所	誤	正
p..95　上から7行目	$>$	$<$
p.95　上から8行目	$<$	$>$
p.95　図7-11 グラフ中	G''	G'
p.95　図7-11 グラフ中	G'	G''
p.129　表9-1 　　　PVA 非晶	1.241	1.269
PAN 結晶	6.27	1.199
PAN 非晶	1.17	1.184
PVC 結晶	1.42	1.477
PVC 非晶	1.22	1.413
p.158　式(31)	C_2H_5	$C_2H_5^+$
p.168　上から7行目	（図11-16参照）	（具体的な例：図11-28参照）
p.176　上から1行目	銅（錯体	銅錯体（Cu（Ⅰ））
p.201　下から9行目	図1	p.202　図1
p.201　下から2行目	図2	p.202　図2
p.202　上から2行目	特性示す	特性を示す
p.216　下から2行目	図13-17	図13-18
p.218　上から8行目	ビルコース	ビスコース
p.254　図15-22(c)図中	E_1	Et
p.254　図15-22(c)	α　$R=CH_2CH_3$	α　$Et=CH_2H_3$

箇　所	誤	正
p.255 上から3行目	炭素	場
p.255 上から3行目	図15-21(c)	図15-22(c)
p.255 式(2)に追記		（中野幸司，檜山為次郎，野崎京子，高分子論文集，62，167 (2005)）
p.265 下から2行目	図16-6	図16-5
p.276 上から4行目	系	径
p.291 図17-22(b) 中央矢印		

三訂　高分子化学入門〜高分子の面白さはどこからくるか〜

発 行 日	2018年12月21日　第1刷発行
	2024年 4月11日　第4刷発行
著　者	蒲池　幹治
発 行 者	吉田　隆
発 行 所	株式会社 エヌ・ティー・エス
	〒102-0091　東京都千代田区北の丸公園2-1　科学技術館2階
	TEL. 03(5224)5430
	http://www.nts-book.co.jp/
本文イラスト	細密画工房　saimitu.com
装丁・扉	坂　重輝（有限会社 グランドグルーヴ）
印　刷	株式会社ウイル・コーポレーション

©2018　蒲池幹治　　ISBN978-4-86043-597-4　C3043

乱丁・落丁はお取り替えいたします。無断複写・転写を禁じます。
定価はカバーに表示してあります。
本書の内容に関し追加・訂正情報が生じた場合は、㈱エヌ・ティー・エス ホームページにて掲載いたします。
※ホームページを閲覧する環境のない方は当社営業部（03-5224-5430）へお問い合わせ下さい。

アメリカ化学会の名著！
待望の最新改訂翻訳版ここに完成!!

改訂 実感する化学

化学が好きになれる本、誕生！

前版を凌ぐ身近さ、新鮮さ！
今まさに"実感できる化学"。
日本の読者を意識した訳注や用語解説が充実！

実社会に密着した事象で、化学が分かりやすく学べる型破りな教科書。
この本で、社会が抱える課題に取り組み、議論を楽しみ、夢を実現させよう！
暗記する必要がなく、拒絶反応も起こさず、無理なく化学が身につく。
グリーンケミストリーの追求…何をどう選択すべきか？
コモンズの悲劇、トリプルボトムライン、揺りかごから揺りかごへ。
エコロジカルフットプリント、我ら共有の未来。
日本の読者を意識した訳注や用語解説が充実！
持続可能な未来へ向けた道標がここに…地球という青いビー玉を守ろう！

CHAPTER 0 Chemistry for a Sustainable Future

The "blue marble," our Earth, as seen from outer space.
"The first day or so, we all pointed to our countries. The third or fourth day, we were pointing to our continents. By the fifth day, we were aware of only one Earth."
Prince Sultan bin Salman Al Sa'ud, Astronaut, Saudi Arabia, 1985.

改訂 実感する化学
上巻 地球感動編
発刊：2015年12月
定価：本体3,500円＋税
体裁：B5判436頁
ISBN978-4-86043-444-1

改訂 実感する化学
下巻 生活感動編
発刊：2015年12月
定価：本体3,500円＋税
体裁：B5判388頁
ISBN978-4-86043-445-8

上下巻 合わせてお買い求めください

原著と翻訳者

原書：Chemistry in Context: Applying Chemistry to Society, Eighth Edition
By A Project of the American Chemical Society

執筆：Catherine H.Middlecamp (University of Wisconsin-Madison)
Michael T.Mury (American Chemical Society)
Karen L.Anderson (Madison College)
Anne K.Bentley (Lewis & Clark College)
Michael C.Cann (University of Scranton)
Jamie P.Ellis (The Scripps Research Institute)
Kathleen L.Purvis-Roberts (Claremont McKenna,Pitzer,and Scripps Colleges)

翻訳者プロフィール：
廣瀬 千秋　Chiaki Hirose
東京工業大学名誉教授、理学博士
1940年生まれ。1963年東京大学理学部化学科卒業、1966年東京大学大学院化学系研究科化学専攻博士課程中退。東京工業大学資源化学研究所助手、同助教授、同教授を経て2001年3月をもって停年退職。その後、東京工芸大学、学習院大学理学部、大妻女子短期大学、および放送大学非常勤講師を歴任。現役時代の専門は物理化学（構造化学、分子分光学、レーザー分光、表面和周波分光）。

株式会社 エヌ・ティー・エス　〒102-0091 東京都千代田区北の丸公園2-1 科学技術館2階　TEL.03-5224-5295

確かな情報を次世代に！
◇科学を身近に◇　株式会社 エヌ・ティー・エス

☆全国の理科、生物の先生方が現場の経験から「失敗しない」ための勘どころを明解に解説。
☆1980年代から類書が刊行されない中の待望の実験書！

― 「生物の科学 遺伝」別冊 no.24 ―

実践 生物実験ガイドブック
― 実験観察の勘どころ

付録（webからダウンロード）
実験プロセスや顕微鏡像などの動画

B5判400頁　定価：本体3,500円＋税　ISBN978-4-86043-652-0　監修：半本秀博（放送大学講師）

☆みて、ふれて、実感！　入手簡単、すぐ実験できるカイコの魅力。生き物に触れ、じっくり観察。
☆教科書だけでは分からない、生物学の楽しさ・醍醐味を知る第一歩。
☆3部構成でカイコを通じて生物科学が分かる。

― 「生物の科学 遺伝」別冊 no.23 ―

カイコの実験単
―カイコで生命科学をまるごと理解

付録（webからダウンロード）
蚕糸絹用語集、養蚕道具(蚕具類)の取り扱い業者
実験動画、追加実験、追加コラム
カイコの3Dデータ、実験の回路図とプログラム

A5判304頁　定価：本体2,000円＋税　ISBN978-4-86043-598-1　監修：日本蚕糸学会

☆全国の理科の先生達が独自の工夫をこらした、選りすぐりの12本の実験集。
☆ひと味違った実験を試みたい中高生に、学習効果の高い実験を取り入れたい先生方にお薦めの1冊！
☆より簡便に、安価に、失敗なく行えるコツを満載！

― 「生物の科学 遺伝」別冊 vol.69 no.7―

実験単
― 生物の授業やクラブで使える実験集

A5判178頁　定価：本体1,600円＋税　ISBN978-4-86043-446-5　監修：原島広至（サイエンスライター）

☆電子顕微鏡で現れるミクロの美術館！
☆日本におけるバイオアートの先駆者が贈る、科学と芸術の谷間に咲いた生きものの美の世界！
☆テレビや新聞・雑誌、博覧会など各メディアで紹介、連載・展示された約100点を厳選！

バイオアートの世界
―神のかくし絵を使って

A5判198頁　定価：本体2,300円＋税　ISBN978-4-86043-625-4　著者：岩波洋造（横浜市立大学名誉教授）

株式会社 エヌ・ティー・エス

☆様々な切り口の周期表を眺め、その洗練された配列、奥深さを再発見。
☆元素の語源コラムでさらに納得。
☆元素記号にますます興味がわく。

― 13ヵ国語の周期表から解き明かす ―
元素単

付録：B2判周期表ポスター4枚
①多言語周期表―各元素名を多言語で掲載
②由来周期表 ―各元素名の由来のイラスト付
③発見者周期表―発見者の似顔絵と国旗
④中国語周期表―漢字一文字の変わり種周期表

B5判136頁　定価：本体2,700円＋税　　ISBN978-4-86043-626-1　　監修：岩村秀（東京大学名誉教授）　　著者：原島広至（サイエンスライター）

☆鳥類なのに空ではなく海を選んだペンギン。
　ヨチヨチ歩く愛らしさに似合わず、極寒でも棲息し、200mも潜水するスーパーアスリート。
☆長年の飼育・調査で解明されてきたペンギンの謎をこの1冊に集約！
　水族館では見られない自然界での貴重な写真を満載、レッドリストも掲載。

―「生物の科学 遺伝」いきものライブラリー
ペンギンの生物学 ―ペンギンの今と未来を深読み

A5判224頁　定価：本体2,000円＋税　　ISBN978-4-86043-644-5　　編集：「生物の科学遺伝」編集部　　協力：ペンギン会議、長崎ペンギン水族館

☆自然はなぜ、天然ロボットのような分子を創り得たのか！
☆著者タンフォードが、タンパク質の疎水性の概念の形成についてその真髄を語る。
☆生命の本質の解明に向き合う方々、必読の名著。

NATURE'S ROBOTS
― それはタンパク質研究の壮大な歴史

A5判342頁　定価：本体2,800円＋税　　ISBN978-4-86043-473-1　　著者：Charles Tanford & Jacqueline Reynolds　　監訳：浜窪隆雄（東京大学教授）

☆生物学者の多くは、陸棲生物と水棲生物の間で生きる仕組みが枝分かれしていることを、
　（空気と水という）媒体の物理で上手く説明することが出来ない。そこに本書の目的がある。
　全米大学出版連合最優秀学術賞受賞のほか、イギリス、カナダ等英語圏の大学で広く生物学
　の教科書として使われてきた「Air and Water」待望の日本語版。

生物学のための水と空気の物理

B5判444頁　定価：本体12,000円＋税　　ISBN978-4-86043-450-2　　著者：Mark W. Denny　　翻訳：下澤楯夫（北海道大学名誉教授）

株式会社 エヌ・ティー・エス

元素単
13ヵ国語の周期表から解き明かす

周期表ポスター4枚付き

周期表はこんなにも奥深い！さまざまな周期表で化学の魅力を実感しよう！
豊富なコラムとイラストで暗記せず無理なく元素記号が覚えられる！
『肉単』『骨単』の原島広至が贈る！さまざまな切り口で見る、変わり種の周期表！
これから化学を学ぼうとする方に、次世代の科学者を育てる立場の方に。

監修　岩村 秀
東京大学名誉教授、九州大学名誉教授、分子科学研究所名誉教授

著者　原島 広至
サイエンスライター、イラストレーター

体裁：B5判 フルカラー 136頁 付録（B2判ポスター大の周期表4枚を折込、本体とシュリンク包装）
定価：本体2,700円+税　発刊日：2019年11月19日　ISBN：978-4-86043-626-1 C0043

主な目次
※目次は変更の可能性があります。

1章 名称の由来 ／ 2章 発見者と発見年代 ／ 3章 さまざまな言語の周期表 ／ 4章 変わりダネの周期表

多言語周期表 各元素を13ヵ国語もの多言語で掲載！

由来周期表 各元素名の由来がイラスト付きでわかる！

発見者周期表 各元素の発見者をイラスト付きで国別に掲載！

中国語周期表 各元素名が漢字一文字で表された中国語の周期表！

変わり種周期表 各元素を様々な視点から展開した変わり種周期表！

株式会社 エヌ・ティー・エス
〒102-0091 東京都千代田区北の丸公園2-1 科学技術館2階
TEL.03-5224-5295　FAX.03-5224-5407